日本の戦争財政

日中戦争・アジア太平洋戦争の財政分析

関 野 満 夫 著

中 央 大 学
学 術 図 書
(102)

中央大学出版部

目　　次

序　本書の課題と構成

　本書は日中戦争・アジア太平洋戦争期の日本財政を素材にして，戦争財政の実態を探ろうとする試みである。日中戦争からアジア太平洋戦争にいたる期間（1937年7月〜45年8月）には，政府一般会計とは別に日清戦争，日露戦争，第1次世界大戦・シベリア出兵に次いで4度目の臨時軍事費特別会計も設置されて，日本財政全体は文字どおりの戦争財政に転化していった。つまり，一方で政府支出は軍事費・戦争関連経費を中心に飛躍的に膨張していき，他方ではその財源調達の主要手段として巨額の戦時国債が発行され続けただけでなく，所得課税や消費課税の大増税も実施されて国民負担も極限まで高められていった。加えて日本の場合，敗戦後は国土の荒廃，人的資源の喪失，国内生産能力の激減に基づく経済危機とハイパー・インフレーションの進行の中で，財政運営の著しい困難に直面することにもなった。本書はそうした日中戦争・アジア太平洋戦争を遂行した日本の財政実態を，「日本の戦争財政」として総括的に分析しようとするものである。なお「日本の戦争財政」を考える場合，本来ならば時期的には日中戦争の原因となる満州事変（1931年）以降の日本財政から分析することが必要かもしれない。ただ，本文でも説明するように，日本の戦争財政では臨時軍事費特別会計が中心になること，臨時軍事費特別会計が設置され戦争遂行財政が本格化するのは日中戦争以降であること，もあって本書での考察は主要には日中戦争（1937年度）以降の日本財政を分析することになる。もちろん日中戦争以前での1930年代全般の経済，財政・租税の状況についても必要に応じて論じることにする。

　ところで，視点を変えて近代国家・現代国家における戦争と財政の関係を振

り返ってみよう。近代国家の財政とは本来的には，公権力体たる国家の公共支出（権力的支出）と財源調達（徴税，公信用）の営みである。そして近代国家間の戦争は，国家の権力的支出（軍事支出）を膨張させると同時に，財源調達手段としての各種の租税と公債発行を活用・発展させることになった。20世紀に入ると，一方では近代国家が現代国家（ないし帝国主義国家）に転化するだけでなく，他方では戦争自体も長期間におよぶ総力戦（第1次世界大戦，第2次世界大戦）に変わってきた。つまり現代国家は戦争遂行のために，国民国家における国民（労働力，兵士），資源，経済，財政を総動員することが必要になった。国家財政の分野では，国民経済規模に比して膨大な額の国債発行と，所得税，法人税，消費課税の顕著な増税が実施されることになる。逆に言えば，現代国家においては戦時経済の下で財政資金が大規模にかつ円滑に調達・動員できるか否かが，決定的に重要になってきたのである。その意味では，現代国家におけるこの戦争と財政の相互関係を分析することは，現代財政の形成過程を考察するに際しては重要なテーマとなろう。本書では，日本の現代財政形成史そのものを論じることはしないが，日中戦争・アジア太平洋戦争期の戦争財政の分析を通じて，財政と国民経済・国民負担の関係が極限まで高められていった過程を跡づけてみたい。

　具体的には，本書は以下のような章別構成・内容で展開される。

　第1章「第2次世界大戦期の戦争財政——米，英，独と日本の比較——」では，米英独3カ国と日本の戦争財政を比較して，日本の戦争財政の特徴を明らかにすると同時に，続く第2章～第7章での検討課題を提起する。

　第2章「日本の戦争財政と軍事支出——臨時軍事費特別会計と一般会計——」では，日本の戦争実施会計たる臨時軍事費特別会計と政府一般会計の関係を整理した上で，日本の戦争財政が戦争遂行のためにいかなる軍事支出を行っていたかを概観する。

　第3章「戦時期日本の経済成長・国民所得と資金動員」では，戦時期の財政支出（軍事支出）による経済成長の内実と，名目的に急増した国民所得が徴税と強制的貯蓄によって財政資金（租税，国債）に回収されていったメカニズム

を明らかにする。

　第4章「日本の戦争財政と租税(1)——戦時増税の論理，消費課税の増税——」では，戦時期日本の増税の経緯と論理を整理した上で，売上税（一般消費税）が導入されなかった日本において個別消費課税が極限まで増税されていった実態を追っていく。

　第5章「日本の戦争財政と租税(2)——所得課税の増税——」では，戦時増税の中心となった所得課税（個人所得税，法人所得税，臨時利得税）の増税の経緯・実態を明らかにする。とりわけ戦時経済下での個人所得税の負担構造の変化や法人利潤と法人課税の関係を分析する。

　第6章「日本の戦費調達と国債」では，日本の戦費調達の7割以上を占めた国債（借入金を含む）の発行・消化のメカニズムと，そのための国家的な資金動員計画と貯蓄増強・金融統制の役割と限界（戦時インフレ）を解明する。

　第7章「戦争財政の後始末——インフレ，財産税，戦時補償債務，国債負担の顛末——」では，1945年8月の敗戦後に残った膨大な戦時国債残高・政府戦争債務が，財産税構想，GHQ による占領統治，深刻な経済危機・財政危機の中で，最終的には激烈なインフレによって解消されていった経緯と問題点を明らかにする。

　なお，本書作成にあたっての参考文献・資料は巻末の「参考文献」や各章脚注に提示してある。なかでも，大蔵省昭和財政史編集室編『昭和財政史』全18巻（1954〜65年）は，本書が対象とする日中戦争・アジア太平洋戦争期の日本財政に関する大蔵省の正史であり，参考にしたところが大きい。

第1章　第2次世界大戦期の戦争財政
——米，英，独と日本の比較——

は じ め に

　第2次世界大戦（1939年9月〜45年8月）は主要参戦諸国にとって長期にわた
る大規模な総力戦となり，各国は本格的な戦争財政を展開せざるをえなくなっ
た。つまり，日本を含めた参戦諸国は，軍事費の膨張と戦費調達のための国債
発行，租税負担増大に努めることになったのである。その意味では，参戦諸国
の戦争財政には共通性が大きいだろうが，他方では各国の経済構造・規模や政
治社会構造の違いにより戦争財政（とくに戦費調達）の表れ方の相違にも留意す
る必要がある[1]。そこで本章では，第2次世界大戦の主要参戦国としてアメリ
カ，イギリス，ドイツをとりあげ，その戦争財政の概要・実態を踏まえた上で，
日中戦争・アジア太平洋戦争期の日本の戦争財政の特徴を確認することにした
い。本章の構成は以下のとおりである。第1節では，第2次世界大戦期におけ
る上記4カ国の政府支出・軍事費の膨張の実態を確認する。第2節では，戦費

1）第2次世界大戦期における各国の戦費調達の国際比較に関しては，Lanter
（1959），Boelcke（1977）が詳しい。また，第2次世界大戦期の戦争財政・戦争経済
に関しては，アメリカについては，Hansel（1946），Stundenski and Krooss（1963），
Vatter（1985），イギリスについては，Hancock and Gowing（1949），ドイツにつ
いては Klein（1959），Boelcke（1985），Overy（1992）がある。日中戦争・アジア
太平洋戦争期の日本財政の全体像については『昭和財政史』第1巻（総説）が参照
されるべきである。日本銀行調査局特別調査室編（1948），坂入（1988）も参照。
また，アジア太平洋戦争期の戦時財政を整理した論文としては，武田（1949），遠
藤（1958），山村（1962），伊藤（2007）等がある。

調達手段としての中央政府の財源構造を戦時国債（財政赤字）と経常収入（租税収入）に分けて検討する。第3節では，4カ国での戦時国債増発に伴う国債残高の推移を比較するとともに，戦時期日本の物価上昇（インフレーション）と国債負担の実態を確認する。そして最後に，日中戦争・アジア太平洋戦争期における日本の戦争財政研究に関する課題をまとめておこう。

第1節　戦時財政の膨張

1）米英独の戦時財政

　まず，第2次世界大戦期におけるアメリカ，イギリス，ドイツの中央政府財政支出の推移をみてみよう。表1-1は，アメリカの連邦政府歳出額と名目GNPの推移（1940～45年度）を示したものである。アメリカの戦争支出が本格化するのはアジア太平洋戦争開始（1941年12月）後の41年度（会計年度：41年10月～42年9月）以降のことである。表1-1によれば次のことがわかる。①連邦政府の歳出総額は40年度93億ドルから一貫して増加傾向にあり，44年度には956

表1-1　アメリカ連邦政府の歳出額

（億ドル）

年　度	1940	1941	1942	1943	1944	1945
歳出総額　　（A）	93	138	343	797	956	1,004
陸軍費	9	39	143	425	494	505
海軍費	9	23	86	209	265	300
小計　　（B）	18	62	229	634	759	805
公債利子	10	11	13	18	26	36
その他	65	64	101	145	170	162
B/A（%）	18.9	44.9	66.8	79.5	79.4	80.2
名目 GNP　（C）	997	1,245	1,579	1,916	2,101	2,119
A/C（%）	9.3	11.1	21.7	41.6	45.5	47.4

出所）歳出額は，Department of the Treasury, *Annual Report of the Secretary of the Treasury*, 1947, pp. 276-277, GNP はアメリカ合衆国商務省編（1986）『アメリカ歴史統計』第2巻，224ページより作成。

億ドルと実に10.2倍に膨張している。②歳出総額の増加は基本的には陸軍費・海軍費という軍事費の膨張によるものであり，歳出総額に占める軍事費の割合は40年度19％から41年度45％を経て，44年度には79％に達している。③軍需景気もあって戦争期間においてアメリカの名目GNPも40年997億ドルから44年2101億ドルへと4年間に2.1倍に増加している。④しかし，連邦政府歳出総額はそれをはるかに上回るテンポで増加しており，名目GNPに対する連邦政府歳出総額の比率は40～41年度の9～11％から42年度21％，44年度45％へと上昇している。伝統的に「小さな政府」であったアメリカ連邦政府が，戦争遂行のためにGNP比45％という「大きな政府」へと一挙に変貌したのである。

　次に，表1-2はイギリス中央政府の歳出額と名目GNPの推移（1938～44年度）を示したものである。イギリスはドイツのポーランド侵攻（1939年9月）を契機にドイツに宣戦布告するが，軍事行動・軍事支出を本格化させるのはドイツ軍の北欧およびヨーロッパ西部への侵攻が始まった1940年4月以降のことである。表1-2によると次のことがわかる。①歳出総額は1938年度（会計年度：38年4月～39年3月）の11億ポンドから持続的に増加して，44年度には61億ポンドへと7年間で5.5倍になっている。②中でも防衛費は38年度の2.5億ポンドから44年度51億ポンドへと実に20.2倍に膨張している。歳出総額に占める防衛費の

表1-2　イギリス中央政府の歳出額

(100万ポンド)

年　　度		1938	1939	1940	1941	1942	1943	1944
歳出総額	（A）	1,117	1,858	3,927	4,822	5,672	5,836	6,104
公債費		244	247	247	274	342	391	437
防衛費	（B）	254	626	3,220	4,085	4,840	4,950	5,125
民生費		427	437	402	400	438	439	474
B/A（％）		22.7	33.7	82.0	84.7	85.3	84.8	84.0
名目GNP	（C）	5,764	6,118	7,681	8,971	9,691	10,298	10,352
A/C（％）		19.4	30.4	51.1	53.8	58.5	56.7	59.0

注）歳出総額には，郵便事業支出を除き，その他の支出も含む。
出所）歳出額はCentral Statistical Office（1951），*Statistical Digest of the War*, London, pp. 195, 200. 名目GNPはミッチェル編（1995）『イギリス歴史統計』834ページより作成。

割合は，38年度には23％にすぎなかったが，40～44年度には80％以上になっている。③アメリカと同様に軍需景気もあって名目GNPは38年57.6億ポンドから44年103.5億ポンドへと1.8倍に増加している。④しかし，中央政府歳出総額はそれ以上のテンポで拡大したため，名目GNPに占める中央政府歳出総額の割合は38年度19％台から上昇傾向になり42～44年度には60％弱に達している。

　そして，表1-3はドイツ・ライヒ（中央政府）の歳出額と名目GNPの推移（1939～43年度）を示している。ドイツは第2次世界大戦勃発以前から開戦準備・軍備拡充に努めていたこともあって，開戦直後の1939年度にはすでに歳出総額および国防支出は高い水準に達していた。表1-3からは次のことが指摘できる。①ライヒ歳出総額は39年度576億マルク（RM）から43年度の1494億マルクへと4年間で2.6倍に増加している。②国防支出も同期間に380億マルクから994億マルクへと同じく2.6倍に増加しており，歳出総額に占める国防支出の割合は66～70％になっていた。③名目GNPは39年の130億マルクから43年の184億マルクへと1.4倍に増加している。④名目GNPに対するライヒ歳出総額の比率は，39年度ですでに44％であり，アメリカ，イギリスの水準に比べて高かった。そして，この比率は戦時期を通じて一貫して上昇しており，43年度には81％にもなっている。⑤なお，ドイツの場合，戦時期の民生支出も39年度

表1-3　ドイツ・ライヒの歳出額

（10億RM）

年　度	1939	1940	1941	1942	1943
歳出総額　　（A）	57.6	81.5	102.4	125.9	149.4
国防支出　　（B）	38.0	55.9	72.3	86.2	99.4
民生支出	19.6	25.6	30.1	39.7	50.0
B/A（％）	66.0	68.6	70.6	68.5	66.5
名目GNP　　（C）	130	141	152	165	184
A/C（％）	44.3	57.7	67.3	76.2	81.2

注）歳出総額では，債務償還費を除いてある。
出所）歳出額は，Boelcke（1985），S. 98, Tabelle 24, GNPはKlein（1959），
　　　p. 256より作成。

196億マルクから43年度500億マルクへと持続的に増加していたことも注目される。

　以上，米英独3カ国の戦時財政の推移をみてきたが，3カ国とも戦時期に入ると軍事費を中心に財政支出が急速に増大していったことを，あらためて確認できる。また，国民経済規模（名目GNP）に対する中央政府歳出額の比率は，3カ国とも著しく上昇していたが，最終年度（戦争末期）にはアメリカ45%，イギリス60%，ドイツ80%の水準となり，一定の差異も発生していたことがわかる。

2）日本の戦時財政

　次に日本の戦時財政の動向についてみてみよう。1931（昭和6）年9月の満州事変，1937（昭和12）年7月の日中戦争勃発，1941（昭和16）年12月のアジア太平洋戦争への突入によって，1930年代以降の日本の国家財政は戦争を遂行するための戦争財政という特徴を顕著にし，また急激な政府支出膨張を示すようになる。日本の場合，上記3カ国とは異なり，政府一般会計とは別に，直接的な戦争支出（戦費）とその財源調達を管理する臨時軍事費特別会計（会計年度：1937年9月〜46年2月）が設置された。そして，政府一般会計も戦争関連経費，軍需生産拡充関係諸費，国債費などで経費が急速に拡大するようになった。それゆえ，日本の戦時財政については，この臨時軍事費特別会計と政府一般会計を総合して検討する必要がある。そこでまず表1-4によって，一般会計と臨時軍事費特別会計での政府歳出の膨張を確認しておこう。

　同表によれば次のことがわかる。①一般会計歳出は1935年度の22億円から44年度の199億円へと9年間で9倍に増加している。②戦費の中心たる臨時軍事費特別会計支出は1937年度20億円から44年度735億円へと実に37倍にも膨張している。③臨時軍事費特別会計を支えるために当初より一般会計から繰り入れも行われているが，その規模はアジア太平洋戦争開始後には10億円（41年度）〜72億円（44年度）へととくに大きくなっている。④直接軍事費（一般会計軍事費と臨時軍事費特別会計支出年度割の合計）が一般会計・臨時軍事費特別会計歳出

表1-4 政府一般会計歳出と臨時軍事費特別会計歳出の推移

(億円)

年度	一般 会計 歳出 総額 (A)	うち 軍事費 (B)	うち 臨軍 繰入 (C)	臨軍 会計 支出 年度割 (D)	歳出 純計 (E)	直接 軍事費 (F)	F/E (%)	名目 GNP (G)	E/G (%)
1930	16	4	−	−	16	4	25	138	12
1935	22	10	−	−	22	10	45	167	13
1937	27	12	0	20	47	33	70	234	20
1938	33	12	3	48	78	60	77	268	29
1939	45	16	5	48	88	65	74	331	27
1940	59	22	6	57	110	79	72	394	28
1941	81	30	10	95	165	124	75	449	37
1942	83	0	26	188	244	188	77	544	45
1943	126	0	44	298	380	298	78	638	60
1944	199	0	72	735	862	735	85	745	116
1945	215	6	−	165	380	171	45	−	−

注) E＝A−C＋D, F＝B＋D

出所) 歳出額は大蔵省財政史室編 (1998)『大蔵省史』第2巻, 390-391ページ, GNPは経済企画
庁編 (1963)『国民所得白書』昭和38年度版, 136ページより作成。

純計に占める比率は，日中戦争開始前には40％台であったが，日中戦争開始後には恒常的に70～80％台になり，日本財政は文字通り戦争財政に転化していた。⑤名目GNPに対する政府一般会計・臨時軍事費特別会計歳出純計の比率は，日中戦争開始前には12～13％であったが，日中戦争時（37～40年度）に20～30％弱に上昇し，さらにアジア太平洋戦争期には41～43年度の40～60％から44年度には110％台にも達していたのである。

なお，日本では戦争管理会計として臨時軍事費特別会計が設置され，1942年度以降には一般会計の軍事費も臨時軍事費特別会計に統合されていった。しかし，だからといって，一般会計が戦争促進財政としての特質を弱めたわけではない。それは表1-5によって明白に示されている。なお，同表での「広義の軍事費」とは，狭義の軍事費（陸軍費，海軍費）に加えて，臨時軍事費特別会計繰

表1-5　政府一般会計の歳出額

(100万円)

年度	歳出総額 (A)	広義の 軍事費	軍需生産 拡充関係諸費	国債費	小計 (B)	B/A (%)
1936	2,282	1,206	–	363	1,569	68.7
1937	2,709	1,411	–	399	1,810	66.8
1938	3,288	1,789	–	502	2,291	69.7
1939	4,493	2,453	–	675	3,128	69.6
1940	5,860	3,154	–	902	4,056	69.2
1941	8,133	4,505	449	1,198	6,152	75.6
1942	8,276	3,233	721	1,597	5,551	67.1
1943	12,551	4,956	1,205	2,181	8,342	66.4
1944	19,871	8,467	2,997	3,106	14,570	73.3
1945	21,496	2,434	5,775	4,209	12,398	57.7

注）広義の軍事費，軍需生産拡充関係費の内容は本文参照。
出所）『昭和財政史』第3巻（歳計），332-333，468ページ，統計8-9ページより作成。

入額，軍人関係年金・恩給，軍事扶助関係費，防空関係費，徴兵費を合計した支出額である。「軍需生産拡充関係諸費」とは，石炭・鉄鋼・その他金属資源増産対策，化学工業原料確保対策，電力増産対策，輸送力増強対策，木材生産増強対策，企業整備・労務対策諸費など，戦争経済を維持拡充するための補助金等の政府支出額合計である[2]。「国債費」とは，一般会計および臨時軍事費特別会計での戦時国債増発に伴う国債利子・償還費用であり，戦争遂行を資金面で管理する必要経費である。そして，この広義の軍事費，軍需生産拡充関係諸費，国債費の合計額が，一般会計歳出に占める比率を表1-5でみると，日中戦争・アジア太平洋戦争の全期間（1937〜45年度）にわたって70％前後に達していたのである。なお，戦時期の臨時軍事費特別会計と一般会計の歳出の具体的内容と詳細については第2章において検討する。

　いずれにせよ，日本は日中戦争・アジア太平洋戦争期を通じて軍事費・戦争

2）欧米諸国に比べて基礎的工業生産能力に劣っていた日本は，戦時期における軍需生産を維持拡充するためにも補助金・補給金等の工業支援策が不可欠になっていた。

関連経費を要因にして政府財政支出を急膨張させていった。そして政府支出規模の国民経済に対する比率では，最終的にはアメリカ（45%），イギリス（60%），ドイツ（80%）を相当に上回る水準にまで達していたのである。

第 2 節　戦時財政の財源

1）米英独の戦費調達

前節ではアメリカ，イギリス，ドイツおよび日本が第 2 次世界大戦期において軍事費を中心に中央政府支出を飛躍的に拡大させてきたことをみてきた。それでは，これら参戦諸国はこの巨額の戦争経費の財源をどのように調達していたのであろうか。

まず，表1-6はアメリカ連邦政府の歳出・歳入額の推移（1940〜45年度）を示している。歳出総額に対する財政赤字（国債発行）の比率は41年度に45%であ

表1-6　アメリカ連邦政府の歳出・歳入額

（億ドル）

年　度		1940	1941	1942	1943	1944	1945
歳出総額	（A）	93	138	343	797	956	1,004
歳入総額	（B）	54	76	128	223	441	465
関税		3	4	4	3	4	4
所得・利潤課税	（C）	21	35	80	161	347	352
個人所得税		11	21	47	97	147	160
法人所得税		10	14	33	66	183	190
その他税収		26	32	42	49	58	74
アルコール税		6	8	10	14	16	23
たばこ税		6	7	8	9	10	9
その他収入		3	5	3	9	33	35
C/B（%）		38.9	46.1	62.5	72.2	78.7	75.7
財政赤字額	（D）	39	62	215	574	514	539
D/A（%）		41.9	44.9	62.7	72.0	53.8	53.7

出所）*Annual Report of the Secretary of the Treasury*, 1947, pp. 276-277より作成。

るが，42～45年度には54～72％に上昇している。なお，41～45年度累計額でみ
ると，歳出累計額3238億ドルに対して財政赤字累計額は1904億ドルであり，歳
出全体の58.8％が財政赤字（国債）で賄われていた。一方，経常的な歳入総額
の中では所得・利潤課税（個人所得税と法人所得税）の比重が増加している。経
常歳入に占める所得・利潤課税の比率は，戦争前の40年度39％から上昇して43
～45年度には72～78％に達している。つまり，アメリカの戦争財政はその6割
弱を国債発行で賄いつつも，個人所得税と法人所得税による増税増収も活用し
ていたのである。

　次に，表1-7はイギリス中央政府の歳入総額の推移（1938～44年度）を示して
いる。まず，歳入総額に占める債務収入（国債発行）の比率をみると，戦争前

表1-7　イギリス中央政府の歳入額

（100万ポンド）

年　度	1938	1939	1940	1941	1942	1943	1944
歳入総額　（A）	1,117	1,858	3,927	4,822	5,672	5,836	6,104
経常収入　（B）	927	1,049	1,409	2,074	2,820	3,039	3,238
所得税	398	460	600	847	1,082	1,260	1,390
超過利潤税	22	27	96	269	377	500	510
小計　（a）	420	487	696	1,116	1,459	1,760	1,800
関税	226	262	305	378	460	561	579
内国消費税	114	138	224	326	425	482	467
小計　（b）	340	400	529	704	885	1,043	1,046
相続税	77	78	81	91	93	99	111
印紙税	21	17	14	14	15	18	17
自動車税	36	34	38	38	28	27	29
郵便純収益	10	4	15	14	12	0	－
債務収入　（C）	176	800	2,492	2,697	2,814	2,759	2,846
a/B（％）	45.3	46.4	49.4	51.7	51.7	57.9	58.7
b/B（％）	36.7	38.1	37.5	31.4	31.4	34.3	32.3
B/A（％）	83.0	56.5	35.8	43.0	49.7	52.0	53.0
C/A（％）	15.8	43.1	63.5	55.9	49.6	47.3	46.6

注）歳入総額にはその他収入も含む。
出所）*Statistical Digest of the War*, p. 194より作成。

の38年度には16％であったが，戦時期の39〜44年度には43〜63％に上昇してい
る。戦時期の歳入累計額282億ポンドに対して債務収入累計額144億ポンドであ
り，全体の51.1％が債務収入（国債）であった。一方，租税収入を主体とする
経常収入額も38年度の9.3億ポンドから44年度の32.4億ポンドへと3.5倍に増加
している。租税収入に関してはとくに次の点が注目される。①戦時期における
所得課税の伸びが顕著である。税額でみると所得税（法人税額を含む）は4.0億
ポンド（38年度）から13.9億ポンド（44年度）へと3.5倍に，超過利潤税は0.2億
ポンド（38年度）から5.1億ポンド（44年度）へと23.1倍に増加している。②その
結果，経常収入に占める所得税と超過利潤税の合計額の比率は38年度の45％か
ら上昇し，43〜44年度には58％になっている。③一方，間接税についても関税
は2.2億ポンド（38年度）から5.8億ポンド（44年度）へと2.6倍に，内国消費税は
1.1億ポンド（38年度）から4.7億ポンド（44年度）へと4.1倍に増加している。④
しかし，内国消費税と関税の経常収入に占める比率では，38〜40年度の37〜
38％から41〜44年度には31〜34％へとやや低下している。

　さらに，表1-8はドイツ・ライヒの歳出総額と各収入額の推移（1939〜44年度）
を示している。同表に関しては次のことが指摘できる。①歳出総額に対する信
用収入（国債発行）の比率が，39年度には33％であったが，40〜44年度には45

表1-8　ドイツ・ライヒの歳出・歳入額

（10億 RM）

年　　度		1939	1940	1941	1942	1943	1944
歳出総額	（A）	52	78	102	129	153	171
租税収入	（B）	24	27	32	43	38	38
その他経常収入	（C）	3	10	17	26	37	36
小計		27	37	49	69	75	74
信用収入	（D）	17	38	52	58	77	107
B/A（％）		46.1	34.6	31.4	33.3	24.8	22.2
C/A（％）		5.8	12.8	16.7	20.2	24.2	21.1
D/A（％）		32.6	48.7	51.0	45.0	50.3	62.6

　出所）Terhalle（1952），S. 321より作成。

〜63％に上昇している。②39〜44年度の歳出累計額685億マルクに対して信用収入累計額は349億マルクであり，戦争財政全体の50.9％は信用収入（国債）であった。③歳出総額に対する租税収入の比率は39年度は46％であったが，その後は低下傾向にあり44年度には22％になっている。④租税収入とは反対に，その他の経常収入が占める比率は39年度の6％から上昇傾向にあり，43〜44年度には21〜24％の水準になっている。ちなみに43年度のその他経常収入（370億マルク）の内訳をみると，外国占領地からの徴収分が280億マルク，国内からの徴収分が90億マルク（うち20億マルクがライヒ政府から州・市町村への分与金削減によって調達）であった[3]。

　ドイツの戦時財政での租税収入の比率は低下していたが，ドイツ・ライヒの租税収入額そのものは増加していた。表1-9は1938〜43年度におけるライヒ租税収入額・内訳の推移を示したものである。同表からは次のことがわかる。①租税収入額は38年度177億マルクから41〜43年度には323〜347億マルクへと1.9倍に増加している。②とくに所得税・法人税は38年度82億マルクから43年度220億マルクへと2.7倍に増加している。その結果，租税収入に占める所得税・

表1-9　ドイツ・ライヒの租税収入

（10億 RM）

年　度	1938	1939	1940	1941	1942	1943
租税収入合計　　（A）	17.7	23.6	27.2	32.3	34.7	34.4
売上税	3.4	3.7	3.9	4.1	4.2	4.2
消費課税	2.8	4.4	5.6	6.2	6.2	5.9
関税	1.8	1.7	1.4	1.1	0.8	0.6
小計　　　　（B）	7.7	9.8	10.9	11.3	11.2	10.7
所得税・法人税　（C）	8.2	12.2	14.8	19.2	21.8	22.0
C/A（％）	46.3	51.7	54.4	59.4	62.8	64.0
B/A（％）	43.5	41.5	40.1	35.0	32.2	31.1

出所）Overy（1992），p. 271, Table 9.3より作成。

3）Terhalle（1952），S. 323-324.

法人税の比率は38年度46％から43年度64％に上昇している。③売上税，消費課税，関税という間接税収入は39～43年度には100～110億マルクの水準にとどまっており，3税の租税収入に占める比率も38年度43％から43年度には31％に低下している。

　以上，3カ国の戦時財政の財源調達をみたが，ここではさしあたり次の3点に注目しておきたい。第1に，各国とも公債収入が戦時財源の5割強（アメリカ59％，イギリス・ドイツ51％）を占めていたことである。戦争という臨時的かつ急激な経費膨張に対しては，租税による経常的収入では追い付かず，3カ国とも弾力的な戦時国債を活用することになったのである。

　第2に，とはいえ各国の租税収入とくに所得課税収入（個人所得税，法人所得税，超過利潤税）は，戦時財政の中で急速に増大していった。これは，戦費調達のために所得税・法人税が増税されただけでなく，戦争経済・軍需景気の下で各国の国民所得（企業利潤，雇用者所得等）も拡大していたからである。なお所得課税には及ばないものの，各国での消費課税（アメリカのアルコール税，イギリスの内国消費税，購買税，ドイツの消費課税，売上税など）も戦費調達のために増税・増収になっていたことにも留意すべきである。

　第3に，ドイツの戦時財政収入に占める国内租税収入の比重は，アメリカ，イギリスに比べると小さい。これは，ドイツの戦時財政では，外国占領地からの賦課徴収分が一定の収入源の役割を果していたからである。ここにはドイツ戦争財政の侵略的特徴が表れているといえよう。

2）日本の戦費調達

　それでは，日中戦争・アジア太平洋戦争期における日本の戦時財政の財源構造はどうなっていたのであろうか。日本の戦時財政の場合，前節でものべたように，政府一般会計と臨時軍事費特別会計を総合してその財源をみる必要がある。

　まず，戦争会計たる臨時軍事費特別会計の歳入構造をみよう。表1-10は戦争全期間（1937年7月～46年2月）での臨時軍事費特別会計歳入内訳を示してい

表1-10　臨時軍事費特別会計の歳入（1937年7月～46年2月）

(100万円，％)

	金額	構成比
公債及繰替借入金	107,107	61.8
借入金	42,681	24.6
（小計）	(149,788)	(86.4)
雑収入	3,799	2.2
他会計からの繰入		
一般会計	16,729	9.7
通信事業特別会計	410	0.2
帝国鉄道事業特別会計	727	0.4
朝鮮総督府特別会計	991	0.6
台湾総督府特別会計	378	0.2
関東局特別会計	176	0.1
樺太庁特別会計	77	0.0
歳入合計（その他収入とも）	173,306	100.0

出所）『大蔵省史』第2巻，380-381ページより作成。

る。同表からは次のことがわかる。①歳入総額1733億円に対して，公債・借入金が1498億円であり，全体の86.4％を占めていた。日本の直接的な戦争遂行財政はもっぱら公債・借入金によって賄われているのである。②ただ，他会計からの繰入れも一定の役割を果しており，その中では一般会計繰入が167億円で最大であり，歳入の9.7％を占めていた。③2つの事業会計（通信，帝国鉄道）からの繰入れも歳入の0.6％を占めていた。これは，電信・電話事業，国鉄事業の利用者・国民への間接税的負担でもある。④戦時期日本の植民地会計（朝鮮，台湾，関東局，樺太）からの繰入れも歳入の0.9％を占めていた。これは日本帝国の支配地からの戦費調達である。⑤さらに，借入金427億円とは占領地（中国，東南アジアなど）での外貨軍票による現地借入金であること，また雑収入38億円の大半は占領地徴発物資からの収入であることから，これらは戦費の現地調弁額ともみなせる[4]。この両者で歳入の26.8％を占めていたが，ここには

4）『昭和財政史』第4巻（臨時軍事費），146-147ページ，参照。

ドイツと同様に日本の戦争財政の侵略的特徴が表れている。

さて，戦時期の政府一般会計でも戦時行政のために当然ながら租税収入と公債発行によって財源確保に努めていた。そこで表1-11によって，戦時期（1937～45年度）における一般会計の租税収入等，一般会計・臨時軍事費特別会計の公債・借入金収入などの収入額の推移を確認して，一般会計・臨時軍事費特別会計歳出純計額と比較してみよう。同表からは次のことがわかる。第1に，戦争全期間にわたる累計額でみると，歳出純計額2358億円に対して，公債・借入金1727億円で全体の73.2％を占めていた。臨時軍事費特別会計での公債・借入金の86％という比率に比べるとやや低くなる。しかし，アメリカ，イギリス，ドイツでは公債収入が戦争財源の50％台であったことを考えるならば，戦時日本の公債・借入金依存率はかなり高かったといえる。第2に，日本の公債・借入金依存率は戦争の前期・後期では異なる。前半（37～41年度）の日中戦争期

表1-11　一般会計と臨時軍事費特別会計の歳入

（億円）

| 年度 | 一般会計臨軍会計歳出純計（A） | 一般会計・租税収入等 | 公債・繰替借入金 | | | 臨軍への特別会計繰入 | 臨軍雑収入 | B/A（％） |
			一般会計	臨軍会計	小計（B）			
1937	47	17	6	14	20	0	0	42.5
1938	78	24	7	37	44	1	0	56.4
1939	88	29	13	39	52	1	0	59.1
1940	110	41	13	50	63	1	0	57.3
1941	165	48	24	69	93	2	0	56.4
小計	488	159	63	209	272	5	0	55.7
1942	244	73	4	126	130	4	3	53.3
1943	380	97	19	228	247	5	10	65.0
1944	866	127	54	580	634	8	8	73.2
1945	380	115	90	355	444	5	17	116.8
小計	1,870	412	167	1,288	1,455	22	38	77.8
合計	2,358	571	230	1,497	1,727	27	38	73.2

出所）『大蔵省史』第2巻，366-367，390-391ページ，『昭和財政史』第4巻（臨時軍事費），資料Ⅱ統計21ページより作成。

では歳出純計額488億円に対して公債・借入金は272億円で55.7％に収まっていたが，後半（42〜45年度）になると歳出純計額1870億円に対して公債・借入金1455億円で77.8％へと，公債・借入金依存率が相当に高まっている。アジア太平洋戦争開戦後には軍事費・歳出純計額が急増して，公債・借入金へ益々依存せざるをえなくなったのである。第 3 に，戦争全期間での一般会計の租税収入等の合計額は571億円で，歳出純計額の24.2％にとどまっていた。そして，租税収入等の比重は，公債・借入金とは逆に，戦争前半では32.7％を占めていたが，戦争後半には22.0％に低下している。なお，戦時期の臨時軍事費特別会計と一般会計の歳入（各年度）の具体的内容と詳細については第 2 章で再度説明する。

　さて，日本の戦時財政全体の中で租税収入等は24％の比重であったが，その金額そのものは1937年度の17億円から44年度127億円へと7.5倍に増加している。つまり戦時期においては大幅な増税・増収が行われていたのである。なお，租税収入等の大半は租税であるが，そのほかに専売局益金，印紙収入が含まれている。そこで表1-12によって，戦時期における政府一般会計・租税収入の推移を簡単に確認しておこう。同表によれば次のことが判明する。①租税収入は37年度14億円から44年度114億円へと8.0倍に増加している。②とくに所得課税（所得税，法人税，臨時利得税）を中心とした直接税は同期間に 8 億円から83億円へと10.3倍に急増している。③消費課税（酒税，物品税，遊興飲食税など）を中心とした間接税も同期間に 6 億円から30億円へと5.0倍に増加している。④この結果，租税収入に占める直接税の比率は37年度56.8％から44年度73.2％にまで上昇し，逆に間接税の比率は43.2％から26.8％へと低下した。

　以上のことから，日中戦争・アジア太平洋戦争期の日本の戦費調達について，さしあたり 2 つのことが確認できる。一つは，日本，アメリカ，イギリス，ドイツともに公債依存による戦争財政遂行ということでは共通していたが，その依存度では日本は他 3 カ国に比べて相当に高かったことである。いま一つは，3 カ国と同様に戦時期日本でも所得課税の顕著な増収がみられたことである。これは日本でも戦争経済・軍需景気による国民所得増加と積極的な増税政策が

表1-12　政府一般会計の租税収入額

(100万円)

年　　度	1937	1940	1942	1944
租税収入合計　（A）	1,431	3,653	6,633	11,437
直接税　　　　（B）	813	2,616	4,611	8,375
所得税	473	1,488	2,236	4,040
法人税	－	182	765	1,312
臨時利得税	102	736	1,484	2,591
間接税　　　　（C）	618	1,036	2,072	3,061
酒税	241	285	433	883
物品税	－	125	411	970
遊興飲食税	－	57	482	553
B/A（％）	56.8	71.6	69.5	73.2
C/A（％）	43.2	28.4	30.5	26.8

出所）『大蔵省史』第2巻，430-432ページより作成。

とられたことを物語っている。また，所得課税に比べると増収規模は劣るものの消費課税においても戦費調達のために増税・増収がみられたことは無視できない。なお，戦時期日本の所得課税，消費課税の増税の経緯と税収動向については第4章，第5章で詳しく検討する。

第3節　戦時国債の累積

1）米英独日の国債累積

　前節でみたように第2次世界大戦期の米英独3カ国はその戦時財政の51～59％を公債収入によって確保しており，また日中戦争・アジア太平洋戦争期の日本は実に73％を公債・借入金に依存していた。この結果，戦争終了時には各国とも膨大な戦時国債が累積することになった。その状況を表1-13，表1-14によって確認しておこう。

　表1-13は戦勝国たるアメリカ，イギリスの戦時期での国債残高とその名目GNP比率をみたものである。アメリカの連邦国債残高は参戦前の1940年度

表1-13　アメリカ，イギリスの国債残高の推移

年度	アメリカ（億ドル）			イギリス（100万ポンド）		
	名目 GNP (A)	国債 残高 (B)	B/A (%)	名目 GNP (C)	国債 残高 (D)	D/C (%)
1939	905	404	44.6	6,118	7,268	118.8
1940	997	430	43.1	7,681	8,051	104.8
1941	1,245	490	39.4	8,971	10,520	117.3
1942	1,579	724	45.9	9,691	13,194	147.1
1943	1,916	1,367	71.3	10,298	15,974	155.1
1944	2,101	2,010	95.7	10,352	18,711	180.7
1945	2,119	2,586	122.0	9,911	21,509	217.0

出所）*Annual Report of the Secretary of the Treasury*, 1947, p. 361. 『アメリ
カ歴史統計』第1巻，224ページ，ミッチェル編（1995）『イギリス歴史統
計』602-603，834ページより作成。

430億ドルから45年度2586億ドルへと6.0倍に増加し，名目 GNP 比率も43%（40
年度）から122%（45年度）へと79%上昇している。また，イギリスの国債残高
は開戦時の72億ポンド（39年度）から215億ポンド（45年度）へと3.0倍に増加
し，その名目 GNP 比率も119%（39年度）から217%（45年度）へと98%も上昇
している。

　一方，表1-14は敗戦国たるドイツ，日本の国債残高とその対名目 GNP 比率
を示している。ドイツの国債残高は1939年度480億マルクから43年度2730億マ
ルク，44年度3800億マルクへと7.9倍（39→44年度）に増加しており，その名目
GNP 比率は37%（39年度）から148%（43年度）へと111%も上昇している[5]。ま
た，日本の国債残高は日中戦争開戦時の37年度128億円から40年度298億円，44
年度1076億円，45年度1408億円へと11倍（37→45年度）に増加し，その名目
GNP 比率も55%（37年度）から197%（44年度）へと実に142%も上昇してい

5）ドイツの1944年の名目 GNP は不明であるが，国債残高の44年度名目 GNP 比率
　は一層高くなっていたことはまちがいないであろう。

表1-14　ドイツ，日本の国債残高の推移

年度	ドイツ（10億RM）			日本（億円）		
	名目 GNP (A)	国債 残高 (B)	B/A (%)	名目 GNP (C)	国債 残高 (D)	D/C (%)
1937	–	–	–	234	128	54.7
1939	130	48	36.9	331	229	69.2
1940	141	86	61.0	394	298	75.6
1941	152	138	90.8	449	405	90.2
1942	165	196	118.8	544	554	101.8
1943	184	273	148.4	638	776	129.9
1944	–	380	–	745	1,076	197.4
1945	–	–	–	–	1,408	–

出所）Klein (1959), p. 256, Terhalle (1952), S. 325,『国民所得白書』昭
和38年度版，136ページ，『昭和財政史』第6巻（国債），資料Ⅱ統計
1ページより作成。

る[6]。

　このように，戦時財政における公債・借入金依存度の高かった日本は，当然
ながら戦時国債残高の増加規模（倍率）や対名目GNP比率の上昇率について
も米英独3カ国に比べても相当に高くなっていた。

2）戦時国債の日銀引受と物価上昇

　さて，日本の戦時国債についていま一つ特徴的なことは，その新規国債の大
半を日本銀行の直接引受によって発行したことである。表1-15は日中戦争・ア
ジア太平洋戦争期（1937～45年度）での新規国債発行額の引受別内訳を示した
ものである。新規国債総額1283億円のうち846億円，実に66％が日銀直接引受
によるものであった。一方，国内貯蓄による国債引受たる預金部引受（郵便貯
金等が原資）は30％，郵便局売り上げは4％にとどまっていた。膨大な新規戦

　6）日本の1945年の名目GNPも不明であるが，ドイツと同様に，国債残高の45年度
　　名目GNP比率は44年度197％よりさらに高くなっていたはずである。

表1-15　新規国債発行額の状況

(100万円，％)

	1937～41年度		1942～45年度		合　計	
	金額	割合	金額	割合	金額	割合
預金部引受	6,670	22.7	31,273	31.6	37,943	29.6
日銀引受	20,168	68.7	64,382	65.1	84,550	65.9
国債シ団引受	100	0.4	–	–	100	0.1
郵便局売上	2,413	8.2	3,258	3.3	5,671	4.4
合　計	29,352	100.0	98,913	100.0	128,265	100.0

注）交付国債を除く。
出所）『昭和財政史』第 6 巻（国債），470ページより作成。

表1-16　戦時期の紙幣流通量の変化

(10億：各国通貨)

	戦争前	終戦時	増加（倍）
日本	1.34（1936年）	30.1（1945年）	21.42
ドイツ	10.9（1939年 9 月）	70.3（1945年 4 月）	6.44
アメリカ	7.5（1940年 4 月）	26.7（1945年 6 月）	3.56
イギリス	0.5（1939年 6 月）	1.3（1945年 6 月）	2.58

出所）Boelcke（1977），S. 45, Tabelle Ⅴより作成。

時国債総額の 3 分の 2 が日銀引受によって発行されたことは，それだけ市中における日銀紙幣流通量が増加することを意味する。もちろん戦時期日本でも日銀引受の国債の大半は銀行等の金融機関に売却されており，事後的とはいえ市中資金による国債消化と市中からの日銀紙幣回収も図られてはいた。しかし，表1-16で戦時期における日米英独 4 カ国の紙幣流通量の変化をみてみよう。戦争前と終戦時の紙幣流通量の増加率をみると，アメリカ3.6倍，イギリス2.6倍，ドイツ6.4倍に対して，日本は実に21.4倍にも達していたことがわかる。

　そして，こうした紙幣流通量の増加は各国において急速な物価上昇をもたらしていたが，とりわけ日本の物価上昇は顕著であった。表1-17は1935年を基準（＝100）にした1938～49年の 4 カ国の消費者物価指数の推移を示している。1940年時点で米英独の102～127に対して，日本はすでに170という水準にあっ

表1-17 消費者物価指数の推移

(1935年＝100)

年	日本	アメリカ	イギリス	ドイツ
1935	100	100	100	100
1938	123	102	110	102
1940	170	102	127	106
1943	313	127	157	112
1945	581	132	163	118
1946	3,450	142	170	128
1947	7,419	164	180	137
1948	13,557	175	190	159
1949	17,896	173	197	170

出所）Maddison (1991), pp. 300-303より作成。

た。さらに終戦時の1945年には米英独の118〜163に対して，日本は実に581という高水準，著しい物価上昇になっていた。他方では，戦時期の急激な物価上昇（インフレーション）は，戦時統制経済の運営や軍需生産の円滑な拡充を困難にするがゆえに，戦時インフレの抑制も戦時経済政策での不可欠の課題になっていた。そのため，日本の戦時経済下では国民への貯蓄強制，所得税増税による可処分所得の吸収，消費課税増税による消費抑制なども追求されることになったのである。なお，戦時経済下での国債の発行・消化と貯蓄増強政策については第6章で詳細に検討する。

おわりに

以上，日中戦争・アジア太平洋戦争期の日本の戦争財政を財政支出の膨張，公債・租税等による戦費調達の実態，戦時国債の累積について，アメリカ，イギリス，ドイツの戦争財政と比較してその特徴を検討してきた。そこで最後に，本章の検討を通じて明らかになったことをまとめた上で，続く第2章〜第7章で検討すべき課題を示しておこう。

第1に，米英独3カ国の戦時財政は従来の政府一般会計を舞台に展開されて

いたのに対して，日本の戦時財政は主要には臨時軍事費特別会計を舞台に展開され，政府一般会計がそれを補完しているという構図にあること，である。つまり，日本の戦争財政とは臨時軍事費特別会計と一般会計を総合的一体的に検討する必要があるということである。(第2章の課題)

　第2に，戦時期には米英独3カ国だけでなく日本でも顕著な経済成長，名目GNPの急速な増大がみられたことである。この戦時経済成長は，戦争財政支出の急増による軍需生産分野の拡大が牽引したものであるが，大規模な軍需生産の継続・拡大のためには戦争財源の持続的確保が不可欠である。つまり，戦争財政支出→生産拡大→所得拡大→増税・公債による財政資金回収→戦争財政支出，という戦時資金循環が円滑に機能することが求められる。マクロでみた戦時期日本の経済実態と戦争財政の関係を分析する必要がある。(第3章の課題)

　第3に，戦時財政においては米英独3カ国および日本では，それぞれ戦費調達のために所得課税と消費課税の大規模な増税・増収が行われた。とりわけ戦時経済成長を背景にした直接税（個人所得税，法人所得税）の増収は顕著であった。それでは日本の戦争財政は，どのような論理・政策目的で所得課税や消費課税の増税を遂行しようとしたのであろうか。また，戦時下の増税がいかなる形で国民負担の増大をもたらしたのであろうか。日本の戦争財政での国民負担の実態を明確にする必要がある。(第4章，第5章の課題)

　第4に，第2次世界大戦期における各国の戦費調達の最も主要な手段は国債発行であった。しかし戦費の国債（借入金）依存率は米英独3カ国が50％台であったのに対して，日本は73％であり一段と高い水準にあった。また戦時国債発行の大半を日銀の直接引受を利用するという面でも特異であった。それでは日本の戦費調達の中心となった戦時国債の発行・消化とは戦時下の金融・資金・貯蓄構造の中でどのように遂行されていたのであろうか。これは戦争財政の金融的側面を明らかにするだけではなく，国民への貯蓄強制という実質的な国民負担増加の側面も明らかにすることになる。(第6章の課題)

　第5に，国債を戦費調達の主要手段として活用した結果，各国とも戦争終了

時には膨大な戦時国債残高をかかえ，そのGNP比率も急上昇させた。その中でそもそも戦時下のインフレ率も高かった日本は，敗戦後の疲弊・混乱した経済の下で膨大な戦時国債残高を含む巨額の戦争債務処理の課題に直面することになった。しかし，周知のように結局，敗戦直後の経済危機・財政危機は激烈な戦後インフレをもたらし，戦時国債を含む政府債務の実質的負担の大半を解消してしまうことになる。その意味では，この敗戦後数年間にわたる日本の財政運営の推移は「戦争財政の後始末」として独自に検討する必要があろう。（第7章の課題）

第2章　日本の戦争財政と軍事支出
——臨時軍事費特別会計と一般会計——

は じ め に

　本章は，日中戦争からアジア太平洋戦争期における日本の戦争財政の全体像を明らかにすることを課題とする[1]。とくに臨時軍事費特別会計と政府一般会計での軍事支出による経費膨張の実態を解明していく。構成は以下のとおりである。第1節では，日本の臨時軍事費特別会計の特徴を説明した上で，戦時期日本の臨時軍事費特別会計と政府一般会計の支出膨張とその財源構造を明らかにする。第2節では，戦時財政の中心となる軍事支出の膨張と具体的内容について，臨時軍事費特別会計と政府一般会計についてそれぞれ検討する。第3節では，政府一般会計歳出について軍事費以外の戦争関連支出にも注目して同会計が臨時軍事費特別会計とともに戦時期に膨張していった推移を確認する。第4節では，臨時軍事費特別会計と政府一般会計の軍事支出によってどのような軍備拡大（兵器，兵力）が実践され，それを用いた戦争遂行の帰結がいかなる損耗と犠牲をもたらすものであったかを確認する。

1）本章での日中戦争・アジア太平洋戦争期の財政事情と財政数値に関しては，主に『昭和財政史』第3巻（歳計），『昭和財政史』第4巻（臨時軍事費）を参考にしている。また，同時期の日本財政の政治過程に関しては，坂入（1988）第3章〜第5章が詳しい。

第1節　戦争財政の構図

1）臨時軍事費特別会計

　本節では，日中戦争・アジア太平洋戦争期での日本の戦争財政の支出および収入の全体状況を確認しておこう。1937（昭和12）年7月北京郊外での日中の軍事衝突（「北支事件」）を契機に始まった日中戦争について，日本政府は一般会計とは別に戦争財政を管理するために同年9月に臨時軍事費特別会計を設置した。さらに，1941（昭和16）年12月のアジア太平洋戦争開戦とともにこの臨時軍事費特別会計は日中戦争だけでなくアジア太平洋戦争全体の戦争財政を管理する特別会計となった。

　この臨時軍事費特別会計については次の点に留意しておく必要がある。第1に，今回の日中戦争・アジア太平洋戦争期の臨時軍事費特別会計歳出規模は過去3回の臨時軍事費特別会計に比べて桁違いに大きくなっていることである。つまり，臨時軍事費特別会計歳出決算額は，日清戦争（1894〜95年）2.0億円，日露戦争（1904〜05年）15.1億円，第1次世界大戦・シベリア出兵（1914〜25年）8.8億円に比べて，日中戦争・アジア太平洋戦争（1937〜45年）は1554億円にものぼり，日露戦争の100倍にも達していたのである[2]。

　第2に，臨時軍事費特別会計は通常の政府会計年度（1年間）とは異なり，戦争の開始から終戦までを1会計年度としていることである。ちなみに4つの臨時軍事費特別会計の会計期間は日清戦争22カ月，日露戦争42カ月，第1次世

　2）『昭和財政史』第4巻（臨時軍事費），11-13ページ，参照。ただ，東京卸売物価指数（1900年＝100）で換算すると，日清戦争2.7億円，日露戦争13.0億円，第1次世界大戦・シベリア出兵2.9億円，日中戦争・アジア太平洋戦争386.8億円となり，日中戦争・アジア太平洋戦争と日露戦争との規模差は30倍となる。また，日中戦争・アジア太平洋戦争期の臨時軍事費特別会計歳出額については，後述のようにその一部（100億円）が終戦年度に臨時軍事費特別会計外で処理されている。これを加算すると歳出額は1654億円となる。

界大戦・シベリア出兵129カ月，日中戦争・アジア太平洋戦争期101カ月（1937年 9 月～46年 2 月）であった。そのため，戦争が長期化すれば，臨時軍事費特別会計の追加予算が何度も計上されることになる。日中戦争・アジア太平洋戦争期においては，北支事件費（1937年 7 月），同上追加（37年 8 月）を経て，臨時軍事費特別会計設置による臨時軍事費（37年 9 月）以降，12次の追加予算が計上され，合計15回の予算成立によって特別会計が賄われていた[3]。

　第 3 に，帝国議会に提出される臨時軍事費特別会計予算案では，歳出項目が極めて簡略化されており，議会（国民）は戦争支出の具体的内容を把握することができなかったことである。日中戦争・アジア太平洋戦争期の臨時軍事費特別会計予算案では，当初でさえ「第 1 款　臨時軍事費」の下，「第 1 項　陸軍臨時軍事費」，「第 2 項　海軍臨時軍事費」，「第 3 項　予備費」の 3 本の科目区分のみであり，それ以下の細目はなかった。その上，第 4 次追加予算（1941年 2 月）以降は軍事上の機密保持を理由に，従来の陸軍と海軍の区分さえ廃止して両者を「臨時軍事費」科目に統合してしまったのである。そして，実際の議会においては，臨時軍事費特別会計予算について実質的な審議はほとんどなされなかった[4]。なお，臨時軍事費特別会計設置以前の北支事件費・同追加予算

---

3 ）『昭和財政史』第 4 巻（臨時軍事費），12，86ページを参照。

4 ）「予算の内容そのものがほとんど不明であるから，国会においては審議の仕様もなかったともいえるが，臨時軍事費予算案が衆議院に提出されてから，貴族院において可決されるまでの間の日数は，最長期の場合で 1 カ月半，これは唯一の例外的な場合（第 3 次追加）であって，それ以外はすべて12日間以下であり，多くの場合は 2 日ないし 3 日を普通とした。極端な場合には，予算案が衆議院に提出された同じ日のうちに衆議院も貴族院も通過して，翌日には早くも公布されたような場合すらあった（第 7 次追加）。こうして，前後15回の軍事費予算案は，たった 1 回のわずか 1 銭の修正も受けたことがなく，すべて無条件，無修正で議会の協賛を経たのであった。議会では多くは申し訳程度の「秘密会」が開かれ，数十分の間に 1 年間の軍事費がそのまま可決されるのを慣例としていた。要求されただけの軍事費が，内容も調べずに短時間の「秘密会」で通過してしまう方式が，およそ「審議」という名に値するものではなかったのである。」（『昭和財政史』第 4 巻（臨時軍事費），108-109ページ）。

案（1937年7，8月）は一般会計で処理されているため，より詳しい支出項目の
説明が行われている[5]。

2）戦時期の日本財政

　日本の戦争財政は確かに臨時軍事費特別会計が中心である。しかし，それの
みでは戦争財政は完結していなかった。戦時期の政府一般会計については，臨
時軍事費特別会計への財源繰入れを行うだけでなく，従来の軍事費（陸軍費，
海軍費）支出も1941年度までは継続していた。戦争財政が臨時軍事費特別会計
に一本化されるのは42年度以降のことであった。つまり，日中戦争・アジア太
平洋戦争期の日本の戦争財政は，臨時軍事費特別会計と政府一般会計を総合し
て把握する必要がある。この時期の臨時軍事費特別会計と一般会計の概要につ
いては第1章でも説明しているが，ここではより詳しくみていくことにしよ
う。まず表2-1，表2-2によって，戦時期日本の政府財政支出と軍事費支出の動
向とりわけその膨張傾向をみてみよう。

　表2-1は，1935～45年度の政府一般会計と臨時軍事費特別会計の支出規模の
推移を示したものである。同表からは次のことがわかる。第1に，一般会計と
臨時軍事費特別会計（支出年度割）の純歳出額は開戦の1937年度47億円から44
年度の862億円へと18倍に膨張している。第2に，この政府支出の拡大をもた
らした原因は，言うまでもなく臨時軍事費特別会計であった。臨時軍事費特別
会計（支出年度割）は，戦争が日中間にとどまっていた時期（37～41年度）には
一般会計歳出とほぼ同規模であったが，アジア太平洋戦争開戦後（42～44年度）
には一般会計をはるかに上回る規模に拡大していったのである。第3に，政府
純歳出額の名目GNPに対する比率をみると，37～40年度には20～30％程度の
水準にとどまっていたが，アジア太平洋戦争開戦後には42年度45％，43年度
60％，44年度116％へと著しく上昇している。つまり，戦争末期には政府支出
規模は国民経済の限界を超えるほどになっていたのである。

5）『昭和財政史』第4巻（臨時軍事費），19-29ページ，参照。

表2-1　政府一般会計歳出と臨時軍事費特別会計支出の推移

(100万円)

年度	一般会計 歳出総額 (A)	臨軍会計 支出 年度割 (B)	一般会計 より臨軍 会計繰入 (C)	一般会計 臨軍会計 歳出純計 (D)	名目 GNP (E)	D/E (%)
1935	2,206	－	－	2,206	16,734	13.2
1936	2,282	－	－	2,282	17,800	12.8
1937	2,709	2,034	1	4,742	23,426	17.7
1938	3,288	4,795	317	7,766	26,793	23.5
1939	4,493	4,844	535	8,802	33,083	26.6
1940	5,860	5,722	600	10,982	39,396	27.9
1941	8,133	9,487	1,078	16,542	44,896	36.8
1942	8,276	18,753	2,623	24,406	54,384	44.9
1943	12,551	29,818	4,369	38,001	63,824	59.5
1944	19,871	73,493	7,205	86,159	74,503	115.6
1945	21,496	16,465	－	37,961	－	－

注）D＝A＋B－C
出所）歳出額は『大蔵省史』第2巻，390-391ページ．名目 GNP は『国民所得白書』
　　　昭和38年度版，136ページより作成。

　次に表2-2は，戦時期の財政における直接的戦争経費たる軍事費の動向を一
般会計と臨時軍事費特別会計を合わせて示したものである。この表からは二つ
のことがわかる。一つには，一般会計と臨時軍事費特別会計の歳出純計に占め
る軍事費の比重は，日中戦争開戦前の1935年度には47％であったが，開戦後の
37～44年度には70～80％の水準に上昇しており，文字どおり日本財政は戦争遂
行のための財政に転化していたことである。いま一つには，軍事費支出の中で
は臨時軍事費特別会計が圧倒的な比重を占めていたことである。軍事費に占め
る臨時軍事費特別会計の比重は，日中戦争期（37～41年度）でも70％前後で
あったが，42年度以降には100％になっている。戦争全期間の軍事費でみても，
一般会計軍事費99億円（6％）に対して，臨時軍事費特別会計歳出総額は1654
億円で全体の94％を占めていたのである。
　それでは，日本の戦争財政の財源構造はどうなっていたのであろうか。臨時

表2-2　戦時期における軍事費の推移

(100万円)

年度	一般会計 臨軍会計 歳出純計 (A)	軍事費 総額 (B)	うち 一般会計 陸軍費	うち 一般会計 海軍費	うち 臨軍会計 支出年度割 (C)	B/A (%)	C/B (%)
1935	2,206	1,032	497	536	－	46.8	－
1936	2,282	1,078	511	567	－	47.2	－
1937	4,742	3,271	591	645	2,034	69.0	62.2
1938	7,766	5,962	488	679	4,795	76.8	80.4
1939	8,802	6,472	825	804	4,844	73.5	74.8
1940	10,982	7,948	1,192	1,034	5,722	72.4	72.0
1941	16,542	12,449	1,515	1,497	9,487	75.6	75.8
1942	24,406	18,832	56	23	18,753	77.2	99.6
1943	38,001	29,820	1	1	29,818	78.5	100.0
1944	86,159	73,495	1	1	73,493	85.3	100.0
1945	37,961	17,075	274	336	16,465	45.0	96.4

注）1945年度については，陸軍は第1復員省，海軍は第2復員省の歳出額。
出所）『大蔵省史』第2巻，368-369，390-391ページより作成。

　軍事費特別会計と政府一般会計について順にみていこう。表2-3は，臨時軍事費特別会計の年度別収入の状況を示している[6]。9年間の歳入総額は1733億円に達するが，その歳入構造は次のような特徴がある。第1に，公債及繰替借入金は総額1071億円であり，歳入全体の61.8％を占める主要財源であった。公債名称は各種あるがいずれも臨時軍事費公債として戦争中継続的に発行されたものである[7]。

　第2に，借入金は1943～45年度のみに登場する収入源であるが，総額427億

6）臨時軍事費特別会計の収入については，『昭和財政史』第4巻（臨時軍事費），第4章「財源とその内容」を参照。

7）なお繰替借入金とは，一時借入金としての特殊借入金であり，1944年8月の外資金庫（後述）からの借入11.5億円，1946年2月の臨時軍事費特別会計終結日に行われた日本銀行からの借入102億円である（『昭和財政史』第4巻（臨時軍事費），175-176ページ）。

表2-3　臨時軍事費特別会計歳入決算

(100万円, ％)

| 年度 | 公債及繰替借入金 (A) | 他会計からの繰入れ | | | | 借入金 | 雑収入 | その他とも合計 (B) | 公債・借入金の比率 A/B |
		一般会計	通信事業特別会計	鉄道事業特別会計	植民地特別会計				
1937	1,440	–	–	–	–	–	–	1,481	97.2
1938	3,672	1	16	40	28	–	–	3,811	96.3
1939	3,898	317	16	40	18	–	–	4,309	90.5
1940	5,046	1,135	17	50	70	–	–	6,334	79.7
1941	6,876	1,078	20	60	81	–	–	8,150	84.4
1942	12,564	2,623	65	165	156	–	309	5,888	79.1
1943	17,538	4,369	64	116	284	5,297	997	28,698	79.6
1944	23,809	–	212	255	399	34,218	778	59,688	97.2
1945	32,260	7,205	–	–	593	3,166	1,715	44,975	78.8
合計	107,107	16,729	410	727	1,642	42,681	3,799	173,306	86.4
比率	61.8	9.7	0.2	0.4	0.9	24.6	2.2	100.0	–

出所)『大蔵省史』第2巻, 380-381ページより作成。

円で臨時軍事費特別会計歳入全体の24.6％も占めていた。この臨時軍事費特別会計に出てくる借入金とは, 日本軍の占領地（中国や南方など）で支払う臨時軍事費の財源として利用された現地通貨での借入金である[8]。

　第3に, 上記の公債・借入金を合計すると1498億円となり, 臨時軍事費特別会計歳入総額の86.4％を占めていた。日本の戦争財政の本体は実にその9割近くを借金に依存していたのである。

　8）現地通貨借入金の借入先と借入額は, 外資金庫（368.7億円）, 横浜正金銀行（45.6億円）, 日本銀行（12.5億円）であった。なお外資金庫からの借入金とは, 元来は朝鮮銀行, 横浜正金銀行, 南方開発金庫から借入していたものを, 外資金庫設立に伴って1945年3月1日付で政府貸上金債権を外資金庫が継承したものである（『昭和財政史』第4巻（臨時軍事費）, 176-179ページ, 『昭和財政史』第6巻（国債）, 433-436ページ, 参照）。

　第4に，臨時軍事費特別会計には，1938年度以降になると，毎年度他会計から繰入れが実施されており，それらが歳入総額の11.2％を占めていた。繰入額では，一般会計からのものが最大であり累計で167億円，歳入総額の9.7％になっていた。また，朝鮮，台湾，関東局，樺太庁の各植民地特別会計からの繰入額が16.4億円（全体の0.9％），国内の帝国鉄道事業特別会計からの繰入額7.3億円（同，0.4％），通信事業特別会計からの繰入額4.1億円（同，0.2％）になっていた。これら他会計から繰入れられた財源とは，それらの余剰財源ではなく，基本的には増税・料金値上げなど国民負担（植民地を含む）の増大や各会計での公債発行によって賄われたものである。

　第5に，1942年度以降に計上されてくる雑収入は，累計額38億円で歳入総額の2.2％であった。この雑収入の最大部分は，南方占領地での物品払下げ代その他敵産処理など，軍の現地財政処理が中心になっており，植民地的占領地的収入の一部と考えられるものであった[9]。

　次に表2-4によって，1935〜45年度における政府一般会計歳入額の推移をみてみよう。同表からは以下のことが指摘できる。第1に，歳入総額が1935年度の22.6億円から44年度の210.4億円へと9.3倍に拡大している。これは後掲表2-17が示すように，戦争遂行のために戦時期の一般会計歳出額そのものが膨張したことが原因である。

　第2に，中でも租税収入は35年度9.3億円から44年度114.3億円へと12.3倍に拡大しており，戦時期全体を通じて一般会計歳入の50％前後を占めてきた。つまり，戦時期における一般会計の持続的かつ急激な膨張を，租税収入＝租税負担の拡大によって支えてきたのである。そして，その実態は所得課税，消費課税の増税・増収による国民負担の拡大である。

　第3に，租税収入に印紙収入と専売局益金を加えた広義の租税収入でみると，一般会計歳入のほぼ60％以上を占めていた。中でも専売局益金は戦時期を通じて租税収入の一割前後の規模があり，国民負担として無視できないもので

9）『昭和財政史』第4巻（臨時軍事費），188-191ページ，参照。

表2-4　政府一般会計歳入決算額の推移

（100万円，％）

年度	歳入合計 (A)	租税収入 (B)	印紙収入 (C)	専売局益金 (D)	公債及び借入金 (E)	B/A (％)	(B+C+D)/A (％)	E/A (％)
1935	2,259	926	78	197	678	41.0	53.2	30.0
1936	2,372	1,051	93	215	609	44.3	57.3	25.7
1937	2,914	1,431	93	257	605	49.1	61.1	20.8
1938	3,594	1,984	91	261	685	55.2	65.0	19.1
1939	4,969	2,495	112	320	1,298	50.2	58.9	26.1
1940	6,444	3,653	135	352	1,282	56.7	64.3	19.9
1941	8,601	4,257	145	414	2,406	49.5	56.0	28.0
1942	9,191	6,633	154	562	381	72.2	80.0	4.1
1943	14,009	8,455	203	1,072	1,865	60.4	69.5	13.5
1944	21,040	11,437	227	1,050	5,395	54.3	60.4	25.6
1945	23,487	10,337	162	1,042	9,029	44.0	49.1	38.4
44/35	9.3倍	12.3倍	2.9倍	5.3倍	7.8倍	－	－	－

注）歳入合計には，郵便，森林収入，その他歳入，前年度剰余金受入も含む。
出所）『大蔵省史』第 2 巻，366-367ページより作成。

あった。

　第 4 に，公債及び借入金収入は戦時期の1937〜44年度においては一般会計歳入の20％前後の水準になっていた。一般会計での公債比率が比較的低いのは，言うまでもなく戦争支出の大半を臨時軍事費特別会計の軍事公債・借入金で賄っていたからである。それでも一般会計の公債・借入金額は，1935〜38年度は 6 億円台であったものの，臨時軍事費特別会計への一般会計繰入れが本格化する39年度以降には13〜90億円に急増していることは注目すべきである。

　以上みてきたように，戦時期においては臨時軍事費特別会計ではもっぱら軍事公債に依存し，また一般会計でも公債収入に相当程度依存して財源を確保していた。そこで表2-5によって，戦時期日本の新規国債発行額の推移をみておこう。同表からは次のことが確認できる。第 1 に，国債発行額は1937年度の22億円から持続的に増加しており，44年度には308億円，終戦の45年度には425億

表2-5　国債新規発行額の推移

(100万円)

年度	総額 (A)	軍事 公債 (B)	歳入 補塡 公債	植民地 事業 公債	内地 事業 公債	B/A (%)
1937	2,230	1,751	355	52	71	78
1938	4,530	3,807	579	88	55	83
1939	5,517	4,371	940	142	64	79
1940	6,885	5,228	1,265	166	65	75
1941	10,191	7,100	2,433	159	119	69
1942	13,719	12,564	308	175	75	91
1943	20,471	17,538	1,866	408	232	86
1944	30,810	23,809	5,870	654	568	77
1945	42,474	32,260	9,011	–	990	76
合計	136,827	108,428	22,627	1,844	2,239	79

注) 植民地事業公債とは，朝鮮事業債と台湾事業債，内地事業公債とは，鉄道事業債と
　　通信事業債。
出所)『昭和財政史』第6巻（国債），292，389ページより作成。

円に達している。

　第2に，国債発行額の大半は臨時軍事費特別会計の軍事公債であり，毎年度
ほぼ70〜80％を占めていた。累計額でみても9年間の新規国債発行額1368億円
の中で，軍事公債は1084億円であり全体の79％を占めていた。

　第3に，一般会計の歳入補塡公債や植民地事業公債，内地事業公債（鉄道，
通信）も毎年度継続的に発行されていた。ただ，一般会計・特別会計からの臨
時軍事費特別会計への繰入れがなければ，これほどの公債発行額は必要なかっ
たであろう。それを考慮すれば，戦時期の新規国債発行額のほぼ全額が軍事公
債であったと考えてもよいであろう。

　さて，発行された国債に対しては利子負担が発生する。戦時期においても国
債の発行・利払い・償還に関しては国債整理基金特別会計が対処していた。そ
して新規発行額の大半を占めていた軍事公債と歳入補塡公債の利子支払いに関
しては，一般会計の負担となりその国債費支出として国債整理基金特別会計に
繰入れられていた。つまり，軍事公債の発行拡大は戦時期の一般会計国債費の

膨張要因にもなってくるのである（後掲，表2-21参照）。

第2節　軍事支出の動向

1）臨時軍事費特別会計の軍事支出

　前節では戦時期日本の臨時軍事費特別会計と政府一般会計の歳出規模と歳入構造に注目して，いわば戦争財政の全体像を明らかにしてきた。そこで本節では，軍事費支出の具体的内容について，臨時軍事費特別会計と一般会計について順にみていこう[10]。

　まず表2-6は，年度別臨時軍事費支出済額を所管省別にみたものである。同表については次のことを指摘しておく。第1に，9年間の支出済額1654億円の省別内訳では，陸軍省771億円（46.6％），海軍省680億円（41.1％），軍需省194億円（11.7％），大蔵省10億円（0.6％）であり，陸軍・海軍の比重が圧倒的に高い。

　第2に，日中戦争期（1937～41年度）には陸軍が海軍の2～4倍の支出規模であったが，アジア太平洋戦争開戦後（42年度～）には陸軍と海軍の支出規模は拮抗するようになる。アジア太平洋戦争とは海軍が主体になる戦争でもあった。

　第3に，軍需省は主要には航空機の発注・生産の一元化を図るために1943年11月に設置された戦時新省であり，44年度以降は陸軍・海軍の航空機生産は軍需省所管で支出されることになった。

　第4に，臨時軍事費特別会計支出済額とりわけ陸軍省所管支出済額が44年度に急増し45年度に急減しているのは，超インフレ下にあった占領地（中国，南方）での臨時軍事費支払いに起因するところが大きい（詳しくは後述）。

10）臨時軍事費特別会計の支出について詳しくは『昭和財政史』第4巻（臨時軍事費），第5章を，戦時期一般会計の軍事費に関しては『昭和財政史』第3巻（歳計），第3章第6節を，参照のこと。

表2-6　臨時軍事費支出済額

(100万円)

年度	総額	陸軍省	海軍省	軍需省	大蔵省
1937	2,034	1,658	375	–	–
1938	4,795	3,993	802	–	–
1939	4,844	3,736	1,108	–	–
1940	5,723	4,190	1,532	–	–
1941	9,487	6,381	3,104	–	–
1942	18,573	10,367	8,385	–	–
1943	29,818	15,764	13,770	284	–
1944	73,493	45,510	19,079	8,534	370
1945	6,448	△15,968	15,202	6,608	606
1945*	10,016	1,430	4,601	3,975	–
合計	165,414	77,066	67,969	19,402	976
比率(%)	100.0	46.6	41.1	11.7	0.6

注）1945*年度は政府特殊借入金による支出。
出所）大蔵省編（1946）『臨時軍事費特別会計始末』183-199ページより作成。

　次に表2-7は，臨時軍事費支出済額を使途別所管省別に整理したものである。同表からは以下のことがわかる。第1に，臨時軍事費支出総額1654億円のうち，最大部分は物件費1380億円で全体の83.5％を占めていた。物件費は兵器，糧秣，被服，基地建設等に充当され，戦争遂行の物理的基盤を供給するものである。そして，科学技術が発展し兵器内容が高度化する現代的戦争ほど，軍事費に占める物件費の比重は高まる傾向にある[11]。

　第2に，所管省別に物件費の比重をみると，軍需省の99.9％は当然として，陸軍省の78.9％に対して海軍省は85.0％であり，海軍の方がやや高くなっている。

11）臨時軍事費総額に占める物件費の比重は，日清戦争75.0％，日露戦争77.6％，第1次世界大戦・シベリア出兵75.7％，日中戦争・アジア太平洋戦争83.5％となっている（『昭和財政史』第4巻（臨時軍事費），14ページ，第7表より）。

表2-7　臨時軍事費使途別所管別支出済額

(100万円)

	陸軍省	海軍省	軍需省	大蔵省	計	比率(%)
物件費	60,875	57,791	19,384	－	138,050	83.5
人件費	9,477	5,952	17	－	15,446	9.3
諸支出金	311	1,967	0	－	2,297	1.4
研究費	463	282	－	－	745	0.5
機密費	756	131	1	－	887	0.5
軍政関係費	4,845	1,635	－	－	6,480	3.9
借入金利子	－	－	－	976	976	0.6
その他	319	213	－	－	532	0.3
合計	77,066	67,969	19,402	976	165,414	100.0
物件費比率	78.9%	85.0%	99.9%	－	－	－
人件費比率	12.3%	8.8%	0.1%	－	－	－

出所)『昭和財政史』第4巻（臨時軍事費），229ページより作成。

　第3に，士官・兵員の給与となる人件費は154億円で全体の9.3%を占めるにすぎない。所管省別では，陸軍省では12.3%，海軍省では8.8%であり，人件費では物件費とは逆に陸軍省での比重がやや大きくなっている。

　臨時軍事費歳出の全体的状況は上記のとおりである。そこで以下では，臨時軍事費歳出額の最大費目であった物件費とは具体的にはいかなる内容であったのかということと，戦争末期における臨時軍事費支出済額の急増（44年度）と急減（45年度）をもたらした外地・占領地における超インフレ下での臨時軍事費支払いについて考えてみたい。

　表2-8は，海軍省所管の臨時軍事費支出済額での物件費の推移と内訳（主要費目のみ）を示している。ここからは次のことがわかる。第1に，アジア太平洋戦争開戦後の1942～45年度には海軍の物件費は急増しており，毎年度72～143億円の規模になっている。第2に，物件費の中でも兵器関係の費目（造船造兵及修理費，艦艇製造費，受託造修費）の比重は，37～43年度で70～80%ととくに高く，45年度でも60%になっていた。第3に，戦争末期（44年度，45年度）になって兵器関係費の比重がやや低下しているのは，航空機調達が軍需省予算に

表2-8　海軍省所管・臨時軍事費物件費支出済額の推移

(100万円)

年度	物件費 (A)	営繕費	衣糧費	造船造兵 及修理費 (B)	艦艇 製造費 (B)	受託 造修費 (B)	物資特別 購入諸費	B/A (%)
1937	313	8	14	261	–	–	–	83.4
1938	661	91	23	492	–	–	–	74.4
1939	954	141	27	735	–	–	–	77.0
1940	1,355	303	43	951	–	–	–	70.2
1941	2,573	603	103	1,732	–	–	–	67.3
1942	7,203	1,130	284	4,739	889	6	–	78.2
1943	11,833	1,948	559	7,637	1,467	36	94	77.2
1944	14,292	3,589	2,736	7,577	451	77	997	56.7
1945	9,860	2,678	947	6,158	△143	16	486	61.1

注）政府特殊借入金による決済を含む。
出所）『臨時軍事費特別会計始末』, 185-198ページ, 物件費は『昭和財政史』第 4 巻（臨時軍事費）,
　　　230ページより作成。

移転したことと（表2-6参照），物件費の兵器以外の費目である衣糧費，物資特
別購入諸費，営繕費（基地施設の建設費）が増大したことによる。とくに，衣糧
費，物資特別購入諸費には後述のように，インフレ下の占領地での物資調達事
情が反映していると考えられる。

　表2-9は陸軍省所管の臨時軍事費支出勅裁済額での物件費の推移と内訳（主
要費目のみ）を示したものである。勅裁済額とは，臨時軍事費予算成立後に予
算手続きを経て天皇から各主務大臣（陸軍，海軍，軍需各大臣）に認められた支
出可能額である。臨時軍事費では勅裁済額と実際の支出済額はかけ離れた場合
が少なくないので，厳密な決算額とは言えない[12]。しかし，陸軍省の場合には

12）臨時軍事費予算案成立後の手続きは以下のとおりである。①各主務大臣がおよそ
　　3 カ月ごとに支出計画書を作成し大蔵大臣に内議する。②内議の後，主務大臣は支
　　出請求書を大蔵大臣に送付する。③大蔵大臣が支出請求書を内閣総理大臣に送付
　　し，閣議決定する。④閣議決定の後，大蔵大臣が天皇に上奏し，裁可を経たものが
　　勅裁済額である（『昭和財政史』第 4 巻（臨時軍事費），109-112ページ，参照）。

表2-9　陸軍省所管・臨時軍事費物件費の支出勅裁済額の推移

(100万円)

年度	物件費 (A)	糧秣費	被服費	兵器費 (B)	築造費	運輸費	B/A (％)
1937	1,813	139	194	889	195	160	49.0
1938	3,777	440	360	1,868	125	673	49.5
1939	3,463	450	357	1,450	306	510	41.9
1940	3,467	446	356	1,630	211	415	47.0
1941	8,034	992	555	3,731	890	951	46.4
1942	8,896	1,295	583	4,292	760	1,028	48.2
1943	15,353	3,008	1,173	4,901	2,749	1,509	31.9
1944	34,224	9,436	2,733	7,259	9,034	2,041	21.2
1945	7,895	1,047	659	2,258	2,133	590	28.6
合計	86,919	17,253	6,972	28,280	16,404	7,880	32.5

出所）『臨時軍事費特別会計始末』，65-78ページより作成。

　支出済額の資料が残っていないので，ここでは勅裁済額の数値を利用するしかない。さて，この表からは陸軍・物件費の特徴として次のことが指摘できる。第1に，1937～42年度においては兵器費が40～50％を占めており，海軍ほどではないが陸軍においても兵器費が物件費の中心であった。第2に，この兵器費はとくにアジア太平洋戦争が開始される41～44年度には年間37～72億円という巨額に達していた。第3に，ただ，戦争末期の43～45年度になると兵器費の比重は20～30％に低下している。これはこの時期には，兵器費以外の糧秣費，築造費，被服費等の支出額が急増した結果でもある。そしてここには，海軍の物件費と同様に超インフレ下の占領地での物資調達事情が反映していると考えられる。そこで次に，外地占領地での臨時軍事費支出の動向に注目してみよう。

　表2-10は，臨時軍事費の地域別支出済額の推移をみたものである。まず明白なのは，戦争の全期間を通じて内地での支出がほぼ70％前後を占めてきたことである。臨時軍事費支出の中心である物件費とくに兵器の調達先が国内の軍需会社・軍事工廠であるから，これはある意味で当然であろう。しかしその一方で注目すべきは，1944年度前後における外地とくに中国及び南方での支出シェ

表2-10　臨時軍事費地域別支出済額

(100万円)

年度	総額 (A)	内地 (B)	朝鮮	台湾	満州	中国 (C)	南方 (C)	B/A (%)	C/A (%)
1937	2,034	1,654	52	12	88	228	0	81.3	11.2
1938	4,795	3,121	66	29	296	599	0	65.1	12.5
1939	4,844	3,598	69	30	410	737	0	74.3	15.2
1940	5,723	4,441	41	49	370	772	0	77.6	13.5
1941	9,847	6,562	223	120	1,200	1,062	321	66.6	14.0
1942	18,753	14,074	239	148	1,406	1,512	1,373	75.0	15.4
1943	29,833	20,030	231	280	1,662	4,302	3,328	67.1	25.6
1944	73,485	30,028	605	558	2,294	27,828	12,165	40.9	54.4
1945	46,381	33,762	1,434	1,403	1,711	6,835	1,236	72.8	17.4

注）1945年度は4～10月。

出所）『昭和財政史』第4巻（臨時軍事費），216-217ページより作成。

アの動きである。中国，南方地域を合わせた支出シェアは1937～42年度には15％以下であったが，43年度の26％から44年度には54％へと急上昇し，45年度には17％に急減していることである。こうした中国，南方の支出シェアの動きは，占領地での軍事プレゼンスが大きかった陸軍においてとくに顕著であった。表2-11は1943～45年度における陸軍と海軍の臨時軍事費地域別支出済額を示している。陸軍支出額の中国・南方のシェアは，43年度33％から44年度には実に71％に上昇し，45年度には26％に低下している。一方，海軍支出額の中国・南方のシェアも43年度18％，44年度40％，45年度17％と，44年度に急増している。ただ，占領地のシェアは陸軍ほどではない。

　そして，この時期において中国・南方という占領地での臨時軍事費支出額が急膨張していった要因としては，日本軍が軍需物資とくに食糧などの現地調達方式をとっていたことと，戦時下の占領地では激しいインフレに襲われていたことがある。ちなみに，中国では1936年平均（卸売物価指数）を基準にすると，北京（華北地帯）では1943年3月で10倍以上，44年末月には50倍に，上海（華中地帯）では1941年秋で10倍，43年末で100倍，44年末で約1000倍になっていた。

表2-11　陸軍・海軍の臨時軍事費地域別支出済額

（100万円）

年　　度	1943	1944	1945
陸軍省合計	15,764	45,510	20,797
うち内地	8,611	10,198	11,744
満州	1,661	2,287	1,711
中国	2,638	21,987	4,596
南方	2,554	10,301	821
中国・南方の比率	32.9%	70.9%	26.0%
海軍省合計	13,779	19,069	15,808
うち内地	11,130	10,931	14,106
満州	0	7	0
中国	1,663	5,840	2,240
南方	774	1,865	409
中国・南方の比率	17.7%	40.4%	16.8%

注）1945年度は 4 ～10月。各省の合計には，朝鮮，台湾での支
　　出済額も含む。
出所）『昭和財政史』第 4 巻（臨時軍事費），219-220ページより
　　作成。

　さらにシンガポール（南方）では，1941年末に比べて44年末には物価は100倍
になっていたという[13]。

　ところで，このような超インフレ下の占領地での戦費支出の増大を一層の戦
時国債の増発で賄えば，日本国内のインフレを促進させる危険があった。そこ
で政府は国内インフレを抑制する観点から，こうした占領地での臨時軍事費支
出に関しては，1943年度から国債発行に代わって占領地における現地金融機関
（朝鮮銀行，横浜正金銀行，南方開発金庫等）からの現地通貨借入（借上金制度）に
よって調達することにした[14]。前出の表2-3での臨時軍事費特別会計歳入・借入
金累計427億円（43年度53億円，44年度342億円，45年度32億円）がこれである。た
だ，占領地での現地通貨借入金が，臨時軍事費特別会計に計上されたのは1945

13）『昭和財政史』第 4 巻（臨時軍事費），368-369ページ，参照。

14）『昭和財政史』第 4 巻（臨時軍事費），368ページ，参照。

年2月分までである。後述のように，45年3月以降の借入金はすべて外資金庫への払込金として，結果的には外資金庫損失額として処理されており，臨時軍事費特別会計にはまったく登場していない。

2）一般会計の軍事支出

すでに前節でみたように，日中戦争・アジア太平洋戦争全体にわたる軍事支出総額では一般会計軍事費は6％程度を占めるにすぎない。しかし，戦争前半の日中戦争期（1937～41年度）に限ると，それは軍事支出の20～30％を占めており（表2-2参照），当然ながら無視することはできない。そこでまず表2-12によって，陸軍省と海軍省の一般会計歳出決算額の推移（37～42年度）をみてみよう。この表からは次のことがわかる。①両者の歳出合計額は37年度12億円から41年度30億円へと増大傾向にある。②各年度の陸軍と海軍の歳出規模はほぼ拮抗しており，また同じようなテンポで増加している。③陸軍・海軍とも歳出・経常部よりも歳出・臨時部での増加テンポが著しい。ここには中国大陸での戦争拡大とくに実際の戦争経費が増加したことだけではなく，米英・ソ連との軍事対立に備えての軍備増強も進められていたことが反映している，と考えられる。そこで以下，陸軍省と海軍省の歳出内容を具体的にみてこのことを確認しておこう。

表2-12　一般会計の軍事費（陸軍省・海軍省）

（100万円）

年度	陸軍省			海軍省			合計
	経常部	臨時部	計	経常部	臨時部	計	
1937	161	431	592	273	372	645	1,237
1938	131	357	488	287	392	679	1,167
1939	186	639	825	287	518	805	1,630
1940	171	1,021	1,192	360	674	1,034	2.226
1941	331	1,184	1,515	450	1,047	1,497	3,012
1942	16	40	56	9	13	22	78

出所）『昭和財政史』第3巻（歳計），統計6-7ページより作成。

　表2-13は陸軍軍事費分類（決算）の推移（1936～41年度）であり，これは歳出額から表2-12での陸軍省歳出・経常部に相当するとみなせる。これによれば，「兵器及馬匹費」という実質的な兵器費シェアは1936年度の29％から一貫して上昇し，41年度には67％になっている。反対に，「俸給」と「雑給及雑費」を合計した実質的な人件費シェアは36年度の39％から低下して41年度には17％にまで縮小している。次に表2-14は陸軍省の国防充実諸費と満州事件費の推移

表2-13　陸軍軍事費分類（決算）

（100万円）

年　度	1936	1937	1938	1939	1940	1941
俸給 a	57	39	25	31	27	33
雑給及雑費 a	17	15	14	14	14	22
庁舎修繕費	7	7	7	10	10	14
衣糧費	36	26	14	25	6	13
兵器及馬匹費 b	54	56	55	89	92	221
演習費	14	13	11	13	17	24
合計 c	189	159	130	185	170	330
a/c（％）	39.1	33.9	30.2	23.8	24.1	16.7
b/c（％）	28.7	35.1	42.5	47.9	53.9	67.0

注）合計にはその他も含む。
出所）『昭和財政史』第3巻（歳計），323ページより作成。

表2-14　陸軍省：国防充実諸費と満州事件費の推移

（100万円）

年　度	1936	1937	1938	1939	1940	1941
国防充備費	78	78	124	128	178	346
航空隊其他改編費	24	65	75	134	400	518
兵備改善費	15	23	22	58	333	304
（小計）	118	166	219	324	909	1,169
満州事件費	189	252	129	295	97	－
うち兵器費	35	49	49	67	23	－
うち築造費	29	54	54	149	50	－
合計	307	418	348	619	1,006	1,169

出所）『昭和財政史』第3巻（歳計），315，321ページより作成。

（1936～41年度）を示したものであり，同様に表2-12での陸軍省歳出・臨時部に相当すると考えられる。これらの歳出合計額は36年度3億円から41年度には11億円に増加している。そして，同表にある国防充備費，航空部隊其他改編費，兵備改善費の大半は兵器費に充当されるものであった。また，満州事件費についても兵器費・築造費がその中心を占めていたことがわかる。

さらに，表2-15，表2-16は，海軍軍事費分類（決算）と海軍軍備充実諸費（決算）の推移であり，各々表2-12の海軍省歳出経常部・臨時部に相当してい

表2-15 海軍軍事費分類（決算）

(100万円)

年　度		1936	1937	1938	1939	1940	1941
俸給	a	54	57	58	64	72	86
雑給及雑費	a	5	6	6	7	8	9
衣糧費		26	28	29	32	37	44
造船造兵及修理費	b	99	117	124	119	154	217
艦営費	b	41	53	53	46	68	67
合計	c	235	271	285	284	357	446
a/c（%）		25.2	23.2	22.6	25.0	22.4	21.3
b/c（%）		44.1	62.4	62.3	58.0	62.0	63.7

注）合計にはその他も含む。
出所）『昭和財政史』第3巻（歳計），329ページより作成。

表2-16 海軍軍備充実諸費（決算）

(100万円)

年　度	1936	1937	1938	1939	1940	1941
艦艇製造費	138	196	235	294	365	511
水陸整備費	40	53	57	78	151	336
航空隊設備費	21	24	20	65	81	91
艦船整備費	66	55	57	59	46	26
軍需品整備費	19	19	8	7	12	51
合計	331	372	392	518	674	1,012

注）合計にはその他も含む。
出所）『昭和財政史』第3巻（歳計），328ページより作成。

る。表2-15によれば，「造船造兵及修理費」と「艦営費」を合わせた兵器関係費は1937～41年度で60％台を占めていたこと，「俸給」と「雑給及雑費」を合計した人件費は20％台であったことがわかる。また，表2-16によれば，海軍軍備充実諸費の内容は，艦艇製造費，水陸整備費，航空隊設備費，艦船整備費，軍需品整備費という兵器を中心にした軍備拡充費であり，この経費も37年度3.7億円から41年度10.1億円へと拡大している。

　以上のことから，一般会計軍事費によっても1937～41年度にかけては相当規模の軍事支出と兵器を中心にした軍備拡大がなされてきたことがわかる。

3）日本の戦費総額をめぐって

　ここまでは，日中戦争・アジア太平洋戦争期の戦争支出としては臨時軍事費特別会計と政府一般会計軍事費に注目してきた。ただ，より正確にみるならば，これらの政府会計以外にも戦争・軍事支出がなされていたことも忘れてはならない。例えば，『昭和財政史』第4巻（臨時軍事費）では下記のような戦争支出を計上して戦費総額を7559億円と推計している。

　①臨時軍事費：1554.0億円

　②同・特殊決済額：100.2億円

　　（臨時軍事費小計　1654.2億円）

　③国防献金その他控除額：408.4億円

　④外資金庫損失額：5246.8億円

　⑤一般会計戦費(1)：210.1億円

　⑥一般会計戦費(2)：36.9億円

　⑦特別会計戦費：2.6億円

　　以上総計　7558.9億円

　以下，これに関して簡単に考えてみたい。まず，①，②および⑤は本節の1）2）で説明した軍事支出である。⑥は一般会計での「広義の軍事費」と「生産力拡充関係費」などであり，次節でも詳しく説明する。⑦は各特別会計において臨時軍事費特別会計への繰入額（表2-3参照）を除いた直接戦争経費で

あるが，その額は大きくはない。

③の「国防献金その他控除額」とは，1937〜45年度に国民から寄せられた国防献金のうち，臨時軍事費特別会計歳入に軍事費納金として計上された部分を控除した金額であり，予算外現金として陸軍および海軍によって兵器等に支出された軍事費である。この項目は408億円と小さくはないが，その大半（380億円）は臨時軍事費特別会計終結時までに出納機関の支払いが未済あるいは不明のために臨時軍事費から控除され，46年度と47年度において一般会計に移し整理された金額である[15]。従って，この項目の金額規模は無視できないが，その支出実態を正確に把握するのは難しい。

さて，戦費総額で最大となるのは，④の「外資金庫損失額」であり，5247億円という巨額にのぼる。これは一体何であり，この金額をどう評価すべきであろうか。外資金庫は，陸軍・海軍の国外払い臨時軍事費予算中の物件費の「調整」のために，政府特殊法人として1945年2月に設立された[16]。前述のように1940〜45年にかけて超インフレ下にあった占領地（中国，南方）での臨時軍事費支払額が膨張していったが，その財源は1945年2月までは政府の外資金庫借入金として臨時軍事費特別会計上で処理された。しかし，インフレが一層激しくなる1945年3月分以降の現地の陸軍・海軍の現地通貨での支払い（事実上の軍票）は，外資金庫の資金勘定の中でのみ扱われるようになった。終戦の結果，GHQ命令によって外資金庫は1945年9月に解散させられ，その時点での外資金庫損失額が5247億円となっていた。なお，この外資金庫損失金については，終戦後に各種の寄付金と納付金（その大半は現地での金の売却益）によって補填されたという[17]。

---

15) 『昭和財政史』第4巻（臨時軍事費），386-388ページ，参照。
16) 外資金庫については，『昭和財政史』第4巻（臨時軍事費）第8章第4節「外資金庫」，および『大蔵省史』第2巻，第6期（昭和11年〜昭和20年）第4章第2節4「現地借入金と外資金庫からの戦費調弁」に詳しい。
17) 外資金庫の活動と決算については，宇佐美（1951），『昭和財政史』第4巻（臨時軍事費）376-384ページ，『大蔵省史』第2巻，250-256ページ，日本銀行調査局特

　ところで，このような外資金庫を利用した占領地での軍事支出に関連して
は，次の二つのことに留意する必要がある。一つには，臨時軍事費支出が1944
年度の735億円から45年度の165億円へと急減した原因は，45年8月の敗戦に
よって軍事支出必要額が年度途中で消滅したこともあるが，それ以上に外地・
占領地での軍事費支払いを外資金庫扱いに回したことが大きいであろう。これ
は国内的には臨時軍事費支出つまり戦時国債増発を抑制したことになるが，他
方では占領地での超インフレをさらに悪化させることになったはずである。

　いま一つは，外資金庫損失額は5247億円で臨時軍事費1654億円よりも巨額で
あるが，実質的な軍事支出額ははるかに小さいと考えるべきである。それはこ
ういうことである。超インフレの下で占領地の現地通貨の購買力は著しく低下
している。本来ならば円貨との交換比率（為替相場）を大幅に切り下げて調整
すべきであるが，「大東亜共栄圏」の名目からは現地通貨の切り下げを行うこ
とはできなかった。つまり，現地通貨と円貨の交換比率は従来のままで，現地
通貨による占領地軍事支出の膨張が，結果的に円換算での外資金庫損失額を実
体以上に膨張させたといえる[18]。

　以上のことからわかるように，日中戦争・アジア太平洋戦争の戦費の総額と
その実態を正確に把握するのは簡単なことではない。そのこともあって本章で
は基本的には，臨時軍事費特別会計と一般会計に明示的に表れている軍事支
出・戦争関連支出とその財源構造を検討することに課題をしぼっている。

第3節　戦時期の政府一般会計歳出の動向

　日本の戦争財政は主要には臨時軍事費特別会計によって遂行されたが，前節
でみたように政府一般会計も臨時軍事費特別会計繰入れや直接的軍事支出
（1937～41年度）によって戦争遂行を担っていた。しかし，戦時期の政府一般会

　別調査室編（1948），533-537ページを参照されたい。
18）『昭和財政史』第4巻（臨時軍事費），369-370ページ，参照。

計は，それ以外にも様々な戦争関連支出を増大させており，急激な経費膨張を示すことになった。そこで本節では，政府一般会計歳出の全体的動向について検討しておこう。

　まず表2-17は，政府一般会計歳出額の主要経費別推移を示したものである。同表によれば次のことがわかる。①歳出総額は1937年度27億円から44年度199億円へと7.4倍に拡大している。②中でも軍事費（陸軍費，海軍費，臨時軍事費特別会計繰入）は最大費目であるが，その歳出シェアは37年度46％，40年度48％から42年度33％，44年度36％にやや低下している。この低下は既述のように，一般会計の直接的軍事費が42年度から臨時軍事費特別会計に吸収されたからである。③国債費は37年度４億円から44年度31億円へと7.8倍に増加しているが，その歳出シェアは戦時期を通じて15～19％を占めていた。④産業経済費は37年

表2-17　政府一般会計歳出・主要経費別推移

(100万円)

年　　度		1937	1940	1942	1944
軍事費	a	1,267	2,826	2,702	7,207
国債費	b	400	903	1,597	3,107
年金恩給		180	295	416	471
司法警察費		78	112	160	247
土木費		137	176	287	665
産業経済費	c	161	545	1,376	4,265
教育文化費		146	195	321	589
厚生施設費		60	151	252	585
地方財政調整費		100	277	453	904
外地経費補充費		13	29	44	126
その他		196	351	668	1,345
歳出総額	d	2,709	5,860	8,276	19,872
a/d（％）		45.6	48.2	32.6	36.3
b/d（％）		14.7	15.4	19.3	15.6
c/d（％）		5.9	9.3	16.6	23.3
計（％）		66.2	72.9	68.5	75.1

出所）『昭和財政史』第３巻（歳計），資料Ⅱ　統計8-9ページより作成。

度1.6億円から44年度42.7億円へと26.5倍に拡大しており，その歳出シェアも37年度5.9％，40年度9.3％，42年度16.6％，44年度23.3％へと急上昇している。⑤以上のことから，戦時期の一般会計歳出では軍事費，国債費，産業経済費という3経費の比重が高く，その合計シェアは66〜75％に達していた。

　ただ，この主要経費別分類だけでは，軍事費には計上されないが，戦争遂行に不可欠ないわゆる準戦費が明示されないこと，また産業経済費についても戦争遂行に密接に関連した軍需生産拡充向け費目が不明である，という限界がある。こうした点も考慮して，以下では一般会計軍事費，準戦費，軍需生産拡充関係諸費，国債費の各々についてより詳しくみてみよう[19]。

　表2-18は，一般会計軍事費の推移を陸軍費，海軍費，臨時軍事費特別会計繰入れに分けて示している。1937〜41年度においては陸軍費，海軍費と臨時軍事費特別会計繰入れが併存しており，軍事費の歳出シェアは45〜50％に達していた。一方，軍事支出が臨時軍事費特別会計に一本化された42年度以降には軍事費の歳出シェアは32〜36％の水準に低下していることが，あらためて確認できる。

　そして表2-19は，一般会計歳出の中での準戦費の推移をみたものである。ここでの準戦費とは，軍人関係の年金及恩給，軍事扶助関係費，防空関係諸費，徴兵費である。これらは直接的な軍事支出ではないが，戦争の深化・拡大とともに急速に支出額を増加させてきており，その歳出シェアも戦時期を通じて4〜8％程度を占めていたことがわかる。

　次に表2-20は，一般会計における軍需生産拡充関係諸費の推移をみたものである。ここには石炭・鉄鋼増産対策，化学工業原料増産対策，液体燃料増産対策，電力増産確保対策，輸送力増強対策など軍需生産や戦争経済を維持拡大するための支出が計上されている。これらの総額は，1941年度4.5億円から44年度29.9億円，45年度57.7億円へと急増しており，また一般会計・産業経済費に

---

　19) アジア太平洋戦争期における政府一般会計の経費膨張については，『昭和財政史』
　　第3巻（歳計），第4章第6節「経費の内容」が詳しい。

表2-18　一般会計軍事費の推移

(100万円)

年度	歳出総額 （A）	陸軍省	海軍省	2省・計 （B）	臨軍会計 繰入（C）	B＋C （D）	B/A （％）	D/A （％）
1935	2,206	497	536	1,033	－	1,033	46.8	46.8
1936	2,282	511	567	1,078	－	1,078	47.2	47.2
1937	2,709	591	645	1,236	1	1,237	45.6	45.6
1938	3,288	488	679	1,167	317	1,484	35.5	45.1
1939	4,494	825	803	1,629	535	2,164	36.2	48.1
1940	5,860	1,192	1,033	2,226	600	2,826	38.0	48.2
1941	8,134	1,515	1,497	3,012	1,078	4,090	37.0	50.3
1942	8,276	56	22	79	2,623	2,702	0.9	32.6
1943	12,552	1	1	2	4,369	4,371	0.0	34.8
1944	19,872	1	1	2	7,205	7,207	0.0	36.3
1945	21,496	－	－	610	－	610	2.8	2.8

出所）『昭和財政史』第3巻（歳計），資料Ⅱ　統計，6-7，8-9ページ，『大蔵省史』第2巻，380-381ページより作成。

表2-19　一般会計・準戦費の推移

(100万円)

年度	軍人関係 年金及恩給	軍事扶助 関係費	防空関 係諸費	徴兵費	準戦費・ 計	歳出総額に 占める比率（％）
1937	116	35	－	3	154	5.7
1938	126	113	－	4	243	7.4
1939	168	101	－	4	273	6.1
1940	224	90	－	4	318	3.9
1941	279	111	21	4	415	5.1
1942	337	148	41	5	531	6.4
1943	344	164	70	9	587	4.7
1944	381	215	644	19	1,259	6.3
1945	458	291	1,062	12	1,823	8.5

出所）『昭和財政史』第3巻（歳計），332-333，468ページより作成。

占めるその比重も41年度45％から44年度78％，45年度72％に上昇している。先に表2-17でみた一般会計での産業経済費のシェア上昇とは，もっぱら軍需生産拡充関係諸費の増加によるものであったことがわかる。

表2-20　一般会計における軍需産業拡充関係諸費の推移

(100万円)

年　　度	1941	1942	1943	1944	1945
石炭・鉄鋼増産対策	213	429	646	1,511	3,165
石炭増産対策	136	252	405	1,077	196
鉄鋼増産対策	47	154	197	275	545
各種金属増産対策	29	23	44	157	219
価格調整補給金	−	−	−	−	2,189
液体燃料増産対策等	37	22	78	172	370
化学工業原料増産対策	−	−	−	0	195
液体燃料増産対策	16	15	46	101	52
電力増産確保対策	21	7	32	71	123
輸送力増強対策	72	82	152	294	1,142
木材・林産物・薪炭増産対策	100	127	194	437	709
企業整備・労務対策費	29	60	136	583	389
合　　計	449	721	1,205	2,997	5,775
一般会計・産業経済費	903	1,377	2,890	4,625	7,989
産業経済費に占める比率（％）	45.2	52.4	41.7	78.3	72.3

出所）『昭和財政史』第3巻（歳計），470-493ページより作成。

　さらに表2-21は，一般会計・国債費の内訳と国債残高の推移を示したものである。一般会計の国債費とは，国債整理基金特別会計繰入額のことである。基金繰入額は1937年度4億円から44年度31億円，45年度42億円へと急増している。その大半は国債利子向けであった（44年度93％，45年度89％）。これは第1節でも述べたように，臨時軍事費特別会計と一般会計の主要財源として膨大な国債発行が継続した結果，国債残高が37年度の97億円から44年度986億円，45年度1363億円へと急増し，そのための利子支払いが一般会計負担として表れてきたものである。

　最後に表2-22によって，一般会計歳出に占める軍事費，準戦費，国債費，産業経済費の各シェアの推移（1937～45年度）をもう一度みておこう。この4つの経費で戦時期における一般会計歳出の70％前後を占めていたことがわかる。つまり，こうした戦争関係経費の増加によって，戦時期における一般会計の膨

表2-21　一般会計・国債費の推移

(100万円)

年度	国債整理基金繰入額	うち国債償還	うち国債利子	一般会計負担の国債年度末残高（億円）
1935	372	13	36	69
1936	363	1	36	75
1937	400	4	396	97
1938	502	5	497	141
1939	675	13	662	195
1940	903	30	873	261
1941	1,198	49	1,001	360
1942	1,597	72	1,690	501
1943	2,181	112	2,015	707
1944	3,106	177	2,878	986
1945	4,209	256	3,759	1,363

注）国債整理基金繰入額は決算。国債償還，国債利子は予
　　算額。1935〜40年度の国債利子には，借入金利子も含む。
出所）『昭和財政史』第3巻（歳計），204，334-335，469ペー
　　ジより作成。

表2-22　一般会計歳出に占める主要経費の比率

(%)

年度	軍事費	準戦費	国債費	産業経済費	4経費・計
1935	46.8	－	16.9	4.4	68.1
1936	47.2	－	15.9	4.4	67.5
1937	45.6	5.7	14.7	5.9	66.2
1938	45.1	7.4	15.3	7.3	67.7
1939	48.1	6.1	15.0	8.8	71.9
1940	48.2	3.9	15.4	9.3	72.9
1941	50.3	5.1	14.7	11.1	76.1
1942	32.6	6.4	19.3	16.6	68.5
1943	34.8	4.7	17.4	23.0	75.2
1944	36.3	6.3	15.6	23.3	75.1
1945	2.8	8.5	19.6	37.2	59.6

出所）『昭和財政史』第3巻（歳計），資料Ⅱ統計8-9ページ，および表2-19よ
　　り作成。

張がもたらされたことが確認できよう。

第 4 節　戦時期の軍備拡大と帰結

1）兵器の生産と損耗

　日中戦争・アジア太平洋戦争期での軍事費の大半は物件費に充当され（臨時軍事費の83％），その物件費のうち海軍では70〜80％が，陸軍では50％弱（1937〜42年度）が兵器関係の調達に利用されていた（表2-8，表2-9参照）。それでは具体的にいかなる兵器が，どのような規模で生産・調達されていたのであろうか。

　表2-23は，1937〜45年度にかけての航空機を除いた陸軍向けの主要兵器生産実績額の構成である。9年間で総額115億円にのぼるが，その内訳では銃器・大砲等（地上銃器，航空武器，大砲）18.7％，弾薬等（地上弾薬，航空弾薬，火薬）47.2％，戦車等（戦車装軌車両，自動車両）21.0％が主たるものであり，この三者で86.9％を占めていた。なお，主要兵器生産実績数では，小銃3,745千挺，機関銃123千挺，歩兵大砲10千門，高射砲4.6千門，大砲4.5千門，戦車5.0千両，自動貨車105千両，等であった[20]。

　表2-24は，1937〜45年度にかけての海軍艦艇の生産実績である。9年間で総額70億円，622隻の艦艇が供給されている。とく

表2-23　陸軍主要兵器生産実績（1937〜45年度）
（100万円，%）

	価額	構成比
地上銃器	860	7.5
航空武器	585	5.1
大砲	705	6.1
地上弾薬	3,881	33.7
航空弾薬	978	8.5
火薬	579	5.0
戦車装軌車両	1,201	10.4
自動車両	1,222	10.6
光学兵器	232	2.0
電波通信器材	395	3.4
海運器材（発動艇）	524	4.5
主要器材	274	2.4
航空機部品	82	0.7
合計	11,517	100.0

出所）『昭和財政史』第 4 巻（臨時軍事費）240-241ページより作成。

20）『昭和財政史』第 4 巻（臨時軍事費），240-241ページ，参照。

表2-24　海軍艦艇の生産実績

(100万円)

年度	価額	隻数	内　訳					
			戦艦	航空母艦	巡洋艦	駆逐艦	潜水艦	海防艦
1937	257	23		1	2	12	4	
1938	141	16			1	4	3	
1939	176	23		1	1	4		
1940	262	27		1		10	3	2
1941	892	48	1	4		8	11	2
1942	1,132	59	1	5	1	11	20	
1943	948	77		3	3	11	36	15
1944	2,572	248		6	1	26	38	101
1945	704	101				15	24	51
合計	7,084	622	2	21	9	101	139	171
艦艇種類別価額			548	1,832	315	1,169	1,649	785

出所）『昭和財政史』第4巻（臨時軍事費），242-243ページより作成。

にアジア太平洋戦争開戦後の42年度以降になると航空母艦，駆逐艦，潜水艦が重点的に生産されていたことがわかる。

表2-25は，1937～45年度での海軍および陸軍の飛行機生産実績の推移を示している。9年間で海軍の飛行機が38,766機（64億円），陸軍の飛行機が41,168機（77億円）生産されている。生産はとくにアジア太平洋戦争開戦後の42年度以降に増加しており，海軍では機数の78％，価額の85％が，陸軍では機数の79％，価額の80％が4年間（42～45年度）に集中している。

さて，陸軍・海軍によるこのように膨大な兵器・弾薬，軍艦，航空機の調達は，当然ながら日本国内の重化学工業を中心にした軍需産業の売上額となり，結果的に戦時経済における経済成長，国民所得の増加をもたらすことになった。しかし，同時に重要なことは，このように膨大な軍事費を投じて大量に生産された兵器は，戦争の遂行とくに戦局の悪化とともに大半は損耗し消失していったことである。例えば，表2-26はアジア太平洋戦争中（1941～45年）の海

表2-25　飛行機生産実績

（100万円）

年度	海軍		陸軍	
	機数	価額	機数	価額
1937	980	65	600	76
1938	1,582	143	1,200	151
1939	1,703	151	1,600	304
1940	1,633	215	1,829	347
1941	2,545	371	3,269	689
1942	4,346	886	5,839	1,044
1943	9,846	1,625	10,182	2,034
1944	13,272	2,450	13,325	2,514
1945	2,859	518	2,964	553
合計	38,766	6,424	41,168	7,713
42～45 （％）	30,323 (78.2)	5,479 (85.3)	33,320 (78.5)	6,145 (79.7)

出所）『昭和財政史』第4巻（臨時軍事費）．240-241，244-245ペー
ジより作成。

表2-26　アジア太平洋戦争中の海軍艦艇の損耗（1941～45年）

	開戦時 隻数	開戦後 増隻数	開戦後 減隻数	終戦時 隻数
戦艦	10	2	8	4
航空母艦	10	15	19	6
巡洋艦	41	6	36	11
その他軍艦	14	3	11	6
駆逐艦	111	63	135	39
潜水艦	64	126	131	59
海防艦	4	168	72	100
小計	254	383	412	225
その他小艦艇	136	444	272	308
総数	390	827	684	533

出所）東洋経済新報社編（1991）『完結　昭和国勢総覧』第3巻．282
ページより作成。

表2-27　アジア太平洋戦争中の航空機損耗（1941～45年）

(機)

	開戦時保有	生産	損耗	終戦時保有
陸軍	2,000	28,500	23,500	7,000
海軍	1,200	30,295	25,609	5,886

注）陸軍の機数は練習機を除く。
出所）『完結　昭和国勢総覧』第3巻，282ページより作成。

軍艦艇の損耗を示したものである。開戦後の増隻も含めて総数1,217隻あった艦艇は戦争中に684隻，全体の56％を失っている。とくに戦艦は12隻中8隻（67％），航空母艦は25隻中19隻（76％），巡洋艦は47隻中36隻（77％），駆逐艦は174隻中135隻（78％），潜水艦は190隻中131隻（69％）を損耗しているのである。また，表2-27はアジア太平洋戦争中（41～45年）の航空機損耗を示しているが，開戦後生産を含めて陸軍は30,500機中23,500機（77％）が損耗し，海軍は31,495機中25,609機（81％）が損耗している。

2）兵員の動員と犠牲

　戦争の拡大は兵器生産の増大だけでなく，大規模な兵員の動員を必要とした。表2-28は，陸軍・海軍の兵力の推移を示している。日中戦争開戦時の1937年には総数63万人（陸軍50万人，海軍13万人）であったが1940年には総数172万人（陸軍150万人，海軍22万人）に増加し，さらにアジア太平洋戦争開戦後の1942年には総数283万人（陸軍240万人，海軍43万人）から敗戦時の1945年には実に719万人（陸軍550万人，海軍169万人）に達していたのである[21]。また，表2-29は陸軍師団数とその展開地域の推移を示したものである。日中戦争開戦時（1937年）

21）国内の男子有業者数（軍人を除く全産業）は1940年10月・1973万人，1945年5月・1388万人であり（梅村・他，1988，259ページ，参照），有業者数に対する兵員数の比率は1940年8.3％から，1945年には実に51.8％に上昇したことになる。

には24師団（95万人）の編成で，そのうち22師団は中国・満州に展開していた。1940年には49師団（135万人）に増加するが，そのうち38師団は中国・満州にあった。そして，アジア太平洋戦争開戦後には43年70師団（290万人），44年99師団（420万人），45年169師団（547万人）に膨張している。そして，中国と南方での師団配置数は43年47師団，44年68師団，45年70師団にのぼっている。こうした中国・南方での陸軍師団の展開と占領地の超インフレが，先にみたような陸軍・臨時軍事費支出の中国・南方シェアの急増（表2-11）と外資金庫損失額（第2節3）の背景になっていたのである。

　そして重大なことは，こうした大量の兵員動員は，戦争過程の中で多大の犠牲をもたらしたことである。表2-30は陸軍・海軍の終戦時の現存兵員と死没者数を示している。日中戦争・アジ

表2-28　陸海軍の兵力

（千人）

年次	総数	陸軍	海軍
1937	634	500	134
1938	1,159	1,000	159
1939	1,620	1,440	180
1940	1,723	1,500	223
1941	2,411	2,100	311
1942	2,829	2,400	429
1943	3,808	3,100	708
1944	5,365	4,100	1,265
1945	7,193	5,500	1,693

出所）『完結　昭和国勢総覧』第3巻，274ページより作成。

表2-29　陸軍の師団配備数と兵力概数の推移

年	師団数	内　訳						兵力概数（万人）
		本土	朝鮮	台湾	満州	中国	南方	
1937	24	1	1	0	6	16	－	95
1938	34	1	1	0	8	24	－	115
1939	42	5	1	0	9	27	－	124
1940	49	9	2	0	11	27	－	135
1941	51	4	2	0	13	22	10	210
1942	－	－	－	－	－	－	－	240
1943	70	6	2	0	24	24	23	290
1944	99	14	0	8	25	25	43	420
1945	169	58	7	9	26	26	44	547

出所）山田（1997），167ページより作成。

表2-30　地域別の兵員と死没者

(千人)

	総数		陸軍		海軍	
	終戦時 現存兵員	死没者	終戦時 現存兵員	死没者	終戦時 現存兵員	死没者
総数	7,889	2,121	5,472	1,647	2,416	473
日本本土	4,335	104	2,373	58	1,962	46
小笠原	24	15	15	3	9	13
沖縄	52	89	41	68	11	22
台湾	190	39	128	29	62	11
朝鮮	336	27	294	20	42	7
樺太千島	91	11	88	8	3	3
満州	666	47	664	46	2	1
中国本土	1,125	456	1,056	436	69	20
シベリア	50	53	0	53	0	0
（小計）	(6,819)	(841)	(4,569)	(719)	(2,160)	(122)
南方	1,070	1,280	814	928	256	352

出所）『完結　昭和国勢総覧』第3巻，274ページより作成。

ア太平洋戦争は，日本軍隊の兵員に限っても，212万人の死没者を出している。そして陸軍の死没者165万人であるが，そのうち南方93万人（56％）と中国本土44万人（26％）の比重が高い。また，海軍の死没者は47万人であるが，その大半の35万人（74％）は南方におけるものであった。

おわりに

　本章では，日中戦争・アジア太平洋戦争期における日本の軍事支出の膨張とその内容を，臨時軍事費特別会計と政府一般会計の動向を中心に明らかにしてきた。それをふまえてここでは，日本の戦争財政について続いて解明すべきものとして，次の二つの課題をあげておきたい。一つは，戦時期においてこのように膨張してきた政府支出を財源面から支えてきた公債発行と租税負担の実態の分析である。戦時期（1937〜45年度）での新規国債の発行累積額は1368億円

に達しているが（表2-5．参照），これはどのような形で国内市場において発行・消化されていたのであろうか。また租税収入（専売局益金を含む）は膨張する政府一般会計歳入の約60％を維持し続けていたが，これはいかなる増税・増収によってどのような国民負担の増大をもたらしていたのであろうか。これについては第4章，第5章，第6章で明らかにする。そして，いま一つは，戦時期における経済成長の実態と国家資金配分の問題である。戦時期における軍事支出の拡大は，軍需産業を中心に国内の経済成長と国民所得の増大をもたらしたが，それは国家による戦時統制経済を不可欠なものとしていた。つまり，名目的に成長する戦時国民所得を，軍事費のための財政資金（公債，租税），軍需産業のための投資資金，国民の消費資金としてどのように活用するのかという資金配分問題である。これについては続く第3章で明らかにしていく。

第3章　戦時期日本の経済成長・国民所得と資金動員

は じ め に

　日中戦争・アジア太平洋戦争（1937年9月～45年8月）の期間では，政府一般会計とは別に戦争遂行のための臨時軍事費特別会計が設置された。一般会計と臨時軍事費特別会計の歳出純計に占める軍事費の比重は戦争期間を通じてほぼ7割前後に達していた。日本財政は文字通り戦争財政に転化していたのである。そしてこの戦時期において，日本経済が軍需生産拡大をテコにして一定の経済成長を遂げ国民所得も増大していたのも事実である。

　だが，一般に軍需生産の拡大とは政府財政支出（軍事費）の拡大と同義であり，その財源確保のためには大規模な戦時増税と巨額の戦時公債発行が不可避となる。つまり戦時経済の下で国民所得が成長しても，その多くは国家的な戦時資金動員を通じて租税負担増大と貯蓄強化（公債消化資金，等）に吸収されてしまい，国民消費支出の拡大（生活水準の向上）には結びつかない。わけても戦時期日本の国民消費水準の低下はとりわけ顕著であった。これは，言わば戦争経済の下での「いびつな経済成長」ということになる。そして，この「いびつな経済成長」は，戦時期における国家的な資金配分と資金動員の計画の下ではじめて遂行されるものであった。

　そこで本章では，日中戦争・アジア太平洋戦争期における日本経済の成長実態とその特徴を，各種のマクロ経済指標と政府資金計画の内容から分析してみたい。構成は以下のとおりである。第1節では，第2次世界大戦の主要参戦国たる日本，アメリカ，イギリス，ドイツの戦時期のGNPと国民総支出の推移を比較検討し，戦時期日本経済の特徴を明らかにする。第2節では，戦時期日

本の経済成長の内容と成果を産業別国民所得と分配国民所得の推移から明らか
にする。第3節では，戦時期日本の国家資金動員の計画と実態を分析し，名目
値で成長した国民所得の大半が租税と貯蓄に強制的に吸収されていった状況を
確認し，資金動員からみた国民消費水準低下の要因を明らかにする。

第1節　戦時期の GNP と国民総支出

1）参戦4カ国の経済成長

戦時期日本の経済と財政支出（軍事費）の関係を考える前提として，まず主
要参戦諸国（日本，アメリカ，イギリス，ドイツ）の経済成長の動向と内容を簡単
に確認しておこう[1]。表3-1は，主要資本主義諸国の20世紀以降の経済成長
（GNP変化率）を比較検討している Maddison（1991）に依拠して，上記4カ国
の1937～45年における実質 GNP の伸び率を比較したものである。同表によれ

表3-1　日本，アメリカ，イギリス，ドイツの実質 GNP の伸び率

年	日本	アメリカ	イギリス	ドイツ
1934～36平均	100	100	100	100
1937	111	117	108	120
1938	118	119	109	132
1939	137	121	110	143
1940	141	130	121	144
1941	143	153	132	153
1942	142	182	136	155
1943	144	216	139	158
1944	138	233	133	162
1945	69	229	127	114

出所）Maddison（1991），pp. 212-215より作成。

1）第2次世界大戦期の各国の戦時経済については，Harrison（1998）がある。また，
　日本を含めた戦時経済の国際比較に関しては，原（2013）とくに「Ⅷ　日本の戦時
　経済」が詳しい。

ば，各国の実質 GNP の水準は，第 2 次世界大戦前の1934〜36年平均水準（＝100）に比べると，軍備拡大と戦争の期間たる1930年代末から40年代前半にかけては一段高い経済水準を保っている。各国の GNP 伸び率とそのピーク時期をみると，日本1.4倍（39〜44年），アメリカ1.5〜2.3倍（41〜45年），イギリス1.3倍（41〜45年），ドイツ1.4〜1.6倍（39〜44年）となっている。

　戦時期において各国の生産水準が高まったことは明らかであるが，いくつかの相違点があることにも注意すべきであろう。具体的には，第 1 に，枢軸国たる日本，ドイツの GNP は1939年にはすでに1.4倍の水準に達しており，連合国のアメリカ，イギリスよりも早期に経済成長していることである。この背景には，日本は日中戦争開始により37年から軍事支出の拡大と戦争経済が進行していたこと，ドイツは第 2 次世界大戦開始（1939年 9 月）よりずっと早くから軍備拡大を進めていたことがある。

　第 2 に，大戦の終結する1945年には，敗戦国たる日本およびドイツの実質GNP は急落しているのに対して，戦勝国たるアメリカ，イギリスの実質GNP はほぼ維持されていることである。これは，日本およびドイツにおいては，戦局の悪化に伴い動員する労働力，資源に限界が生じたこと，空襲等による生産設備・社会資本への被害が深刻になっていたこと，さらに敗戦によって軍需産業の生産が停止されたこと，総じて戦争経済そのものが崩壊したからである。

　第 3 に，4 カ国の中ではアメリカの GNP 成長率（2.3倍）が群を抜いて高い。この要因としては，アメリカはもともと基礎的工業力水準が高く国内資源も豊富であること，1930年代の大不況の影響で大量に遊休化していた労働力や生産設備を戦時経済の中で積極的に活用できたこと，などが考えられよう。いずれにせよアメリカは，第 2 次世界大戦下の戦争経済で最も顕著な経済成長を達成した国でもあったのである。

2）米英独の GNP と国民総支出

　以下ではまず，アメリカ，イギリス，ドイツの戦時下の経済成長の内実を，

GNPないし国民所得の推移と，それを支出面（総需要）で支える国民総支出の構成変化から検討してみたい。

表3-2はアメリカの1939～45年における実質GNPと国民総支出の金額（1954年価格）および構成比の推移を示したものである。同表からは次の4点が確認できる。第1に，実質GNPは1939年の1894億ドルから最高の1944年には3171億ドルへと1.7倍にも増大しており，戦時期の経済成長をあらためて確認できる。第2に，GNP（＝国民総支出）の急激な成長をもたらした支出要因は，政府による財貨・サービス購入とりわけ国防支出である。国民総支出に占める政府による財貨・サービス購入のシェアは，アメリカ参戦前の1939年，40年には15％にすぎなかったが，アジア太平洋戦争開戦（1941年12月）後の42年以降には36～47％に急上昇している。そして，この時期の政府による財貨・サービス

表3-2　アメリカのGNPと国民総支出（1954年価格）

（上段：億ドル，下段：％）

年	個人消費支出	国内民間投資	海外純投資	政府の財貨・サービス購入（うち国防）		GNP
1939	1,377	216	6	295	(26)	1,894
1940	1,450	289	13	307	(45)	2,059
1941	1,547	364	−3	459	(238)	2,367
1942	1,519	181	−25	973	(784)	2,647
1943	1,559	100	−61	1,346	(1,198)	2,943
1944	1,613	124	−61	1,495	(1,357)	3,171
1945	1,722	175	−50	1,272	(1,153)	3,118
1939	72.7	11.4	0.3	15.6	(1.4)	100.0
1940	70.4	14.0	0.6	14.9	(2.2)	100.0
1941	65.4	15.4	−0.1	19.4	(10.0)	100.0
1942	57.4	6.8	−0.9	36.8	(29.6)	100.0
1943	53.0	3.4	−2.1	45.7	(40.7)	100.0
1944	50.9	3.9	−1.9	47.1	(42.8)	100.0
1945	55.2	5.6	−1.6	40.8	(37.0)	100.0

出所）United States (1955), *Economic Report of the President, Jan. 20, 1955*, pp. 138-139より作成。

購入の9割前後は国防支出によるものであった。第3に，個人消費支出は参戦前の1939年，40年には国民総支出の70％を占めていたが，参戦後の42〜45年には50％台に低下している。しかし，個人消費支出の実質額は39年の1377億ドルから45年の1722億ドルへと持続的に増加している。アメリカは戦時中にあっても個人の消費支出（生活水準）を上昇させていたのである。第4に，国内民間投資額は1941年の364億ドルをピークに42〜45年には100億ドル台に低下し，国民総支出に占めるシェアでも41年の15％から3〜6％水準に縮小している。戦時期においては軍事支出が優先されて，民間設備投資の相対的シェアは小さくなっていた。もっとも，戦時期での軍需生産の飛躍的増大のためには，軍需関連の民間企業設備投資の拡大は不可欠である。つまり，軍需優先の設備投資を促進しつつ，従来型の民需関連の民間投資が抑制されていた，と考えるべきであろう[2]。

　次に表3-3は1938〜45年におけるイギリスの国民所得と純国民総支出の推移を示したものである。同表によれば，イギリス戦時経済について次の4点が指摘できる。第1に，実質国民所得は開戦前の1938年に比べて41〜45年には10〜17％増加しており，経済成長が確認できる。第2に，純国民総支出の内訳をみると，戦時期には政府経常支出が60％前後を，とくに戦争関連支出が50％以上を占めており，軍事支出が経済成長をけん引している。第3に，逆に，消費者の財貨・サービス購入のシェアは80％弱から50％台に低下し，国内純資本形成のシェアもマイナスとなり純減になっている。第4に，全体としてイギリスの戦時経済成長は，個人消費および国内民間資本形成を抑制しつつ，軍事支出・軍需生産を拡大したことによる結果であることがわかる。なお個人消費に関連して，表3-4は戦時イギリスにおける消費財・サービスへの実質個人支出額（1938年価格）の推移をみたものである。開戦前の1938年水準に比べると，40〜

　2）第2次世界大戦期のアメリカ経済の動向については，向山（1966）の「第4章　第2次大戦とアメリカ経済」が，また同時期のアメリカの国防生産体制の分析に関しては，河村（1998）が詳しい。さらに，アメリカの戦時財政に関しては，Studenski and Krooss（1963），Vatter（1985）を参照のこと。

表3-3　イギリスの国民所得と純国民総支出

(上段：100万ポンド，下段：%)

年	国民所得	消費者の財貨・サービス購入	政府経常支出		国内純資本形成	純海外貸出	純国民総支出（要素費用）
			戦争	その他			
1938	4,707	3,713	327	440	297	− 70	4,707
1941	6,978	4,006	3,643	497	− 352	− 816	6,978
1942	7,652	4,164	3,945	528	− 322	− 663	7,652
1943	8,115	4,188	4,452	522	− 367	− 680	8,115
1944	8,310	4,452	4,481	536	− 500	− 650	8,310
1945	8,355	4,886	3,827	532	−15	− 875	8,355
1938	100	79	7	9	6	− 1	100
1941	100	58	52	7	− 5	− 12	100
1942	100	54	52	7	− 4	− 9	100
1943	100	52	55	6	− 5	− 8	100
1944	100	54	54	6	− 6	− 8	100
1945	100	58	46	6	−	− 10	100

注）国民所得，国民総支出の数値は，減価償却費および維持費を控除したネット数値。
出所）Hancock and Gowing (1949), p. 347より作成。

表3-4　イギリスの消費財・サービスへの個人支出の推移

(100万ポンド)

年	支出総額	指数	食品	指数
1938	4,288	100	1,287	100
1940	3,883	91	1,138	89
1941	3,671	86	1,036	81
1942	3,640	85	1,086	84
1943	3,591	84	1,061	82
1944	3,706	86	1,120	87
1945	3,921	91	1,136	88

注）1938年価格。
出所）Hancock and Gowing (1949), pp. 200, 348より作成。

44年には支出総額は85％水準に，食品については80～87％へとやや縮小していることが確認できる[3]。

最後に表3-5はドイツの1938～43年における実質GNP（1938年価格）とその構成比の推移を示している。同表によればドイツ戦時経済の特徴について次の4点が指摘できる。第1に，ドイツの実質GNPは開戦前の1938年に比べて戦時中（39～43年）には10～28％の増加を示している。第2に，この経済成長をもたらした支出要因は政府支出拡大であり，政府支出のシェアは38年の28％から40～43年には48～73％に増加している。第3に，逆に，消費者支出額と粗資本形成の額・シェアは低下している。消費者支出額は38年の700億マルクから42～43年には570億マルクへと8割強の水準に低下し，その支出要因シェアも60％から40％前後に低下している。また粗資本形成の額・シェアはともに低下

表3-5　ドイツのGNPの推移

（上段：10億マルク，下段：％）

年	政府支出	消費者支出	粗資本形成	GNP
1938	33	70	14	117
1939	45	71	13	129
1940	62	66	1	129
1941	77	62	−8	131
1942	93	57	−14	136
1943	109	57	−16	150
1938	28.2	59.8	12.0	100.0
1939	34.9	55.0	10.1	100.0
1940	48.1	51.2	0.7	100.0
1941	58.8	47.3	−6.1	100.0
1942	68.4	41.9	−10.3	100.0
1943	72.7	38.0	−10.7	100.0

注）1938年価格。
出所）Klein（1959），p. 257より作成。

3）イギリスの戦時経済の動向については，Hancock and Gowing（1949）を参照されたい。

しており，41年以降にはマイナスになっている。第4に，全体として戦時期ド
イツの経済成長も，イギリスと同様に，個人消費額および資本形成を抑制しつ
つ，政府支出拡大によってもたらされたものであることがわかる。なお，表
3-6は，戦時期ドイツの政府支出を軍事支出と民生支出に分けてその推移を示
したものである。これによれば，戦時期ドイツでは軍事支出が政府支出の70%
前後を占めていること，また42/43～43/44年度には軍事支出がGNPの60%以
上に達していたことも確認できる[4]。

　以上，アメリカ，イギリス，ドイツの戦時経済の動向を概観したが，重要な
こととしてさしあたり次の3点を指摘できよう。第1に，3カ国とも軍事支
出・戦争関連支出の拡大によってGNP，国民所得の成長がみられた。第2に，
平時にはGNPの大半（7～8割）を占めていた国民消費支出は，戦時にはそ
のシェアを大きく低下させた。ただ，イギリス，ドイツでは実質消費水準が平
時に比べて8割台に低下したのに対して，アメリカでは戦時にあっても実質消
費水準は上昇していた。第3に，国内資本形成に関しては，3カ国とも軍事支
出や直接的な軍需生産が優先されて，国民総支出に占めるシェアそのものは戦

表3-6　ドイツの政府支出の推移

（10億マルク）

年度	軍事支出 (A)	民生支出	政府支出合計 (B)	GNP (C)	A/B (%)	A/C (%)
1938/39	17.2	22.2	39.4	115	43.7	15.0
1939/40	38.0	20.0	58.0	129	65.5	29.5
1940/41	55.9	24.1	80.0	132	69.9	42.3
1941/42	72.3	28.2	100.5	137	71.9	52.8
1942/43	86.2	37.8	124.0	143	69.5	60.3
1943/44	99.4	30.6	130.0	160	74.5	62.1

出所）Overy（1992），p. 269より作成。

4）ドイツの戦時経済の動向と分析については，Klein（1959），Boelcke（1985），Overy
　（1992）が詳しい。

時期には縮小していた。

3）日本の GNP と国民総支出

　それでは戦時期日本の経済はどうであったのであろうか。本章では戦時期日本の国民総生産（国民総支出）および国民所得について，基本的には経済企画庁編『国民所得白書』昭和38年度版の数値を利用して検討していく[5]。まず表3-7で名目値および実質値での GNP（国民総生産），国民総支出の推移をみてみよう。同表によれば，名目国民総支出額は1935年167億円から持続的に増加して，40年394億円（2.36倍），44年745億円（4.46倍）へと拡大しており，急速な経済規模の膨張（経済成長）という印象を受ける。ただ戦時の物価上昇（国民総支出デフレーター）を考慮した実質国民総支出額でみると，1935年166億円か

表3-7　日本の国民総支出の推移

(億円)

年	名目 国民 総支出	国民総支出 デフレーター （1934～36年 平均 = 1.00）	実質 国民 総支出	同指数 （1935年 = 1.00）
1935	167	1.01	166	1.00
1936	178	1.04	172	1.04
1937	234	1.10	212	1.28
1938	268	1.22	219	1.32
1939	331	1.50	221	1.33
1940	394	1.89	208	1.25
1941	449	2.12	211	1.27
1942	544	2.54	214	1.29
1943	638	2.99	214	1.29
1944	745	3.61	206	1.24

出所）経済企画庁編（1963）『国民所得白書』昭和38年度版，
　　　137, 178-179, 186ページより作成。

　5）戦時期日本の国民所得の推計に関する研究状況については，原（2013），431-435
　　ページを参照されたい。

らピークの39年に221億円（1.33倍）へ増加するものの，日中戦争以降の戦争期間（1937～44年）を通じてほぼ210～220億円規模（35年比で1.2～1.3倍）という状況にあったことがわかる。その意味では戦時期の日本経済は，経済成長を実現したというよりも，戦時統制経済を強めつつ，かろうじてその経済規模を維持していたというのが実態であろう[6]。

そして，こうした日本の戦時期の経済規模を支えた実質国民総支出の構成を示したものが表3-8である。同表からは日本の戦時経済の特徴として次の3点が浮かび上がってくる。第1に，政府の財貨・サービス購入のシェアは，1935年の19％から持続的に上昇して，43年，44年には40％に達している。なお政府支出に占める軍事支出の割合は表3-9によれば，アジア太平洋戦争開始後の42～44年度には80％前後にのぼっていた。つまり戦時期日本においても，米英独と同様に，軍事支出・戦争関連支出が国民経済をけん引していたのである。

第2に，国内民間総資本形成のシェアは35年の16％から上昇傾向にあり，39年以降には25％前後を占めている。先にみたように戦時期のアメリカ，イギリス，ドイツでは軍事支出・軍需生産を優先して国内民間資本形成への支出の規模・シェアは縮小されていた。つまり，上記3カ国では既存の工業生産力を基盤に，主要には設備投資の民需生産から軍需生産へのシフトによって，戦時の軍需生産拡大に対応してきたのである。これに対して，基礎的工業力・技術水準に劣っていた日本では，戦時期に入ると民間企業設備投資の民需から軍需へのシフトを展開するだけでなく，並行して工業生産設備のより一層の拡充も進めて軍需生産に対応することを余儀なくされたのである。

第3に，政府の財貨・サービス購入（軍事支出）と国内民間総資本形成のシェアが拡大した影響を受けて，個人消費支出のシェアは35年の64％から一貫して低下しており，44年には34％にまで縮小している。また，実質消費額も37年の115億円をピークに減少しており，44年には70億円へとピークの60％水準に低

6）日本の戦時経済構造および戦時統制経済に関しては，原（2013），山崎（2011），東京大学社会科学研究所編（1979），コーヘン（1950）などを参照されたい。

表3-8　実質国民総支出（内訳）の推移（1934〜36年価格）

（上段：億円，下段：％）

年	総額	個人消費支出	国内民間総資本形成	政府の財貨・サービス購入	経常海外余剰
1935	166	107	26	31	2
1936	172	110	29	31	1
1937	212	115	40	48	8
1938	219	114	41	62	3
1939	221	108	52	55	6
1940	208	97	51	57	2
1941	211	94	53	70	−6
1942	214	90	57	73	−6
1943	214	85	49	84	−4
1944	206	70	54	83	−1
1935	100	64	16	19	1
1936	100	64	17	18	1
1937	100	54	19	23	4
1938	100	52	19	28	1
1939	100	49	24	25	2
1940	100	47	25	27	1
1941	100	44	25	33	−2
1942	100	42	27	34	−3
1943	100	40	23	39	−2
1944	100	34	26	41	−1

出所）『国民所得白書』昭和38年度版，179-180ページより作成。

表3-9　政府支出の推移

（10億円）

年度	1940	1941	1942	1943	1944
政府支出	8.0	10.8	19.7	26.7	39.8
中央政府	6.0	8.5	17.0	24.2	36.7
軍事支出	4.7	7.0	14.9	21.8	33.4
非軍事支出	1.3	1.5	2.1	2.4	3.3
地方政府	2.0	2.3	2.1	2.5	3.1

出所）アメリカ合衆国戦略爆撃調査団（1950），149ページより作成。

下している。戦時経済の中で，アメリカを別にして，イギリス，ドイツでも国民の消費支出水準は低下したが，それでも平時の80〜85％の水準を維持していた。それに比べても日本の戦時経済は，国民の消費生活水準の著しい低下をもたらしていたのである[7]。

第2節　戦時期日本の国民所得

1）国民所得の推移

　先に表3-7でみたように戦時期日本の名目 GNP は1935年167億円から44年745億円へと急成長を示したが，実質 GNP（1934〜36年平均価格）は1937〜44年には210億円前後で推移していた。この経済規模は日本の戦争経済が，戦時下で資源，労働力，貿易が制約される中で，国民消費支出水準を大幅に縮小しながら財政支出（軍事費）と民間設備投資を優先することによってかろうじて達成してきたものであった。そしてこれは支出要因からみた日本の戦争経済の特徴であった。それではこうした支出要因（総需要）に対応して，戦時期日本の生産構造と分配構造は具体的にはどのように変貌したのであろうか。本節では，戦時期日本の国民所得（名目値）の動向からこの点について検討してみよう。

　まず表3-10は1935〜44年における GNP（国民総生産）と国民所得の推移（名目値）を示したものである。国民所得は，GNP から間接事業税（間接税）と資本減耗引当（減価償却費）を控除し補助金を付加した調整項目と，統計上の不突合を差し引いた額と一致する。同表によれば，GNP が35年167億円から44年745億円へと増加（4.46倍）するとともに，国民所得も35年144億円から44年569億円へと増加（3.95倍）している。

7）戦時期日本の個人消費支出の低水準の実態と要因については，山崎（1979）49-66ページを参照されたい。

表3-10　GNPと国民所得の推移（名目値）

(億円)

| 年 | (1)
国民
所得 | 調整項目 | | | | (6)
統計上
の
不突合 | (7)
GNP
(1 + 5 + 6) |
		(2) 間接 事業税	(3) 補助金	(4) 資本減 耗引当	(5) 計 (2 + 4 - 3)		
1935	144	14	0	12	26	−3	167
1936	155	15	0	13	28	−6	178
1937	186	16	0	16	32	16	234
1938	200	18	0	18	36	32	268
1939	254	20	0	24	44	33	331
1940	310	27	1	28	54	29	394
1941	358	32	2	32	62	29	449
1942	421	42	5	37	74	49	544
1943	484	61	8	43	96	58	638
1944	569	60	18	53	95	81	745

出所）『国民所得白書』昭和38年度版，136-137ページより作成。

2）産業別国民所得の推移

　そして表3-11は産業別国民所得の推移を示したものである。同表からは次のことがわかる。第1に，第2次産業は持続的に成長し，とくに製造業の拡大が著しい。第2次産業の国民所得シェアは35年31％から44年40％へと上昇しているが，これはもっぱら製造業のシェアが25％から34％に上昇したことによる。第2に，第3次産業のシェアは35年49％から40年40％へと急減したが，44年には42％弱へとやや回復している。第3に，農業を主体とする第1次産業のシェアは35年20％から40年24％に上昇するものの，44年には18％弱に低下している。

　ここでは戦時期の産業別国民所得の中心であった第2次産業（製造業）と第3次産業について，その内容をいま少し詳しくみてみよう。ただ第2次産業の産業別国民所得では，製造業，鉱業，建設業の区分しかなく，製造業の内容はわからない。そこで別資料によって戦時期の工業別生産額とその分野別シェアをみてみたい。表3-12がそれである。同表によれば次のことが判明する。①工

表3-11 産業別国民所得の推移

（上段：億円，下段：％）

年	第1次産業 （うち農業）		第2次産業 （うち製造業）		第3次産業	合計
1935	29	(24)	45	(37)	71	145
1938	40	(33)	69	(57)	90	200
1940	75	(59)	111	(93)	124	310
1941	71	(54)	140	(117)	145	356
1942	82	(61)	168	(142)	167	418
1943	83	(63)	200	(169)	198	481
1944	101	(78)	230	(193)	237	568
1935	19.8	(16.7)	31.0	(25.5)	49.3	100.0
1940	24.0	(19.0)	35.9	(29.9)	39.9	100.0
1944	17.7	(13.0)	40.3	(33.9)	41.7	100.0

出所）『国民所得白書』昭和38年度版，156-159ページより作成。

表3-12 工業別生産総額・構成比の推移

（％）

年	1935	1937	1940	1942	1945
工業生産総額（億円）	108	163	271	320	369
構成比	100.0	100.0	100.0	100.0	100.0
金属工業	17.2	21.3	19.4	20.7	22.1
機械器具工業	12.0	13.9	22.1	27.8	39.1
化学工業	17.8	19.2	18.5	17.0	10.9
（小計）	(47.0)	(54.4)	(60.0)	(65.5)	(72.1)
窯業及び土石工業	2.8	2.5	2.8	2.7	2.5
繊維工業	29.4	24.6	16.6	11.1	5.9
製材及び木材製品工業	2.2	2.3	3.3	3.4	5.6
食料品工業	10.7	9.0	9.0	7.6	6.1
印刷業及び製本業	2.0	1.6	1.2	1.2	1.2
その他工業	2.1	2.3	2.2	2.0	1.5
加工賃及び修理料	3.8	3.4	4.6	6.3	5.0

注）工場統計表及び工業統計表による。
出所）『昭和産業史』第3巻，224ページより作成。

業生産総額は35年108億円から45年369億円へと3.4倍に拡大している。②金属工業，機械器具工業，化学工業の重工業関連分野の合計シェアは35年の47％から40年60％，42年65％，45年72％へと上昇して，戦時下において工業生産の重工業化が急速に進んでいる。③とくに兵器など直接的に軍需生産に関わる機械器具工業のシェアは，35年12％から42年28％，45年39％へと著しい上昇を示していた。④逆に，国民の消費生活に関連する繊維工業のシェアは35年29％から42年11％，45年6％へと急減している。⑤以上のことから，戦時下日本の製造業の発展とは軍需生産の拡大によってもたらされたものであったと確認できよう。

　次に第3次産業の分野別国民所得の推移をみたのが表3-13である。35年と44年の国民所得シェアを比較すると第3次産業全体では7.6ポイントの低下（49.3→41.7％）であるが，卸・小売業，金融・不動産業，運輸・通信業，サービス業の4分野合計では18.1ポイントも低下している。逆に公務は，10.1ポイ

表3-13　第3次産業の分野別国民所得の推移

（上段：億円，下段：％）

年	卸・小売業	金融・不動産業	運輸・通信業	サービス業	公務	計
1935	20	15	15	15	5	71
1938	25	17	21	19	6	90
1940	37	21	27	26	8	124
1941	43	25	28	30	16	145
1942	45	28	34	34	24	167
1943	42	31	42	36	44	198
1944	39	30	51	39	75	237
1935	13.5	10.6	10.5	10.3	3.2	49.3
1938	12.7	8.3	10.4	9.4	3.2	45.1
1940	12.0	6.8	8.8	8.4	2.7	39.9
1941	12.1	6.9	7.9	8.3	4.4	40.4
1942	10.6	6.6	8.0	8.1	5.6	39.6
1943	8.7	6.4	8.6	7.4	9.2	40.9
1944	6.8	5.2	9.0	6.8	13.3	41.7

　注）構成比は国民所得全体に占める比率。計にはその他を含む。
　出所）『国民所得白書』昭和38年度版，156-159ページより作成。

ントの上昇（3.2→13.3％）である。この公務所得の増加は，もちろん一般公務員の増加によるものではなく，戦時徴兵による将兵（軍人給与）の増加によるものである（後掲，表3-15参照）。つまり，戦時期とくに戦争末期（43～44年）における第3次産業での国民所得のかなりの部分は生産的・経済的活動とは対極にある軍事勤務（戦争行為）によるものであった。

3）分配国民所得の推移

生産された産業別国民所得は，個人，法人に所得として分配される。そこで次に，分配国民所得の推移を考えてみよう。まず表3-14は1935～44年における分配国民所得の全体的推移を示している。ここからは次のことが指摘できる。

表3-14 　分配国民所得の推移

（上段：億円，下段：％）

年	個人勤労所得	個人業主所得	個人賃貸料所得	個人利子所得	法人所得	分配国民所得
1935	55	45	13	15	13	144
1936	60	49	14	14	14	155
1937	68	54	15	16	20	186
1938	78	61	16	17	23	200
1939	96	86	18	21	27	254
1940	114	104	20	27	40	310
1941	138	114	22	33	47	358
1942	162	133	22	41	58	421
1943	208	127	25	52	68	484
1944	266	134	22	66	86	569
44/35（倍）	4.8	3.0	1.7	4.4	6.6	4.0
1935	38.1	31.1	9.2	10.2	9.1	100.0
1938	39.2	30.4	7.8	8.7	11.5	100.0
1940	36.6	33.7	6.5	8.8	12.9	100.0
1942	38.4	31.7	5.1	9.7	13.8	100.0
1944	46.8	23.5	3.9	11.6	15.1	100.0

出所）『国民所得白書』昭和38年度版，160-163ページより作成。

　第1に，戦時期を通じて分配国民所得の約70％は，被用者所得たる個人勤労所得と農業・自営業者の所得たる個人業主所得が占めていた。ただ，1935〜42年までは個人勤労所得37〜39％，個人業主所得30〜34％で安定していたが，戦争末期の44年には個人勤労所得は47％に増加し，個人業主所得は24％に低下するという変動がみられる。この背景には，1939年公布の国民徴用令によって軍需産業（企業）への国民の強制的就労が拡大したこと，また労働力・生産設備を軍需産業に集約するために40年より民需関連の中小零細商工業の整理が開始されたことがある。

　第2に，個人の資産性所得のシェアも利子所得と賃貸料所得では異なった動きがみられた。つまり，個人利子所得は10％前後で推移していたが，戦争末期の44年には12％弱に上昇している。これは，戦時期には戦時公債消化のために国民への強制的な貯蓄強化が求められ，大規模な貯蓄拡大（→利子所得増加）が進行していたからである（第3節参照）。他方，個人賃貸料所得は35年の9％から一貫して低下して44年には4％弱に縮小している。この背景には，小作料統制令（1939年9月）を経て戦時下の食糧増産政策と物価上昇の中で小作料の実質的軽減つまり地主の小作料収入の実質的減少が起きていたことや，戦時下の物価・家賃統制によって地主・家主の賃貸料収入の実質的減少が起きていたこと，などがあろう。

　第3に，分配国民所得の中では法人所得の伸びが最も大きい。1935年から44年にかけて国民所得全体では4.0倍，個人勤労所得は4.8倍，個人業主所得は3.0倍の増加であるのに対して，法人所得は13億円から86億円へと6.6倍に増加しているのである。そして分配国民所得に占める法人所得のシェアも35年9％から44年15％へと上昇している。つまり，軍需生産を中心とする戦争経済の中で法人所得（利潤）が最も大きな経済的恩恵を受けていたことがわかる。

　さてここでは，戦時期の分配国民所得の中でも伸びの大きかった個人勤労所得と法人所得の内容についてより詳しくみておきたい。表3-15は個人勤労所得の変化を産業分野別に示したものである。個人勤労所得においても製造業の額・シェアが35年17億円（30％），40年43億円（38％），44年90億円（34％）と拡

表3-15　個人勤労所得の推移

(100万円)

年	1935	1940	1944	44/35
農林水産業	264	774	966	3.7
鉱業	147	451	820	5.6
建設業	233	573	1,180	5.1
製造業	1,666	4,296	8,976	5.4
卸・小売業	556	896	978	1.8
金融・不動産業	175	293	694	4.0
運輸・通信・公益事業	610	892	1,798	2.9
公務	213	268	438	2.1
サービス業	1,039	1,773	2,631	2.5
軍人給与等	239	567	7,000	29.3
合計	5,496	11,369	26,648	4.8倍

注）合計にはその他も含む。
出所）経済審議庁調査部国民所得課（1954），242-243ページより作成。

大しており，戦争経済における製造業（軍需産業）の発展が反映されている。
他方で，軍人給与等の所得額とそのシェアが35年2億円（4％），40年6億円
（5％），44年70億円（26％）へと，戦争後期にいたって急速に増大しているこ
とも注目される。これはいうまでもなく，戦争後期になると大規模な兵力動員
が進み，軍関係の人件費が急増したからである。ちなみに表2-28によれば，兵
力動員数は1937年63万人，40年172万人から，44年には536万人，終戦の45年に
は719万人にも及んでいた。

　また，表3-16は戦時期における産業別の会社利益の推移を示したものであ
る。会社利益の総計は1935年度15億円から44年度71億円へと4.7倍に増加して
いる。中でも工業会社の利益は同期間に8億円から45億円へと5.6倍に増加し，
そのシェアも51％から63％に上昇している。ちなみに44年度の工業会社利益45
億円のうち機械器具工業が16億円，金属工業が11億円であり，両者で6割を占
めていた[8]。このように戦時経済における会社利益つまり法人所得の伸びは，

8）大蔵省編（1944）『主税局統計年報』昭和19年度版，78ページ参照。

表3-16　産業別の会社利益の推移

(100万円)

年度	利益総計	工業	鉱業	商業	金融保険	交通業	工業のシェア（％）
1935	1,528	778	99	212	255	55	50.9
1938	2,638	1,415	197	440	270	170	53.6
1940	4,168	2,999	233	737	312	349	71.9
1941	4,767	2,700	232	879	364	402	56.6
1942	5,332	3,173	230	926	426	396	59.5
1943	6,265	4,003	221	1,038	377	428	63.9
1944	7,117	4,500	235	1,408	292	490	63.2
1945	3,698	2,240	57	575	292	374	60.6

注)　利益総計にはその他産業も含む。
出所)　『主税局統計年報』各年度版より作成。

工業分野とくに軍需産業関連の拡大によってもたらされたものであることが確認できる。

第 3 節　戦時期日本の資金動員

1) 戦争経済の資金構図

　戦時期の日本では戦争遂行のための軍需生産拡大が最優先されていた。それは国民経済レベルでは，政府支出（軍事支出）の膨張と民間資本形成（企業設備投資）の拡大を必要とした。そしてこの両者を支出要素として戦時期日本の名目 GNP は急速に成長すると同時に，名目値での国民所得（個人所得，法人所得）も成長していった。この点は前節で確認したところである。

　さて，このような戦争経済がまがりなりにも円滑に進行するためには，資金面では次の 3 つのことがポイントとなる。第 1 に，拡大する財政支出（軍事支出）を支える政府財源を持続的に確保することである。これには増税による租税収入の拡大と，膨大な戦時公債の発行・消化が必要になる。そして，戦時増税としては，所得課税（個人所得税，法人所得税，臨時利得税）と消費課税（酒税，

物品税，等）の増税が繰り返し実施されることになる。また，戦争財源として
は戦時公債が主要な役割を果すことになるが，この戦時公債が資金市場で円滑
に消化されるためには国内での貯蓄増強が不可欠になる。

　第2に，軍需産業関連の民間企業が，その生産能力拡充に必要な設備投資資
金を確保できることである。このためには企業自己資金（内部留保など）の充
実だけでなく，各種金融機関からの貸出金の拡大が必要になる。そして金融機
関の貸出力を強めるためにも預金拡充つまり国民の貯蓄増強が必要となる。

　第3に，民間消費支出を抑制して戦時インフレを回避することである。表
3-14でみたように戦時経済の中で名目国民所得とその大半を占める個人所得
（家計所得）は持続的に増加していた。その一方で，軍需生産優先の下で民間消
費財の供給水準は縮小しており，また後述のごとく戦時国債の日銀直接引受
（紙幣増発）もあって，物価上昇ひいては戦時インフレの危険性は戦争経済の進
行とともに高まっていた。そうした中で，戦時下の政府は物価上昇の顕在化を
防ぐために，食料・生活用品の物価統制令や配給制度によって直接的な物価・
消費規制に乗り出していた。そしてそれと同時に政府は，名目成長を続ける家
計所得がそもそも消費支出に流れることを抑制するための包括的手段として，
国民の貯蓄増強つまり半ば強制的な貯金・預金・国債購入の増加を重視してい
た。加えて戦時増税に関しても，その目的は一義的には戦費調達であったが，
戦争経済が進行するとともに，個人所得税の増税には可処分所得の縮小，各種
消費課税の増税には家計消費抑制という政策効果も意図されるようになってい
た[9]。

　さて，このようなことを背景に戦時期日本では，国債の消化，生産力拡充資
金（産業資金）の蓄積，インフレの抑制，の3点を眼目にして，国民貯蓄増強
を含めた国家的な資金計画が作成されるようになった。そして，この国家資金
計画は，戦時経済の進行に合わせて2つの段階に分けることができる。

　9）戦時期日本の所得課税，消費課税の増税の経緯，目的については，本書第4章，
　　第5章を参照のこと。

　第1段階は，1938年4月の閣議決定に基づき38年度から41年度にかけて毎年度実施された国民貯蓄奨励運動とそこで作成された国家資金需要計画（39，40年度）と国家資金綜合計画（41年度）である。そこでは当該年度の公債消化資金と生産力拡充資金の所要合計額が年度の貯蓄目標額とされた。具体的には38年度80億円（公債50億円，生産力拡充資金30億円），39年度100億円（公債60億円，生産力拡充資金40億円），40年度120億円（公債60億円，生産力拡充資金40億円，浮動購買力吸収20億円），41年度170億円（公債110億円，生産力拡充資金60億円）である。ただ，この段階では国民所得やそれに基づく貯蓄可能額は統計的に把握されておらず，ここでの貯蓄目標額とはあくまで所要資金額から逆算したものにすぎなかった[10]。

　第2段階は，1941年7月に閣議決定された財政金融基本方策要綱に基づき編成された国家資金綜合計画（42年度）と国家資金動員計画（43〜45年度）である。ちなみに，同要綱は「第1　方針」で，「戦時諸国策遂行ノ経済的基礎ヲ強化確立シ高度国防国家体制ノ完成ヲ促進スル為メ財政金融ニ関シ所要ノ改革ヲ行ヒ国家資金力ヲ計画的ニ動員配分スルト共ニ資金運用ノ方針機構及方法ヲ改善シ綜合計画経済ノ円滑ナル運営ノ下ニ国家経済力ノ最高度ノ発揮ヲ期ス」と規定し，また「第2　要綱　1.国家資金動員ニ関スル計画」では，「⑴国民経済の総生産額其他ヲ綜合的ニ勘案シテ国家資力ヲ概定シ之ヲ国家目的ニ従ヒテ財政，産業及国民消費ノ三者ニ合理的ニ配分スベキ国家資金動員計画ヲ設定ス　⑵国民貯蓄計画ハ右国家資金動員計画ニ基キテ樹立スルモノス　⑶国家資金動員計画ハ毎年度之ヲ定ム尚将来数ケ年度ニ亘リテモ之ヲ概定スルモノトス」，ことも規定していた。

　これを受けて大蔵省内に国家資力研究室が開設され，毎年度の国家資力（および国民所得）の算定の上で，国家資力を財政，産業，国民消費に合理的に配分する国家資金計画が編成されるようになった。42年度・国家資金綜合計画が

10）以上のことは，『昭和財政史』第11巻（金融・下），172-202ページを参照。

その端緒であり，本格的には43～45年度・国家資金動員計画がそれである[11]。これによって国民所得の配分計画（財政，産業，国民消費）と関連して，戦時公債消化資金と産業資金（生産力拡充資金）が国民貯蓄［＝国民所得－（租税負担＋消費支出）］によって賄われるべき，という一応の形式的説明がつくようになった[12]。そこで，次に1942年度以降の国家資金計画について詳しくみてみよう。

2）国家資金計画

表3-17は国家資金配分計画での計画と実績・見込（42～45年度）を示している。いま実績額の推移（42年度→44年度）をみると次のことがわかる。第1に，国家資力の大半が戦時資金動員に活用されるようになっている。つまり，動員資金総額（財政資金と産業資金）は42年度379億円から44年度832億円へと2.2倍に増加し，国家資力総額に占めるシェアも42年度62％から44年度77％に上昇している。

第2に，財政資金は42年度250億円から44年度480億円へと1.9倍に増加している。その中身をみると，①軍事費は42年度162億円から44年度328億円へと2.0倍に増加し，財政資金に占めるシェアも65％から68％に上昇している。②行政費も42年度57億円から44年度111億円へと1.9倍に増加している。戦時期財政では直接的な軍事費だけではなく，戦時国内体制の整備（防空，等）や生産力拡充のための補助金・補給金支出としての行政費も増加していたのである。③投資出費（国庫）と地方財政の合計は30～40億円程度で比較的小規模のままで，大きな変化はない。

第3に，産業資金も42年度124億円から44年度352億円へと2.8倍に増加して

11）『昭和財政史』第11巻（金融・下），216-217ページ，参照。なおここでの国家資力とは，国民所得に，既存資本動員（減価償却相当額，等），海外資金動員，その他（金融的形成資金，等）の国民所得以外の資力を加えた数値をいう（統計研究会（1951），22-29ページ，参照）。

12）『昭和財政史』第11巻（金融・下），224ページ，参照。

表3-17　国家資金配分計画

(億円)

	1942年度実績	1943年度		1944年度		1945年度見込
		計画	実績	計画	実績	
国家資力総額	615	657	796	834	1,079	1,189
動員資金総額	379	460	543	620	832	949
Ⅰ財政資金	250	324	349	440	480	656
1．国庫財政	230	302	325	412	451	628
①軍事費	162	199	222	275	328	440
②行政費	57	92	92	122	111	173
③投資出費	11	11	11	15	12	15
2．地方財政	20	22	24	28	29	37
Ⅱ産業資金	124	127	195	161	352	254
1．国内産業資金	106	110	175	139	331	239
①軍需産業	25	34	42	42	99	91
②生拡産業	38	43	52	41	60	44
③一般産業	13	7	11	5	30	14
④その他資金	30	27	69	51	143	90
2．対外投資資金	18	16	20	22	21	14
3．調整準備金	0	10		20	0	30
国民消費資金	236	197	249	214	244	240

出所）統計研究会（1951）『戦時および戦後のわが国資金計画の構造』より作成。

いる。中でも，①直接的な軍需産業向けは42年度25億円から44年度99億円へと4.0倍に激増している。②軍需産業を支える石炭，鉄鋼，化学，電力など生産力拡大産業向けも38億円から60億円へと1.6倍に増加している。

　第4に，動員資金総額が増大するのとは反対に，国民消費資金は42年度236億円，43年度249億円，44年度244億円と停滞しており，国家資力総額に占めるシェアも42年度38％から44年度23％に低下している。戦時期の資金配分（実績）においても国民消費支出が犠牲にされていたことが確認できる。

　それでは，財政資金と産業資金に動員された資金総額はどのように調達されたのであろうか。表3-18は財政資金の，表3-19は産業資金の調達計画と実績・

見込を示したものである（42〜45年度）。表3-18によれば，財政資金実績額は，
①租税その他普通歳入は42年度104億円から44年度207億円へと2.0倍に増加し
ており，その9割が国庫収入である。②公債も42年度141億円から44年度300億

表3-18　財政資金の調達計画

(億円)

	1942年度実績	1943年度		1944年度		1945年度見込
		計画	実績	計画	実績	
財政資金	250	326	349	440	480	666
租税その他普通歳入	104	127	139	180	207	226
1．国庫収入	93	116	125	164	192	208
2．地方収入	11	11	14	118	15	18
公債	141	195	209	258	300	466
1．国債	139	192	206	255	295	459
2．地方債	2	3	2	3	5	7
現地国庫収入	4	1	1	2	2	2
国庫一時余裕金	−	−	−	−	− 29	− 30

出所）統計研究会（1951）『戦時および戦後のわが国資金計画の構造』より作成。

表3-19　産業資金の調達計画

(億円)

	1942年度実績	1943年度		1944年度		1945年度見込
		計画	実績	計画	実績	
産業資金	124	137	195	161	352	254
国内産業資金	106	110	175	139	331	239
1．自己資金	15	15	20	23	23	27
2．株式払込	30	36	47	41	52	43
3．社債増加	14	15	18	18	20	21
4．借入金増加	47	44	90	57	236	149
対外投資	18	16	20	22	21	14

出所）統計研究会（1951）『戦時および戦後のわが国資金計画の構造』より作成。

表3-20　資金動員計画

(億円)

	1942年度実績	1943年度		1944年度		1945年度見込
		計画	実績	計画	実績	
動員資金総額	379	460	543	620	832	949
国内動員資金	348	437	532	620	833	953
1．財政課徴	104	127	139	180	207	227
2．国民貯蓄動員	221	295	327	417	475	700
3．企業自己資金	15	15	20	23	23	27
4．通貨増発	8	0	44	0	128	0
海外資金動員	31	23	17	0	2	−4

出所）統計研究会（1951）『戦時および戦後のわが国資金計画の構造』より作成。

円へと2.1倍に増加しているが，その大半は国債である。③公債は財政資金の6割前後を占めていた。

　次に，表3-19によれば，国内産業資金実績は，①42年度106億円から44年度331億円へと3.1倍に増加している。②資金内訳では借入金増加が42年度47億円，43年度90億円，44年度236億円で最も大きく，その資金シェアも44％，51％，71％に上昇していた。③自己資金，株式払込，社債増加も資金調達において一定の役割を果している。

　最後に，表3-20は資金動員の源泉を示したものである。その実績額をみると，国民の直接的負担となる租税等の財政課徴は42年度104億円，43年度139億円，44年度207億円へと急増し国内動員資金に占めるシェアは25〜30％に達していた。一方，公債消化や企業借入金の資金源となる国民貯蓄動員は42年度221億円，43年度327億円，44年度475億円へと増大しており，国内動員資金に占めるシェアも59〜63％に達していた。

3）資金動員の実態

　戦時期において上記のような財政課徴や貯蓄増強によって遂行された資金動

員の実態を個人所得・法人所得の処分（使われ方），租税負担，戦時国債の発
行・引受・消化，民間企業への資金貸出という側面からみてみよう。

　まず表3-21は，個人所得とその処分内容の推移（1935～44年）を示している。
ここでの個人所得とは，分配国民所得（表3-14）での個人勤労所得，個人業主
所得，個人賃貸料所得，個人利子所得に，法人所得のうちの個人配当所得（後
掲表3-22）を加えた所得額である。そしてこの個人所得は分配国民所得の9割
強を占めていた。さて表3-21からは次のことがわかる。第1に，個人所得のう
ち消費支出に回される割合は大幅に低下している。その水準は35年80％から40
年68％，44年52％へと一貫して低下しており，戦時下における個人生活水準の
悪化を表現している。同時にこれは，先に表3-8でみた国民総支出に占める個
人消費支出のシェアの大きな低下を説明することになる。

　第2に，個人税および税外負担のシェアは35年4％から40年6％，44年10％
へと上昇している。これは戦時財政の中で所得税増税などが繰り返され，個人
への直接的課税負担が増大したことを物語る。ただここには消費課税など間接
税負担は入っていないことに注意すべきである。間接税負担を含めれば個人の

表3-21　個人所得とその処分

年	個人所得		個人消費支出		個人税及び税外負担		個人貯蓄	
	億円	％	億円	％	億円	％	億円	％
1935	135	100.0	108	80.0	5	4.0	22	16.8
1936	145	100.0	114	78.7	6	4.0	25	17.9
1937	164	100.0	128	78.1	7	4.4	29	18.0
1938	185	100.0	139	75.1	9	5.1	37	20.3
1939	236	100.0	165	69.9	11	4.9	60	25.4
1940	283	100.0	192	67.8	17	6.1	74	26.5
1941	327	100.0	207	63.3	21	6.3	100	30.8
1942	380	100.0	237	62.5	30	8.0	112	29.9
1943	433	100.0	260	60.0	35	8.1	138	32.6
1944	509	100.0	266	52.2	50	9.8	193	39.5

　出所）『国民所得白書』昭和38年度版，140，142ページより作成。

租税負担はより重くなっている。

　第3に，個人所得の処分に占める貯蓄シェアは35年の17％弱から，40年26％，44年40％弱へと大きく上昇している。この個人貯蓄とは，個々の貯蓄の集計額ではなく，個人所得から消費支出および税負担を差し引いた残額を，マクロでみた個人貯蓄と便宜的にみなしているものである。とはいえ，この個人貯蓄の増加こそが，後述の郵便貯金（預金部資金）や銀行預金の増額への資金源になるのである。

　次に，表3-22は法人所得とその処分内訳の推移を示している。戦争経済の進行とともに法人所得が急増したことは（35年12億円→44年86億円），先にも指摘したところであるが（表3-14参照），法人所得の処分内容にも注目すべき変化がある。第1に，法人税負担が急増している。分配国民所得に占める法人税負担のシェアをみると，35年2.3％，40年4.8％，44年7.4％へと増加している。これは戦時期の財政支出拡大の財源確保のために，法人所得税の増税が繰り返されたからである[13]。

　第2に，課税後の法人所得の処分に関しては，個人配当よりも内部留保が優先された。分配国民所得に占めるシェアでは，個人配当は35年3.9％，40年

表3-22　法人所得とその処分

年	法人所得（100万円）				分配国民所得での構成比（％）			
	計	法人税	個人配当	内部留保	法人所得	法人税	個人配当	内部留保
1935	1,250	334	566	350	8.6	2.3	3.9	2.4
1937	1,986	575	785	626	10.6	3.1	4.2	3.3
1940	3,943	1,492	1,230	1,221	12.7	4.8	4.0	3.9
1941	4,720	1,783	1,156	1,781	13.2	5.0	3.2	5.0
1942	5,751	2,344	1,231	2,176	13.7	5.6	2.9	5.2
1943	6,806	2,951	1,336	2,519	14.0	6.1	2.7	5.2
1944	8,569	4,204	1,379	2,986	15.0	7.4	2.4	5.2

出所）『国民所得白書』昭和38年度版，160-163ページより作成。

13）戦時期日本の法人所得税増税については，本書第5章第4節を参照されたい。

4.0％から44年には2.4％に低下している。逆に，内部留保は35年2.4％，40年3.9％，44年5.2％と持続的に上昇している。この企業内部留保拡大は，軍需生産拡大に向けて民間企業の設備投資を促進するための措置でもあった[14]。

さて，上記の個人所得，法人所得の処分で示されたように，戦時期日本財政においては，一方での個人所得と法人所得への直接的な増税（所得税，法人税，臨時利得税）に加えて，様々な消費課税（酒税，砂糖消費税，物品税，等）の増税も繰り返されており，租税負担は急上昇していった。戦時期における所得課税，消費課税の増税の具体的内容については第4章，第5章で詳しく検討するので，ここでは租税負担上昇の概要のみに注目しておこう。例えば表3-23でア

表3-23 政府一般会計租税収入の推移
(100万円)

年度	1941	1944
総計	4,257	11,437
直接税	3,048	8,375
所得税	1,401	4,040
法人税	530	1,312
臨時利得税	997	2,591
相続税	64	145
間接税	1,209	3,061
酒税	359	883
砂糖消費税	119	70
織物消費税	130	139
物品税	180	970
遊興飲食税	200	553
直接税比率（％）	71.6	73.2
間接税比率（％）	28.4	26.8

注）主要税収のみ計上した。
出所）『大蔵省史』第2巻，430-432ページより作成。

ジア太平洋戦争突入（1941年12月）を挟んだ41年度と44年度の政府一般会計租税収入を比較すると，国税収入（一般会計）は41年度の42億円から44年度の114億円へと2.7倍に急増しているが，その増収の中心は直接税では所得税（14億円→40億円），法人税（5億円→13億円），臨時利得税（10億円→26億円）等の所得課税であり，間接税では酒税（4億円→9億円），物品税（2億円→10億円），遊興飲食税（2億円→5億円）等の消費課税であった。この結果，戦時期において租税負担率は急速に上昇していった。表3-24によれば次のことがわかる。①国民所得に対する国税負担の比率は35年度8.3％から40年度13.6％，44年度22.6％

14）日本の戦争後期における配当抑制と内部留保拡充に向けての政策については，本書第5章第4節を参照のこと。

へと9年間で14.3ポイントも上昇している。②一方，国税・地方税を合計した租税負担比率は35年度12.7％から44年度24.1％へと11.4ポイントの上昇である。③従って，戦時期の租税負担率の上昇はもっぱら国税負担の増加によるものであったことである。

　次に，戦時期における個人貯蓄の増加は，戦時国債の消化や民間投資の資金源としてどのように機能していたのであろうか。この点については第6章で詳しく検討するので，ここではその概要を簡単に確認しておこう。まず国債の発行・消化について。①日中戦争開始後の1937年度以降45年度までの戦時期9年間で発行された国債総額は1368億円で，そのうち直接的な戦費調達のための軍事公債は1084億円，発行総額の79％を占めていた。②戦時期9年間を通じて全体として国債は，日銀引受6～7割，預金部引受2～3割，郵便局売出1割弱という配分で発行されていた。③預金部引受とは郵便貯金を原資とする大蔵省預金部資金による国債引受であり，郵便局売出も国民貯蓄による購入である。つまりこれらは，郵便局を経由した国民貯蓄による戦時国債の購入ということになる。④国債発行の6～7割を占めていた日銀引受は，直接的には戦費調達

表3-24　租税額と租税負担率の推移

年度	租税額（100万円）			負担率（対国民所得，％）		
	国税	地方税	計	国税	地方税	計
1935	1,202	634	1,837	8.3	4.4	12.7
1936	1,361	672	2,033	8.8	4.3	13.1
1937	1,783	659	2,442	9.6	3.5	13.1
1938	2,337	704	3,042	11.7	3.5	15.2
1939	2,928	763	3,691	11.6	3.0	14.6
1940	4,217	784	5,001	13.6	2.5	16.1
1941	4,931	879	5,810	13.8	2.4	16.2
1942	7,529	934	8,463	17.9	2.2	20.1
1943	9,960	992	10,952	20.6	2.0	22.6
1944	12,863	862	13,725	22.6	1.5	24.1

注）国税には印紙収入および専売益金を含む。
出所）大蔵省財政史室編『昭和財政史　終戦から講和まで』第19巻（統計），269ページより作成。

のための紙幣増発であるが（インフレ要因），この日銀保有国債は市中資金の回収を図るために（インフレ抑制），資金市場で積極的に民間金融機関に売却されており，間接的には銀行預金という国民貯蓄によって消化されていた。（第6章第1節〜第3節，参照。）

　次に，民間投資への資金供給について。民間金融機関（全国銀行）は，戦時経済の中で増加する預金高（国民貯蓄）の多くを確かに国債購入に振り向けていた。しかしその一方で，民間金融機関には軍需生産拡大に対応した民間企業の設備投資資金，産業資金の供給拡大も求められていた。戦時期の金融機関貸出残高の変化をみると，貸出金総額は1940年6月の127億円から45年3月には516億円へと4.3倍に増加し，貸出先の工業のシェアも41％から52％に上昇していた。とくに機械器具・兵器工業のシェアは12％から30％へと顕著に増加していた。（第6章第4節，参照。）

　このように戦時期日本では，増強された国民貯蓄は膨大な戦時国債の消化だけではなく，軍需産業向けの民間企業設備投資にも積極的に利用されていたのである。

おわりに

　戦時期日本経済の動向について，本章では主にGNP（国民総支出），国民所得，国家資金動員というマクロ要素に注目して検討してきた。最後に以上の考察から得られた若干の結論をのべて本章の結びとしたい。

　第1に，戦時期日本経済（1937〜45年）は平時（1935年水準）に比べると実質経済規模で2〜3割の拡大になったが，戦時期そのものにおける実質的な経済成長はない。確かに名目GNPと名目国民所得は急速に増加したが，実質GNP水準はほとんど停滞していた。日本はこの戦時経済規模を，資源，労働力等の制約の下で，統制経済を強めてかろうじて実現していたのである。

　第2に，戦時期において日本の名目GNPを成長させ，一定の経済規模（実質GNP）を支えていたのは，国民総支出の側面からみると，主要には政府財

政による軍事支出であり，軍需生産力拡大のための民間企業設備投資（国内資本形成）がそれを補強していた。反対に，平時には国民総支出の主体である個人消費支出は戦時には大幅に縮小していた。日本の戦争経済は，国民の消費支出・生活水準を大きく低下させたのである。

　第3に，戦時期における名目国民所得の成長を生産・分配からみると，産業別所得では軍需産業関連の第2次産業・製造業が著しく，分配面では同産業関連の個人所得・法人所得の伸びが大きい。また，国民所得の9割前後を占めていた個人所得は，総力戦を遂行する戦争経済の下では資産性所得よりも生産・勤労所得の比重が高まっていた。

　第4に，戦時期日本の軍需生産活動，ひいては日本の戦争経済が機能するためには，軍事支出のための政府財源（租税と戦時国債）と民間設備投資のための貸出資金が必要かつ十分に確保される必要があった。これは名目成長する国民所得とくに個人所得から，国家資金動員計画の下で増税負担と強制的貯蓄増強によって調達されていた。戦時期に名目的に成長した個人所得の大半は，増税と貯蓄に吸収されてしまい，個人消費支出は極限まで押しつぶされていったのである。この増税と貯蓄拡大に関しては，続く第4章〜第6章で詳しく検討することになる。

第4章　日本の戦争財政と租税(1)
——戦時増税の論理，消費課税の増税——

は じ め に

　日中戦争からアジア太平洋戦争にいたる日本の戦争財政（1937～45年）において，その膨大な財源調達の主要部分は戦時国債発行によって賄われていたが，その一方で政府一般会計の膨張を賄うために戦時の全期間を通じて所得課税と消費課税の大増税も実施されていた。そこで本章（第4章）と次章（第5章）では日本の戦時財政における租税収入の拡大について注目してみたい。第4章では戦時期の租税収入および増税政策の経緯を整理した上で，消費課税の増税内容を明らかにする。そして第5章では戦時増税の中心たる所得課税の増税と負担増大についてみていくことにする。本章の構成は以下のとおりである。第1節では戦時期日本の租税収入拡大と戦時増税の経緯について概観し，第2節では戦時増税の論理を所得課税と消費課税について確認する。そして第3節において個別消費課税の増税の実態を，酒税と専売局益金，織物消費税と砂糖消費税，物品税と遊興飲食税，通行税と入場税について詳しく検討していく。

第1節　戦時期の租税収入と増税

1）租税収入の拡大

　1931（昭和6）年9月の満州事変，1937（昭和12）年7月の日中戦争勃発，1941（昭和16）年12月のアジア太平洋戦争への突入によって，1930年代以降の

日本の国家財政は戦争を遂行するための戦争財政という特徴を顕著にし，また急激な政府支出膨張を示すようになる。つまり，直接的な戦争支出（戦費）とその財源調達を管理する臨時軍事費特別会計（1937年9月～46年2月）が設置されるとともに，政府一般会計も戦争関連経費，軍需生産拡充，国債費などで経費が急速に拡大するようになったのである。ちなみに一般会計の歳出規模は35年度の22億円から37年度27億円，40年度58億円，42年度82億円，44年度198億円へと9年間で9.0倍に増加していた。これらのことはすでに第2章で確認したところである。このように戦時期に膨張した一般会計歳出はどのような財源によって賄われていたのであろうか。これについても第2章（表2-4）ですでに検討しているが，ここではその結論を簡単に再確認しておこう。つまり，①一般会計歳入額は35年度22億円，40年度64億円，44年度210億円へと9年間で9.3倍に拡大していた。②租税収入はこの時期全体を通じて歳入全体のほぼ50％以上を占めており，一般会計の持続的膨張を租税収入＝租税負担の拡大が支えてきた。③租税に印紙収入と専売局益金を加えた広義の租税収入でみると，歳入全体のほぼ60％以上を占めていた。中でも専売局益金はこの期間を通じて歳入の5～9％程度を占めていた。④公債及び借入金は歳入全体の20％前後で推移していた。戦時財政であっても一般会計では公債依存はそれほど顕著に高まっていなかった。これはもちろん，直接的な戦争支出の大半は臨時軍事費特別会計が担っていたからであった。⑤戦時期での収入規模の増加率（1935→44年度）を比較しても，一般会計歳入合計が9.3倍であるのに対して，租税収入12.3倍，公債及び借入金7.8倍，専売局益金5.3倍，印紙収入2.9倍であり，租税収入が最も大きな増加率を示していた。

そこで次に，戦時期における租税収入の動向についてみてみよう。まず表4-1は一般会計租税収入（国税）の推移を主要税目について示したものである。この表によれば戦時期の国税収入の動向として次の4つの点が確認できる。

第1に，国税収入総額は1935年度9.3億円，40年度36.5億円，44年度114.4億円となり，前半5年間で4倍，後半4年間で3倍，9年間で計12倍に増加している。

表4-1　政府一般会計租税収入の推移

(100万円)

年度	1935	1936	1937	1938	1939	1940	1941	1942	1943	1944	1945
総計	926	1,051	1,431	1,984	2,495	3,653	4,257	6,633	8,455	11,437	10,337
直接税	418	505	813	1,226	1,624	2,616	3,048	4,611	5,422	8,375	7,334
所得税	227	276	478	732	888	1,488	1,401	2,236	2,604	4,040	3,820
法人税	–	–	–	–	–	182	530	765	978	1,312	1,161
臨時利得税	26	44	102	185	370	736	997	1,484	1,698	2,591	1,961
営業収益税	57	73	91	105	126	78	14	2	2	0	0
相続税	30	31	35	45	58	56	64	86	117	145	176
間接税等	507	546	618	757	871	1,036	1,209	2,022	3,012	3,061	3,003
酒税	209	220	241	278	266	285	359	433	720	883	1,130
砂糖消費税	84	86	95	145	136	141	119	143	141	70	10
織物消費税	40	42	38	46	58	96	130	197	188	139	109
物品税	–	–	–	54	125	110	180	441	799	970	532
遊興飲食税	–	–	–	–	57	128	200	482	750	553	588
特別行為税	–	–	–	–	–	–	–	–	78	111	76
通行税	–	–	–	8	11	22	29	75	89	143	231
入場税	–	–	–	8	12	22	33	66	91	117	296
関税	151	174	184	166	147	143	87	56	44	15	7
直接税比率(％)	45.2	48.0	56.8	61.8	65.1	71.6	71.6	69.5	64.4	73.2	70.9
間接税比率(％)	54.8	52.0	43.2	38.2	34.9	28.4	28.4	30.5	35.6	26.8	29.1

出所)『大蔵省史』第2巻, 430-432ページより作成。

　第2に, 直接税の中では所得税, 法人税, 臨時利得税という所得課税の拡大がとりわけ顕著である。この所得課税3税の合計額が35年度2.5億円, 40年度24.0億円, 44年度79.4億円であり, 9年間で32倍に増加している。

　第3に, 直接税, 所得課税の伸びには及ばないものの間接税等の規模も35年度5.1億円, 40年度10.4億円, 44年度30.6億円へと9年間で6倍に増加している。そしてこの間接税等の中心は, 酒税, 物品税, 遊興飲食税, 砂糖消費税, 織物消費税, 通行税, 入場税などの消費課税であった。

　第4に, 上記のような結果として, 国税収入に占める直接税と間接税の比率 (直間比率) は大きく変貌する。35年度には45：55と間接税優位であったが, 40年度72：28, 44年度73：27となり, 1940年度以降には所得課税中心の直接税が

表4-2　GNPと租税負担の推移

(100万円)

年度	GNP	租税負担額			負担率（％）		
		国税	地方税	計	国税	地方税	計
1935	16,734	1,202	634	1,837	7.2	3.8	11.0
1939	33,083	2,928	763	3,691	8.9	2.3	11.2
1941	44,896	4,931	879	5,810	11.0	2.0	13.0
1944	74,503	12,863	862	13,724	17.3	1.1	18.4

注）国税には印紙収入，専売局益金も含む。
出所）大蔵省財政史室編『昭和財政史　終戦から講和まで』第19巻（統計），269ペー
ジより作成。

優位になってきている。

　さらに表4-2でGNPに対する租税負担の比率をみてみよう。租税全体では1935年度の11.0％から44年度の18.4％へと7.4ポイント上昇であるが，国税だけでは7.2％から17.3％へと10.1ポイントも上昇している。戦時期における租税負担率の上昇はもっぱら国税負担の拡大によってもたらされたのである。確かに，戦時財政の中で軍需景気と物価上昇によってGNPも1935年度の167億円から44年度745億円へと4.5倍に増加しているが，租税負担とくに国税負担はそれをはるかに上回るテンポで増加していたのである。このように戦時期に租税収入・租税負担が拡大したのは，戦争経済に伴って名目国民所得（GNP）が増加して課税ベースが拡大したこともあるが，それ以上に重要なのは戦時期を通じて様々な増税政策がとられてきたからである。そこで次に戦時増税の経緯について概観してみよう。

2）戦時増税の経緯

　日本では，1937（昭和12）年度から敗戦の1945（昭和20）年度まで，毎年度増税がなされていた[1]。表4-3は各年度の増税案による増収予定額の一覧である。

1）戦時増税の全体像や概略については，大蔵省財政史室編（1998）『大蔵省史』第

表4-3　戦時増税の増収予定額

(100万円)

年度	増税の特徴	増収予定額 (A)	前年度税収額 (B)	A/B (%)
1937	馬場税制改革案	610	1,051	58.0
1937	臨時租税増徴法	269	1,051	25.6
1937*	北支事変特別税	101	−	−
1938	支那事変特別税	303	1,431	21.2
1939		195	1,984	9.8
1940	抜本的税制改革	651	2,475	38.3
1941	間接税中心の増税	635	3,653	17.4
1942	直接税中心の増税	1,155	4,257	27.1
1943	間接税中心の増税	1,145	6,633	17.3
1944	全般的増税	2,576	8,455	30.5
1945	全般的増税	1,806	11,437	15.8

注）1937*年度は1年限りの増税。
出所）増収予定額は『昭和財政史』第5巻（租税）を参照，前年度税収額は表4-1を参照。

前年度税収額の2割前後に相当する大規模な増税が，戦時期の毎年度にわたって実施ないし計画されていたことがわかる。そして，この戦時増税については，①馬場税制改革案，②1937〜39年度（日中戦争期），③1940年度（抜本的税制改革），④1941〜45年度（アジア太平洋戦争期）の4つに分けてその特徴をみておこう[2]。

　①馬場税制改革案。1940年税制改革に先だって抜本的税制改革案として検討されたものとしていわゆる馬場税制改革案（1937年度実施予定）がある。これは広田弘毅内閣（1936年3月〜37年1月）の馬場鍈一大蔵大臣が主導した将来の戦

　2巻，200-208，246-249ページ，大蔵省昭和財政史編集室編（1957）『昭和財政史』第5巻（租税）を参照されたい。また，戦時増税をめぐる大蔵省・主税局の動きに関しては，平田・忠・泉編（1979）上巻，第1章〜第5章，大蔵省大臣官房調査企画課（1978b）が税務当局者の考えや感想を伝えていて興味深い。

2）以下の記述は，『昭和財政史』第5巻（租税）第2章〜第4章の内容を参照した。

時体制・軍備拡充を目指した税制改革案であり，次のようなものであった。（ⅰ）37年度予算総額は30.4億円（軍事費14.1億円）で36年度予算23.1億円（軍事費10.6億円）に比べて7.3億円増の膨張予算であるが，そのうち3.5億円は軍事費増加を，2.3億円は地方行政費（地方財政調整交付金）増加を予定していた。（ⅱ）軍拡予算を支えるために平年度6.1億円（37年度4.2億円）の増税を行う。増税の中心は所得税であり，その増税額は3.4億円（法人所得への第1種所得税1.9億円，個人所得への第3種所得税1.7億円）となる。また，消費課税（酒税，砂糖消費税，織物消費税，揮発油税）も0.8億円の増税を見込む。（ⅲ）新たな租税として財産税（6000万円），取引税（3300万円）を導入する。財産税は所得税を補完するものとして考えられた経常的な純資産課税（ストック課税）であり，法人は払込資本金・積立金額の0.15％，個人は財産額の0.1％の税率が予定されていた。取引税はヨーロッパ諸国で導入されていたいわゆる売上税（取引高税＝一般消費税）であり，売上金額の0.1％（百貨店は0.3％）の税率が予定されていた。なお，上記のような内容を含む「税制改革要綱」（1936年9月公表）は，政界・経済界・各種団体から様々な議論と反発を呼び起こした。結局，その他の要因も含めた政治的混乱の中で1937年1月には広田内閣が総辞職したことにより，この馬場税制改革案は1937年度予算で実現することはなかった[3]。

②1937～39年度。日中戦争開始前後の毎年度2～3億円規模の増税である。37年度は一般会計とくに軍事費の拡大に対応しての臨時租税増徴法（1937年3月）による増税（2.7億円）である。また同年度には北支事変勃発（37年2月）にともなう北支事変特別税法（38年3月）による1年限りの増税（約1.0億円）がなされ，新税の物品特別税も導入された。38年度は支那事変特別税法（38年3月）等による増税（3.0億円）であり，所得税増税のほか物品税が恒久化されるとともに，新規の消費課税として入場税，通行税が導入された。39年度の増税（1.9

3）馬場税制改革案の内容については『昭和財政史』第5巻（租税），第2章第3節「膨大予算の出現と馬場税制改革案」が詳しい。また。馬場税制改革案の日本財政史上の位置づけについては，神野（1979），林（1979），坂入（1988），藤田（2001）も参照のこと。

億円）では，臨時利得税の増税（0.8億円）もあるが，砂糖消費税，物品税，遊興飲食税（新税）など消費課税の増税が目立った。

　③1940年度。1940（昭和15）年の抜本的税制改革による6.5億円の大規模増税である。この税制改革では，主要収益税（地租，営業収益税）を地方財源に委譲する一方で，従来の所得税（第1種～第3種）を，個人所得を対象にした所得税（分類所得税，総合所得税）と，法人所得を対象にした法人税に改編した。これによって，戦争財政を支えるべく弾力的な増収を可能にする所得課税中心の国税体制が形成された。結果的には，所得課税では所得税4.5億円，法人税0.7億円，臨時利得税1.8億円の増税となった。同時に，消費課税も酒税0.9億円，遊興飲食税0.6億円，砂糖消費税0.3億円，織物消費税0.1億円の増税になった。なお，1940年税制改革では地方財政調整制度としての地方分与税制度（配付税）が導入された。この地方配付税の財源は国税の所得税，法人税，遊興飲食税，入場税の一定割合（配付率）とされた。地方への配付率は，1940年度には所得税・法人税17.38％，遊興飲食税・入場税50％であったが，戦時増税とともに引き下げられ，45年度には所得税・法人税9.98％，遊興飲食税・入場税10.18％に縮小していった。つまり戦時下にあってこれらの税源は国家財源としてより多く活用されていたのである[4]。

　④1941～45年度。アジア太平洋戦争開戦（41年12月）とともに戦争財政が本格化し，政府一般会計歳出の急膨張（41年度86億円→44年度210億円，45年度234億円）の中で，毎年度10～25億円の大増税が実施された。41年度増税（6.6億円）は，40年度増税が直接税＝所得課税中心であったことの反動から，間接税＝消費課税中心の増税であり，遊興飲食税（2.3億円），酒税（1.5億円），物品税（1.3億円）等の増税が目立つ。逆に42年度増税（11.5億円）は直接税中心であり，所得税（5.8億円），法人税（1.4億円），臨時利得税（2.5億円）等の増税が目立つ。

　4）『昭和財政史』第3巻（歳計），587-591ページ，参照。ただし，戦時増税によって上記4税の税収額も急増したため，地方配付税額そのものは41年度3.8億円から45年度8.2億円へと増加していた。

43年度増税（11.4億円）は再び間接税＝消費課税中心の増税であり，酒税（4.1億円），物品税（2.8億円），遊興飲食税（2.8億円）等の増税がある。44年度増税（25.8億円），45年度増税（18.1億円）では，戦局が悪化し軍需生産や戦争経済の矛盾が深刻化する中で，直接税・間接税を問わずいわば全般的な大増税が実施された。その中でも44年度には所得税（11.0億円），法人税（2.0億円），臨時利得税（1.8億円），酒税（4.6億円），物品税（2.0億円）の増税が，45年度には所得税（7.5億円），酒税（7.0億円）の増税が目立つ。

第2節　戦時増税の論理

1）所得課税増税の論理

　それでは，このような戦時期における所得課税や消費課税の大増税は，基本的にはどのような論理でなされていたのであろうか。ここでは，所得課税増税に関しては1940年税制改革と1942年度所得税増税での考え方を，消費課税増税に関しては1941年度の間接税大増税での考え方を例にしてみておこう。

　1937年7月に始まった日中戦争は容易に解決の目途はたたず，中国大陸での日本の軍事進出は拡大する一方であった。それにともない一般会計軍事費は37年度12.3億円から40年度22.2億円へ，臨時軍事費特別会計支出は37年度20.3億円から40年度57.2億円へと膨張していた（表2-2参照）。そうした中で，長期にわたる戦争財政を支えるべく租税体系を本格的に再編しようとしたのが，1940年税制改革であった。そこでは主要な目標として，①中央・地方を通じて負担の均衡を図ること，②現下緊要なる経済諸政策等との調和を図ること，③収入の増加を図るとともに，弾力性ある税制を樹立すること，④税制の簡易化を図ること，の4つがあげられていた。

　とくに「負担の均衡」，「収入の増加」，「弾力性ある税制」という見地から所得課税を重視した税制改革となった。そして所得課税について具体的には，①所得税を分類所得税と総合所得税の2種に区分する，②分類所得税は比例税率で所得種類ごとに税率格差を設ける（勤労所得軽課，資産所得重課，等），③総合

所得税は各人の一切の所得を総合して累進税率で課税する，④法人所得に関しては，従来の所得税（第1種所得）から分離独立させて法人税として比例税率で課税する，⑤軍需景気による増加利得に対しては臨時利得税を増徴する，ということであった[5]。

とくに分類所得税は，比例税率の引き上げ，課税最低限の引き下げ，源泉徴収制度の導入によって大衆負担を基盤にした弾力的税収確保（増収）を容易にするものであった。ちなみに1940年税制改革案を審議した第75議会（1940年2月）で当時の桜内幸雄大蔵大臣は次のように述べていた。「将来多額の財源を求めようとすれば，直接税に於きましては結局所得税収に依るの外なきものと信じるものであります。然るに現行の所得税は最近数次の臨時的増税を重ねました結果，著しく其の伸長力を喪失して居りますのみならず，負担の普遍化の点に於いても欠くる所が少なくないのであります。仍って此の際としては現行所得税制度に根本的の改正を加へ，現在の如き累進税率の外に，新たに比例税率を導入して，税制に大なる弾力性を附与するの外，成るべく多くの国民をして所得税を負担せしむると共に，出来得る限り源泉に於て課税して，納税の簡易化を期する必要があると思ふのであります[6]。」

また，1942（昭和17）年度の所得税増税法案の説明（衆議院）の中で賀屋興宣大蔵大臣は次のように述べて増税目的として，①国家収入の増加と，②購買力吸収をあげていた。「大東亜戦争の進展に伴ひ，臨時軍事費は勿論，戦争の為避くべからざる諸経費は極めて多額に達する見込でありまして，仮令不急不要の経費に付きまして極力節約を加へましても，尚ほ今後我が国の財政需要は相当長期に亙り膨張するものと認められのであります。また戦時経済の円滑なる運営に資しまする為には，国民一般の購買力を吸収し，物資の不急消費を極力抑制するの必要は，今後益々加重せらるるものと思ふのであります。……（中略）……今次増税案の作成に当りましては，戦時に於ける財政需要に対応して

5）『昭和財政史』第5巻（租税），524-527ページ，参照。

6）『昭和財政史』第5巻（租税），528ページ。

国庫収入の増加を図り，之に依り戦時財政を強化すると同時に，一面購買力の吸収に資する為め，現下に於ける経済情勢及び国民負担力を考慮しつつ，分類所得税の増徴を中心と致しまして，各種の直接税に付き相当税率を引き上げたのであります[7]。」

このような「収入の増加」，「弾力性のある税制」，さらには「購買力の抑制」という論理の下で，戦時期において所得課税の税制改革と持続的増税が実施されていった。その具体的内容と経緯および負担構造の実態については第5章で詳しく検討する。

2）消費課税増税の論理

戦時財政が進行する中で，直接税（所得課税）だけでなく間接税（消費課税）の増税が何度も実施された。それでは間接税増税にあたってどのような論理が主張されていたのであろうか。間接税中心の大増税法案が審議された第77議会（1941年11月）を例にとると，当時の賀屋興宣蔵相は次のように説明した。「先ず酒税等の増徴等に関する法律案に付き其の概要を説明申上げます。現下の緊迫せる諸情勢の下に於きまして支那事変を完遂し，東亜共栄圏の確立を図る為には，臨時軍事費を初め戦時体制強化の為の経費の増加は避くることを得ない状態にあるのでありまして，此の際不急不用の経費に付き徹底的の節約を加へましても，尚ほ我が国歳出の総額が今後相当膨張すべきことは免れ難い所であります。一面最近に於ける経済諸情勢に照して考へますれば，此の際極力国民購買力の吸収，消費の抑制を図る必要ありと認められますのみならず，其の必要性は今後益々増加するものと思ふのであります。……中略……此の際早急に実施を要する購買力の吸収，消費の節約を図ると共に，差当り増加すべき臨時軍事費の財源の一部に充つる為め，茲に間接税を中心とする増税案を提案することに致した次第であります。……中略……今次増税案の作成に当りまして

7）『昭和財政史』第5巻（租税），629ページ。なお，賀屋蔵相については第6章，脚注6も参照のこと。

は，国民精神の緊張，生活態様の刷新を図ると同時に，負担力の関係を考へまして，奢侈的消費に対しては可及的高率の課税を為すと共に，国民生活上此の際としては比較的不急と認められる方面の消費に対する課税に付き或る程度税率を引上げ，又は課税範囲を拡張すると云ふ方針を採用致したのであります[8]。」

つまり，第 1 に，間接税大増税の目的は一義的には戦争体制の強化，戦費調達のための増収であった。41年度の間接税増税による増収予定額6.3億円は，40年度税制改革による増収6.5億円に匹敵するほどの規模であった。

第 2 に，間接税の増税は国民の「購買力の吸収」や「消費の節約」を図るという経済政策を実現する手段であった。1940年代以降になると戦時統制経済が本格化し，消費財に対する全面的公定価格制が導入されてくる。そこでは，一方で不用不急の消費財の公定価格を引き上げ（課税分の転嫁を認めて）その消費削減を図り，他方ではその価格引き上げ分を個別消費税増税によって国庫に吸収する，という方策が考えられていたのである[9]。

第 3 に，消費課税の増税にあたっては，「奢侈的消費」への高率課税や「不用不急消費」への課税も重視して，国民の負担能力や生活上の必要性に一定程度配慮すること強調していることである。

このような論理と実際上の財源の必要性から，戦時期の日本においては，様々な消費課税が，具体的には酒税，煙草税（専売局益金），物品税，遊興飲食税，砂糖消費税，織物消費税，入場税，通行税などが積極的に増税されることになった。ところで周知のようにヨーロッパ諸国では第 1 次世界大戦時に一般消費税（取引高税）たる売上税が導入され，第 2 次世界大戦時においても戦費調達に活用されていた[10]。しかし日本では，前述のように1937年の馬場税制改

---

8) 『昭和財政史』第 5 巻（租税），598-599ページ。

9) 戦時期の統制経済と個別消費税の関係については，神野（1983a）（1983b）が詳しい。

10) 第 1 次世界大戦および第 2 次世界大戦でのヨーロッパ諸国の売上税については，Schmölders（1956）を参照されたい。

革案において取引税（売上税）が検討されたこともあるが，1940年の抜本的税制改革では売上税は導入されていない。結局，第2次世界大戦時における日本の戦時財政では，売上税を欠いたまま新設を含む個別消費課税の大増税で対処することになったのである[11]。そこで次の第3節では，消費課税増税の具体的経緯とその増収効果や負担実態について詳しく検討していこう。

第3節　消費課税の増税

1) 主要消費課税の動向

　表4-4は戦時期（1935～45年度）における主要消費課税，つまり酒税，砂糖消費税，織物消費税，物品税，遊興飲食税，通行税，入場税という7税と専売局益金の推移を示している。まず，消費課税7税と専売局益金の合計額が一般会計経常収入（租税収入＋印紙収入＋専売局益金）に占める比率（消費課税シェア）に注目しよう。第1に判明するのは，この消費課税シェアは日中戦争開始前の1935年度の44％から次第に低下して，1940年度には28％に落ち込んでいることである。これは前節でみたように，この時期には戦費調達のために間接税も増徴されたが，税収弾力性の高い所得課税の増税＝増収効果がより強く表れたからであり，1940年税制改革は所得税中心体制を完成させるものであった。

　第2に，しかしその一方で，戦争財政が本格化する1941～45年度になると消費課税シェアは30～39％と再び持ち直していることである。これは，所得課税の増税と並んで，新規消費課税導入を含む消費課税の増税が積極的に実施されたことを物語っている。

　第3に，とくに間接税の大増税が行われた1941年度，43年度には消費課税シェアは前年度に比べてそれぞれ2.4ポイント（28.0％→30.4％），6.9ポイント

---

11) 1940（昭和15）年の税制改革時での大蔵省主税局企画課長だった山田義見は後年（1978年3月）次のように述べている。「15年の整理の際，外国人の批評は，どうして売上税をやらないで，日本はこの戦時財政をやっていけるのかと，これは奇跡だと，そういってました。」（平田・忠・泉編（1979）37-38ページ）。

表4-4　消費課税の税収推移（上段：税額，下段：税別シェア）

(100万円，％)

年度	酒税	砂糖消費税	織物消費税	物品税	遊興飲食税	通行税	入場税	専売局益金	経常収入に占める比率
1935	209	85	40	−	−	−	−	197	44.2%
1936	220	87	43	−	−	−	−	215	41.6
1937	241	95	39	−	−	−	−	257	35.5
1938	279	146	47	55	−	8	8	261	34.4
1939	267	136	58	126	57	11	12	320	33.7
1940	285	141	96	110	128	23	23	352	28.0
1941	359	120	130	181	200	29	33	414	30.4
1942	434	144	198	442	482	76	66	562	32.7
1943	720	142	188	799	751	90	92	1,072	39.6
1944	884	70	139	970	554	144	117	1,050	30.7
1945	1,131	10	110	532	588	231	296	1,042	34.1
1940	24.6	12.2	8.3	9.5	11.1	2.0	2.0	30.4	100.0
1941	24.5	8.2	8.9	12.3	13.6	2.0	2.2	28.2	100.0
1942	18.1	6.0	8.2	18.4	20.0	3.2	2.7	23.4	100.0
1943	18.7	3.7	4.9	20.7	19.5	2.3	2.4	27.8	100.0
1944	22.5	1.8	3.5	24.7	14.1	3.7	3.0	26.7	100.0
1945	28.7	0.3	2.8	13.5	14.2	5.9	7.5	26.4	100.0

注）下段は消費課税合計額（専売局益金を含む）に占める各税収額のシェア。
出所）『大蔵省史』第2巻，366，431-432ページより作成。

（32.7％→39.6％）も上昇していることは注目すべきであろう。

　つまり，戦時期日本の政府一般会計では，確かに傾向的には所得課税中心の租税構造が形成されていたが，その一方で消費課税の増税も積極的に追求されて戦争財政の一翼を支えてきたのである。

　そこで以下では，各消費課税での増税内容や税収額の推移をより詳しくみていこう。その際，戦時期の消費課税についてさしあたり次の4つのグループに分けて検討するのがわかりやすいであろう。

　第1は，嗜好品課税であり伝統的な大衆課税である酒税と煙草税（専売局益金）である。そして両税とも生産・販売数量に応じて課税される従量税である。

表4-4での消費課税合計額（専売局益金を含む）での両税のシェアは，1940〜45年度において恒常的に50％前後を占めており，戦時期の消費課税増税の中心的役割を担っていたのである。

第2は，戦前日本の伝統的消費課税であり，国民の生活必需品課税という側面をもっていた織物消費税と砂糖消費税である。この両税は消費課税合計額の中で1940年度には20％を占めていたが，44年度には5％に激減している。そして，織物消費税は従価税であるが，砂糖消費税は従量税であった。後述のようにこの両税も再三増税されたが，戦時統制経済と物資不足の中で税収額が低下せざるをえなかったのである。

第3は，戦時財政の中で「奢侈的消費の抑制」を旗じるしに新規に導入された消費課税である物品税と遊興飲食税である。消費課税合計額でのこの両税のシェアは1940年度の20％から顕著に上昇し42〜44年度には40％前後を占めるようになっていた。つまり，この両税は酒税・煙草税に並ぶ重要な戦時消費課税として活用されたのである。なお物品税の一部（第3種）を除き両税とも従価税であった。

第4は，消費財・商品消費への課税ではなくサービス消費への課税であり，1938年度より国税として導入された通行税と入場税である。この両税も戦時経済の下での「奢侈的消費」や「不用不急消費」の抑制を理由に新規導入と増税がなされた。消費課税合計額に占める両税のシェアは1940年度の4％から45年度には13％に上昇している。

そこで，以下ではこの4つの租税グループについて順にみていこう。なお本章では，各税の増税の具体的内容については『昭和財政史』第5巻（租税）を，課税ベースや税収動向については『主税局統計年報』各年度版を利用する。

2）酒税と専売局益金

酒税の税額は表4-4をみると，1935〜40年度までは漸増しつつ2億円台で推移していたが，41年度以降は増収テンポを速め41年度3.6億円，43年度7.2億円，

45年度11.3億円へと急増している。

　この酒税収入急増の内実を表4-5によって考えてみよう。同表によれば，次のことがわかる。第 1 に，酒税の課税高は1941年度508万石をピークにその後は急激に減少しており，45年度には198万石とピークの 4 割水準に縮小している。これは，悪化する戦争経済の中で酒類の生産・出荷そのものが次第に困難になってきたことを物語っている。

　第 2 に，それにもかかわらず酒税額は41年度2.0億円から45年度11.4億円へと5.6倍に増加している。つまり，酒類 1 石当りの平均税額は41年度の40銭から45年度には 5 円74銭へと14.3倍にも増加しているのである。酒税ではそれだけ大増税が行われたことになる。

　第 3 に，酒税増税・増収の中心はより大衆的な酒類である清酒であった。40〜42年度では清酒とビールの税収額はほぼ同規模であった。しかし，43年度以降になると清酒の税額の伸びがより顕著になり，結局，41年度から45年度にかけて8.1倍もの増加になっている。他方，ビールの税額は2.2倍の伸びにとどまっていた。

　そこで酒税増収の中心になった清酒の増税の経緯について簡単にみておこ

表4-5　酒税の課税高・税額の推移

年度	課税高（千石）				税額（100万円）			
	計	清酒	ビール	焼酎	計	清酒	ビール	焼酎
1940	4,222	2,238	1,100	510	138	55	62	12
1941	5,079	2,763	1,234	459	202	89	77	14
1942	4,613	2,330	1,262	301	301	129	111	16
1943	3,739	1,769	1,083	264	606	277	178	36
1944	2,792	1,279	863	179	869	435	226	56
1945	1,983	1,107	393	132	1,139	718	166	70
45/41	0.39	0.40	0.32	0.29	5.64	8.07	2.16	5.00

　注）課税高，税額の計には，上記 3 酒の他に合成清酒，濁酒，白酒，味醂，果実酒，雑酒を
　　含む。
　出所）『主税局統計年報』各年度版より作成。

う。①清酒課税はある時期までは製造段階で課税する造石税と出荷段階で課税する蔵出税の二本立てであった。②1937年度での１石当り（100升＝約180リットル）の造石税は45円，蔵出税は25円，計70円（清酒一升瓶換算で70銭）であった。③41年度の間接税大増税では造石税45円，蔵出税55円（30円増税），計100円（清酒一升瓶換算で１円）となった。酒税全体では５割増額の増税であった。④43年度の間接税大増税では，清酒は４等級に区分され，蔵出税は４級酒155円，３級酒165円，２級酒295円，１級酒470円に増税された。酒税全体では10割増額の増税であった。⑤44年度の全般的増税では，造石税は廃止されて蔵出税に統合され，４級酒も廃止された。清酒１升当りの蔵出税は３級酒で３円50銭から５円に，２級酒が５円から８円に，１級酒が７円から12円に増税された。酒税全体では７割増額の増税であった。⑥45年度の増税では，清酒１升当りの酒税は１級酒と２級酒を統合した１級酒が15円，３級酒を２級酒にして８円に増税された。酒税全体では７割の増額が目ざされた[12]。

次に，専売局益金の推移についてみてみよう。表4-4をみると，専売局益金は酒税とほぼ同様の動きを示している。つまり，1935～40年度には傾向的に増加しつつ２～３億円であったが，41年度以降にはその増加テンポを速め42年度5.6億円，44年度10.5億円へと急増している。ところで，戦時期日本の政府専売局事業には煙草，塩，樟脳，アルコールの４事業があったが，大規模な益金を計上していたのはもっぱら煙草の製造販売事業であった（表4-6参照）。塩，樟脳，アルコールは国民生活と生産に不可欠な財であり，戦時期にあっても収益性よりも安定的な供給が重視されていたのに対して，大衆的な嗜好品である煙草は戦時期の収入源として積極的に活用されたのである。つまり，専売局益金とは事実上は煙草事業によるものなのである。そこで次に，専売局益金の急増をもたらした煙草製造販売事業と煙草価格の動向についてみておこう。

表4-7は煙草の売渡数量と売渡価額の推移を示している。売渡数量は1937年

12）『昭和財政史』第５巻（租税），404-405，575，599，603-606，660-661，710，726-727，744-745ページを参照。

表4-6　専売局益金の内訳

（100万円）

年度	合計	煙草	塩	樟脳	アルコール
1935	197	194	1	1	－
1936	217	213	2	1	－
1937	264	252	3	1	7
1938	268	262	1	1	3
1939	316	322	－ 4	0	－ 2
1940	371	385	－ 16	1	1
1941	422	435	－ 18	0	5
1942	576	626	－ 36	－ 1	－ 12
1943	1,067	1,125	－ 56	－ 1	－
1944	1,243	1,373	－ 128	－ 1	－
1945	846	969	－ 120	－ 1	－

出所）『昭和財政史』第 7 巻（専売），統計 3 ページより作成。

表4-7　煙草の売渡数量と売渡価額

年度	売渡数量（億本）					売渡価額（100万円）				
	総計	金鵄	暁	朝日	響	総計	金鵄	暁	朝日	響
1937	621	225	34	38	27	351	164	22	29	15
1938	621	231	35	33	27	360	168	24	27	14
1939	669	252	43	46	33	430	193	31	40	19
1940	709	270	47	53	35	510	224	37	49	22
1941	711	272	49	83	34	570	236	41	85	22
1942	731	215	46	88	33	775	220	47	116	26
1943	731	216	40	86	33	1,271	－	－	－	－
1944	642	210	8	71	24	1,472	－	－	－	－
1945	310	73	－	14	1	1,127	－	－	－	－

注）総計にはその他の煙草銘柄も含む。
出所）『昭和財政史』第 7 巻（専売），344-347，486-489ページより作成。

度から44年度までは幾分の増加傾向を示しつつも600〜700億本という規模で安定していた。一方，売渡価額は1937年度の3.5億円，41年度5.7億円，44年度14.7億円へと一貫した上昇傾向を示し，7 年間で4.2倍へ拡大した。とくに前

半４年間（1.6倍）よりもアジア太平洋戦争開始後の後半３年間（2.6倍）の増加が著しい。これは当然ながら煙草販売価格の上昇（増税）によるものである。

　表4-8は煙草主要銘柄（４種）の定価（１箱）の推移を示している。４銘柄とも1936年以降には１〜２年間隔で値上げされており，とくに41年以降の値上げ率が高くなっている。例えば，売渡数量・価額の首位の「金鵄」（ゴールデンバット）の定価は1936年11月の８銭から43年12月には23銭へと2.9倍へ，同２位の「朝日」は17銭から70銭へと4.1倍へ値上げされている。なお1945年３月には更なる大幅な定価引上げがなされたが，戦争経済の悪化の中で煙草売渡数量が半減したため45年度の売渡価額と煙草事業益金は減少している（表4-6，表4-7参照）。

　酒と煙草は大衆的な嗜好品であると同時に，消費の習慣性が極めて強い。従って，増税や値上げによっても消費量が極端に減少することはない。また，所得税を負担しない国民大衆，低所得層からも負担を求めることができる。そうしたこともあって，日本も含めて各国の近代国家財政においては，大衆負担となる酒税や煙草税は主要財源の一つとして活用されてきた歴史がある。そして上記でみた戦時期日本での酒税と専売局益金（煙草税）での増税と値上げは，戦費調達のための大衆課税が極限まで進行した事例といえるであろう。

表4-8　煙草の主要銘柄の定価（１箱）の推移
（銭）

定価改正年月	金鵄	暁	朝日	響
1936年11月	8	14	17	12
1938年１月	8	15	18	12
1939年11月	9	17	20	14
1941年11月	10	20	25	15
1943年１月	15	30	45	25
1943年12月	23	45	70	35
1945年３月	35	－	90	50

　注）金鵄は10本入り，他は20本入り。
　出所）『昭和財政史』第７巻（専売），339，481ページより作成。

3）織物消費税と砂糖消費税

　織物消費税は1910（明治43）年に導入された消費課税であり，織物製造所または買付所（集合査定場所）において織物価格を基準に課税されていた従価税である。国民の衣料に課税する「悪税」という批判も強く，1924（大正13）年の税制改革によって，大衆衣料である綿織物は免税されるようになった[13]。そして，戦時財政に入ると織物消費税の税率は1937年度9％から，40年度10％，42年度15％に引き上げられ，44年度からは従来免除されていたスフ織物にも課税されるようになった[14]。先にみた酒税や煙草定価に比較すると，国民の衣料品ということもあってか，増税率は相対的に小さくなっている。

　また，表4-9は，織物産業と織物消費税の中心であった絹織物の生産高と輸出高の推移を示している。絹織物は，原料生糸を国内で賄えたこと，また貴重な外貨獲得産業として重視されていたこともあって，生産高は1937～42年にかけてほぼ順調に増加していた（1.45倍）。しかし，戦局が悪化する43年以降になると国内繭の減少による生産の減産，企業整備令（1942年5月）による生産設備の縮小によって，絹織物生産も大幅に縮小していった[15]。

表4-9　絹織物の生産高と輸出高
（10万平方ヤード）

年	生産高	輸出高
1937	439	75
1938	403	74
1939	565	73
1940	620	39
1941	528	51
1942	637	57
1943	347	41
1944	203	49
1945	499	7

出所）東洋経済新報社編（1950）第2巻，243-244ページより作成。

13）綿織物免除の結果，織物消費税収は1923年度5600万円から1924年度3600万円へと減少している（『大蔵省史』第2巻，430ページ）。

14）『昭和財政史』第5巻（租税），577，644，711ページ，参照。

15）「昭和12年以降終戦時まで，絹織物の生産及び輸出において比較的好調だったのは，為替管理の強化につれて，綿花，羊毛などの輸入織物原料が国内の消費規制を強化されたのに対し，絹織物は原料が国内で賄われ，しかも他の繊維製品の代理的役割を果たしたこと，及び生糸や絹織物の輸出の増強によって外貨を獲得し，戦時必需品の輸入増大に資すといった政策に，基くものである。それにしても，戦局の激化に伴い，原料繭の減少から生糸の減産となり，また企業整備令による生産設備の

そして表4-10は，戦時期の織物消費税の課税価格と税額の推移を示している。同表からは次のことがわかる。第1に，課税価格が37，38年度の4億円前後から40～43年度には10億円台に上昇している。これは前述のようなこの時期での織物生産高とくに絹織物生産の一定の増加もあるが，それ以上に戦時期の価格上昇による名目的増加分が大きい。例えば38年度5.2億円からピークの42年度13.7億円へと2.6倍になっているが，この間に絹の卸価格は2.3倍になっている[16]。そして43年度以降の課税価格の低下は，卸売価格上昇以上に織物生産量が縮小したことを反映している。

第2に，織物消費税の税額は37年度3900万円から40年度以降1億円台に増加し，ピークの42年度には2億円にも達していた。この税収増は，上記のような

表4-10　織物消費税の課税価格と税額の推移

（100万円）

年度	課税価格	税　額					
		総額	絹織物	人絹織物等	麻織物	手織物	スフ織物
1937	438	39	23	(2)	0	8	－
1938	526	47	22	(8)	0	2	－
1939	679	61	44	(13)	0	1	－
1940	1,025	102	39	28	7	11	－
1941	1,294	135	61	38	9	13	－
1942	1,374	203	114	42	14	16	－
1943	1,176	174	90	33	18	17	－
1944	919	137	50	16	15	22	7
1945	728	109	51	9	10	10	4

注）37～39年度の人絹織物は「其の他の織物」を計上した。
出所）『主税局統計年報』各年度版より作成。

縮小によって，絹織物の生産も減退した。」（東洋経済新報社編（1950）第2巻，244ページ）。

16）例えば，富士絹の卸売価格（25ヤード）は1938年0.65円から1942年1.47円へと2.26倍に上昇している（東洋経済新報社編（1980）下巻，217ページ，参照）。

課税価格の膨張と増税によるものである。

　第3に，43年度以降になると課税価格と税額がともに低下するようになる。これは戦時経済が深刻化する中で，価格上昇以上に織物生産量が減少したことを反映している。ここには戦費調達財源としての織物消費税の限界も現れているといえよう。

　次に，砂糖消費税についてみてみよう。砂糖消費税は1901（明治34）年より課税されている従量税であり，国内流通量（消費量）と税率によって税収額が規定される。表4-11は砂糖消費税の課税高（量）と税額の推移を示したものであり，同税の大半は一般の白砂糖を対象にしたものであった。織物消費税と同様に砂糖消費税も毎年度のように増税された。具体的には，1938年度は前年度比8％増徴，39年度は10％増徴，40年度は20％増徴の実施がなされ，41年度には第2種乙（白砂糖）の税率が百斤当り10円から12円に，43年度には同14.5円に，44年度には同17.5円に増税された[17]。つまり40〜44年度の4年間で75％の増税であった。

　そして，砂糖課税高（国内供給量）と砂糖消費税額の推移を示した先の表

表4-11　砂糖消費税の課税高と税額

年度	課税高（10万斤）		税額（100万円）	
	全体	うち白砂糖		うち白砂糖
1937	16,057	−	101	−
1938	18,541	−	122	−
1939	17,952	−	131	−
1940	16,171	13,595	143	133
1941	12,663	11,510	120	116
1942	12,133	11,286	139	135
1943	8,409	7,892	106	104
1944	3,556	3,425	54	53
1945	480	419	7	7

出所）『主税局統計年報』各年度版より作成。

17）『昭和財政史』第5巻（租税），461-462，488，607，675，711ページ，参照。

4-11によれば，次のことがわかる[18]。①1937～40年度では砂糖の国内供給量が16.1～18.5億斤を確保できており，増税の効果もあって税収額は37年度1.0億円から40年度1.4億円まで上昇している。②しかし，アジア太平洋戦争開始後の41年度以降は砂糖の国内供給量は次第に減少し，とくに戦局が悪化した44年度以降には砂糖輸入が困難となり国内供給量が44年度3.5億斤，45年度0.5億斤へと激減している。③43年度までは砂糖消費税の増税効果によって１億円の税額を維持していたが，44年度以降は税額が激減している。④つまり，戦局の悪化によって砂糖の国内供給体制が崩壊し，家庭の砂糖消費量も極限まで縮小されていく中では，いくら増税しても砂糖消費税による税収調達力は機能しなくなったのである。

4）物品税と遊興飲食税

すでに述べたように，物品税と遊興飲食税は，戦時財政の中で「奢侈的消費の抑制」を名目に戦費調達のために新規に導入された消費課税であり，酒税，専売局益金と並ぶほど極めて大きな税収をあげた消費課税であった。

物品税は，北支事変特別税法（1938年３月）によって１年限りで導入された物品特別税が，38年度以降に恒久化されたものである。物品税の課税対象には第１種，第２種，第３種があり，第１種，第２種は従価税，第３種は従量税であった。そしてその概要は以下のとおりであった[19]。

第１種。服飾品や生活用品が中心であり，小売段階で課税され価格に上乗せされる。より贅沢品とみなされた甲類として宝石，べっ甲製品，毛皮・羽毛製品が，乙類としてメリヤス・レース・フェルト品，時計，帽子，杖，履物，鞄・トランク，家具などが，丙類・丁類（41年度以降）として靴，事務用器具があった。

第２種。工業製品・電気製品が中心であり，製造者の出荷段階で課税される。

18）表4-11の砂糖消費税額数値は前出の表4-4とはやや異なっている。これは表4-4の出所たる『大蔵省史』第２巻の数値が，各年度「決算書」に基づいていることによると考えられる。

19）以下の記述は，『主税局統計年報』各年度版を参照。

甲類として，写真機，フィルム，蓄音機，レコード，乗用自動車，化粧品などが，乙類としてラジオ，扇風機，冷蔵器，嗜好飲料などが，丙類・丁類（41年度以降）として紙・セロファン，電球類，ミシン，板ガラスなどがあった。

　第 3 種。マッチ，飴・ブドウ糖・麦芽糖，酒類などである。

　次に，物品税の税率は表4-12が示すように，当初1938年度には従価税の第 1 種・第 2 種では，甲類15％，乙類10％で，第 3 種（マッチ）は従量税で 5 銭（千本当り）であった。その後は41年度，43年度，44年度と持続的に増税されて，44年度税率は甲類120％，乙類60％，丙類40％となり，マッチも15銭（千本あたり・43年度）となった。

　そして，表4-13は課税種別ごとの物品税額の推移，表4-14は物品税課税高の構成比（1942年度）を示したものである。この 2 つの表からは次のことがわかる。第 1 に，物品税額は39〜41年度の 1 億円台から急速に増加して42〜44年度には 4 〜 9 億円台に達している。上記でみたように戦時期の物品税率の急速な引き上げが増収効果をあげたのである。

　第 2 に，43年度までは物品税額の 6 割強を第 1 種が占めていた。しかしその第 1 種物品税の大半は服飾品を中心とした乙類であり，宝石等の贅沢品を対象にした甲類は極めて少額である。そして第 1 種の乙類の大半（64％）は織物

表4-12　物品税の税率の推移

（％）

年度	第 1 種			第 2 種			第 3 種
	甲類	乙類	丙類	甲類	乙類	丙類	（マッチ）
1938	15	10	－	15	10	－	5 銭
1940	20	10	－	20	10	－	5 銭
1941	50	20	10	50	20	10	5 銭
1942	50	20	10	50	20	10	10銭
1943	80	30	10	80	30	10	15銭
1944	120	60	40	120	60	40	7 割増

　　注）第 3 種（マッチ）は1,000本当り税額。
　　出所）『昭和財政史』第 5 巻（租税），471，579-580，599-600，644，676，
　　　　711-712ページより作成。

表4-13　物品税の税収額の推移

（100万円）

年度	税額総計	第1種				第2種				第3種	
		計	甲	乙	丙	計	甲	乙	丙	計	マッチ
1938	54	9	2	7	－	13	6	7	－	32	5
1939	126	38	3	35	－	21	15	6	－	66	7
1940	110	60	3	57	－	32	25	7	－	18	9
1941	182	104	1	102	1	64	42	11	10	14	10
1942	440	295	3	288	4	124	70	19	35	21	19
1943	799	527	4	509	13	246	113	28	44	31	26
1944	958	352	4	42	302	570	110	250	97	36	31
1945	537	171	2	21	143	346	86	77	60	20	17

注）税額総計は税額控除も加味した合計額。
出所）『主税局統計年報』各年度版より作成。

表4-14　物品税の課税高の構成比（1942年度）

（％）

第1種 （1,489百万円）	100.0	第2種 （593百万円）	100.0	第2種（続き）	
甲類	0.26	甲類	28.33	丙類	59.86
乙類	96.88	化粧品	15.16	紙・セロファン	29.12
織物・メリヤス類	64.36	写真機	1.38	緑茶	5.53
鞄・トランク	4.02	フィルム等	3.79	歯磨	2.26
履物	2.25	乙類	16.24	調味料	2.86
書画・骨董	1.51	ラジオ	5.51	電球類	5.20
丙類	2.76	真空管等	1.71	ミシン	7.82
靴	2.68	嗜好飲料	3.40	板ガラス	1.44

注）主要な課税対象物品のみを計上した。
出所）『主税局統計年報』1942年度版，228-229ページより作成。

（メリヤス・レース・フェルト品）によるものであった。これは絹織物など織物消費税が課税される商品との負担平衡措置として，織物消費税が課税されないメリヤス製品等に物品税を課税したものであった[20]。つまり，実質的には国民衣

20）当時の大蔵省主税局の税制担当者の一人（三田村健）は次のように述べている。

料品を課税する大衆課税になっていた。

　第3に，44年度以降になると第1種よりも第2種の比重が大きくなる。第2種物品税ではラジオ，写真機等の機械よりも，化粧品，緑茶，歯磨，調味料，紙・セロファンなど日常的生活用品の課税高が大きい。また，マッチ課税（第3種）による物品税収も増加している。このように戦局が悪化するとともに，物品税による国民の生活用品全般への課税が拡大してきたのである。

　物品税は戦時経済の中での「奢侈的消費への抑制」を名目に導入されたが，宝石・毛皮等の奢侈品の課税高（売上額）は本来的には大きなものではない。従って，戦費調達の必要性が増すにつれて，物品税は国民の生活用品への課税・増税となり，大衆負担になっていたのである[21]。

　次に，遊興飲食税は，元来は地方税（遊興税）であったが，1939年支那事変特別税法改正の臨時増税によって国税化されたものである。同税の税収額は41

　「織物は消費者の手に移る段階において加工されたものであっても，織物消費税をとられる。ところがメリヤスとかレース，フェルト等は全然織物と同じ立場にありますが，それが課税されないので，織物消費税との均衡をとるために物品税のほうにとり入れまして，支那事変特別税の中にこういうものを入れたのであります。」（大蔵省大臣官房調査企画課（1978）336ページ）。

21）物品税の大衆課税化の経緯については前出の主税局担当者（三田村健）は次のように述べている。「最初のころは長年奢侈品に対して課税するという建前であり，ことに戦争が始まったためにまず奢侈品に課税した。最初に私どもが関税定率法を参考にしたのは，奢侈的な消費に対するものということであった。そういうものに限定しまして，銀座等に参りますと，奢侈品がある。田舎等は必ずしもそうではないのですが，だいたい奢侈的消費に属するものがそれでも田舎にもあった。当時は生活必需品は除外することにしました。此の際は奢侈品に課税していこうという傾向が濃厚であったと思います。

　それが15年（昭和―引用者注）ごろになりますと，税率を20パーセントまで上げましたが，このころになりますとぜいたく品に類する宝石とか金銀というような貴金属等は，売買の対象になっていない。もうひとつは，当時物資は非常に極端に統制されておった。軍需とか特殊な用途のものだけであるから，大衆の消費するものと言えば，紙とか硝子等の特殊なものである。本当に大衆課税であった。」（大蔵省大臣官房調査企画課（1978）339-340ページ）。

〜45年度には5〜7億円台の規模に達しており，酒税，物品税，専売局益金と並ぶ戦時間接税の中心的役割を果していた（表4-4参照）。

遊興飲食税は，当初は一人一回5円以上の遊興・飲食等に対してその消費金額の20％（芸妓花代）ないし10％（飲食・その他の花代）の税率で課税するものであった。当時の石渡荘太郎大蔵大臣は法改正案説明（1939年2月，第74議会）にあたって，「遊興飲食税は従来の地方税たる遊興税に比較致しまして，相当高率の税率を以て課税せんとするものでありまして，一面事変下に於ける此の種消費の抑制に資したき意向であります」，と述べていた[22]。

そして，遊興飲食税の税率は表4-15が示すように40年度以降持続的に引き上げられていく。とくに芸妓花代は41年度100％，43年度200％，44年度300％と，いわば「禁止的税率」とみなせる高水準に達していた[23]。また免税点を39年度5円，40年度3円，41年度1円50銭（宿泊5円）等，徐々に引き下げていった[24]。このような遊興飲食税の課税高と税額は表4-16のような推移を示していた。同表によれば，次のことがわかる。①課税高は免税点引き下げもあってピークの42年度には12億円に達するが，その後はやや縮小していった。②税額は，課税高拡大と税率引き上げによって，ピークの43年度には7億円に達するが，その後は5億円台にやや低下する。③課税高に対する税額の比率（負担率）は，40年度の18％から急上昇を続け，43年度，44年度は60％台，45年度には

22）『昭和財政史』第5巻（租税），472ページ。

23）1941年度税制改正での遊興飲食税税率に関して，当時の大蔵省主税局長松隈秀雄は次のように述べている。「花代に対する部分を百分の百という税率にして，貸席の方は，禁止的な税にした。奢侈品に対しては百分の百という税率をもってきた。これは普通の税率ではない。禁止的な意味の間接税だ。内国税においては，税をとる必要はあるけれども，消費を禁止するという目的はないから，百分の百なんていう税率は持ったことがなかったのですけれども，やはり戦時財政の必要と，いま言ったような消費の抑制，国民生活の自粛，緊張といったような点から言えば，花代なんかは百分の百ぐらいの税にしなさいという賀屋さん（当時蔵相―引用者注）の命令に近い主張でした。」（平田・忠・泉編（1979）107ページ）。

24）『昭和財政史』第5巻（租税），580，610ページ，参照。

表4-15 遊興飲食税の税率の推移

(%)

年度	花代 (芸妓)	花代 (その他)	飲食店	宿泊
1939	20	10	10	10
1940	30	15	15	15
1941	100	50	20, 30	20, 30
1943	200	100	30, 40, 50	20, 30, 50
1944	300			50

出所)『昭和財政史』第5巻(租税),489,580,609-610,676-677,712ページより作成。

表4-16 遊興飲食税の課税高と税額

(100万円)

年度	課税高			税額 (B)	B/A (%)
	花代	花代以外, 宿泊料金	計 (A)		
1939	284	139	423	57	13.5
1940	354	343	698	128	18.3
1941	350	449	803	200	24.9
1942	340	871	1,211	482	39.8
1943	216	907	1,169	733	62.7
1944	228	580	809	546	67.5
1945	267	489	757	590	77.9

出所)『主税局統計年報』各年度版より作成。

78%に達している。④42〜45年度の5〜7億円という高い税額規模には,課税高の2〜3割を占める花代(芸妓等)への禁止的高税率(100〜300%)が,相当に貢献していると考えられる。

　以上のことから,遊興飲食税は,一方でその課税最低限引き下げによって庶民の飲食課税を強化しつつ,他方では花代という「奢侈的消費」に対する禁止的高税率によって大きな税収を確保してきたといえよう。

5）通行税と入場税

　通行税と入場税は，全くの新税ではないが，支那事変特別税法（1938年2月公布）によってサービス消費への課税として38年度より国税として活用されるようになった。その後の度重なる増税によって，両税は一貫した増収傾向を示し，ピークの45年度には両税とも2～3億円の税収規模に達していた。

　通行税はもともと日露戦争時の1904（明治37）年度に導入されたが，大衆課税の悪税ということで1924（大正13）年の税制改革の時に廃止されていた。それが日中戦争の深刻化とともに再度導入され，戦費調達財源として増税されていったのである。戦時期の通行税は次のような制度であった。①鉄道旅客の等級および通行距離に応じて課税する。②38年度は50km未満の3等旅客については非課税であったが，この非課税枠は40年度より40km未満に，44年度より20km未満に縮小された。③通行税率は，38～43年度は等級および距離区分に応じた累進的な定額税（表4-17参照）であったが，44年度以降は等級および距離に応じた定率税（表4-18参照）になった。

　この通行税は41年度，44年度，45年度にそれぞれ20割増収，9割増収，8割増収を目指す大増税が実施された一方で[25]，国鉄・民鉄の鉄道旅客（人員，人キ

表4-17　通行税の税率（1940年度，41年度）

(円)

距離区分	3等		2等		1等	
	1940	1941	1940	1941	1940	1941
～　40km	−	−	0.05	0.15	0.10	0.30
40～　80	0.02	0.05	0.10	0.25	0.20	0.50
80～120	0.05	0.15	0.15	0.75	0.30	1.50
120～160	0.10	0.30	0.30	1.50	0.60	3.00
160～300	0.20	0.50	0.60	2.50	1.20	5.00
300～500	0.30	0.70	0.90	3.50	1.80	7.00
500～	0.30	1.00	0.90	5.00	1.80	10.00

出所）『昭和財政史』第5巻（租税），613-615，709-710，744ページより作成。

25）『昭和財政史』第5巻，616，710，744ページ，参照。また，表20，表21も参照のこと。

ロ）そのものは表4-19が示すように戦時期を通じて増加傾向にあったので，結果的に通行税収は前述のように持続的に増加していくことになった。戦時期の通行税は1等旅客への重課など累進的負担の実現と，日常的な近距離交通の非課税という配慮もなされていたが[26]，最終的には非課税範囲の縮小と度重なる増税によって相当な大衆課税とならざるをえなかったのである。

次に，入場税は演劇場，映画館，演芸場，ゴルフ場，ビリヤード場，ダンスホールなどへの入場料金に課税するものであり，一部は地方税として存在していたものを1938年度から国税化したのである。つまり，この入場税は，戦時期における国民の娯楽・余暇活動や奢侈的サービス消費に対して国家が課税して，戦費調達に活用しようとするものであった。先の表4-4によれば

表4-18　通行税の税率（1944年度，45年度）
（1km当り税額）

等級区分	1944年度	1945年度
1等	2.5銭	4銭
2等	1.25銭	2銭
3等	2.5厘	5厘

出所）『昭和財政史』第5巻（租税），744ページより作成。

表4-19　鉄道旅客輸送の推移

年度	旅客輸送人員（100万人）		旅客輸送人キロ（10億人キロ）	
	国鉄	民鉄	国鉄	民鉄
1937	1,156	2,474	29	5
1938	1,134	2,876	33	6
1939	1,613	3,483	42	8
1940	1,878	4,107	49	10
1941	2,172	4,710	55	12
1942	2,279	5,039	60	14
1943	2,648	5,599	74	18
1944	3,108	5,466	77	20
1945	2,973	4,066	76	21

出所）東洋経済新報社編（1980）上巻，425，431ページより作成。

入場税は，通行税と同様に，38年度以降持続的に増収を続け，43，44年度には

26）前出の松隈秀雄（主税局長）は次のように述べていた。「その通行税をまたここで復活した。悪税を復活しては攻撃されるおそれがあるということでしたが，非難されないようにした。それは，東京から藤沢くらいまでは無税で行けるようにした。つまり，50キロ未満の3等乗客には課税しないということで実施した。その後15年の改正で40キロ未満，19年の改正で20キロ未満というふうに，だんだん際どいところまで範囲を縮めてきましたが，20キロ未満の3等乗客には課税しない。都電や市電に乗った場合はよいということにした。」（平田・忠・泉編（1979）142ページ）。

1億円，45年度には3億円に達している。この入場税収の増加は基本的には持続的な税率引き上げによるものである。入場税の税率は以下のとおりであった[27]。

①38年度：入場料金の一律10％。

②40年度：10％（入場料金1円未満），20％（1～3円），30％（3円～）。

③41年度：20％（0.5円未満），30％（0.5～1円），40％（1～3円），60％（3～5円），80％（5円～）。

④43年度：20～120％

⑤44年度：30％（0.5円未満），60円（0.5～1円），100％（1～3円），150％（3～5円），200％（5円～）

⑥45年度：100％（1円未満），200％（1円～）。

この結果，戦時期に最も大衆的な娯楽であった映画を例にとると，映画入場料金の大半は1円未満であったが[28]，その入場税率は40年度の10％から44年度30～60％，45年度100％に引き上がっている。

いま，表4-20は40年度と44年度の入場税額の構成を示したものである。同表によれば，入場税額は40年度2200万円から44年度1.1億円へと4年間で5倍に増加していること，両年度とも映画館による税収が首位で約5割を占めており，また映画館入場税額もこの間に5倍に増加していることがわかる。ところで映画館入場人員は表4-21が示すように40年4.0億人から44年2.9億人へと75％の水準に減少している。映画館入場者1人当たりの入場税負担額は単純に計算すると，40年度3銭から44年度19銭へと6倍に上昇したことになる。

以上にみた通行税と入場税は，戦時期において新たに課税された代表的なサービス消費課税であった。しかし，サービス消費への課税はこれにとどまっていたわけではない。1943年度に実施された間接税の大増税にあたっては，特

27）『昭和財政史』第5巻（租税），462-463，578-579，611-612，677-678，712-713，745ページ。

28）日本映画封切館の入場料金は1939年55銭，42年80銭，45年1円であった（週刊朝日編（1988）13ページ，参照）。

表4-20　入場税の税額構成

(千円)

年　度	1940	1944
第 1 種	20,252	112,545
演劇場	4,687	30,350
映画館	11,730	56,330
演芸場	1,603	24,083
第 2 種	2,148	4,453
ダンスホール	1,128	-
ビリヤード場	220	1,524
ゴルフ場	375	473
合計	22,778	116,999

出所）『主税局統計年報』各年度版より作成。

表4-21　映画館の入場人員の推移

(100万人)

年	映画館数	入場人員
1937	1,749	245
1938	1,875	306
1939	2,018	375
1940	2,363	405
1941	2,466	420
1942	2,157	432
1943	1,986	322
1944	1,759	298
1945	1,237	400

出所）東洋経済新報社編（1980）上
　巻，632ページより作成。

表4-22　特別行為税の税額

(100万円)

年　度	1943	1944	1945
税額	78	110	77
写真撮影	15	23	14
調髪整容	5	7	17
染色刺繍	8	6	3
衣服仕立	3	5	4
印刷製本	46	68	38

出所）『主税局統計年報』各年度版よ
り作成。

別行為税という新税も導入されている。同税は写真撮影，整髪美容，織物衣類の染色仕立，書画表装，印刷製本等に，一定額の課税最低限を設けるものの，税率30%（印刷製本は20%）で課税するものである。この特別行為税は，従来非課税であったサービス分野に，他の消費課税との負担均衡，消費節約，購買力吸収などの政策意図をもって課税しようとしたのである。また，特別行為税法案が審議された第81議会・衆議院委員会では，特別行為税の将来の拡張と売上税の創設についても質問されていたが，政府は売上税の創設には慎重な検討を要すると答えていた，という[29]。なお特別行為税による税額とその構成は表4-22で示すとおりであり，7000万円〜1億円の税収をあげるものであった。

---

29)『昭和財政史』第 5 巻（租税），663-664，668，678ページ，参照。

6）小括

以上みてきたように，戦時期の日本財政においては戦費調達のために個別消費課税の大増税が毎年度のように実施されていた。その際，「奢侈的消費の抑制」や「不用不急消費の抑制」も強調されていたが，その消費課税の実態は大衆の日常的な嗜好品（酒，煙草）や生活用品（各種物品，織物，砂糖），サービス消費（鉄道旅客，娯楽，飲食）に平時では考えられないほどの重税を課すものになっていたのである。

同時に重大なことは，戦争経済の深刻化の下での民需生産の減少や配給統制によって，国内消費財の供給量そのものが減少したために，毎年度のような税率引き上げにもかかわらず，消費課税の税収調達能力の限界が明瞭になったことである。主要消費課税（専売局益金を含む）の税収合計額をみても，43〜45年度での大増税にもかかわらず，43年度38億円，44年度39億円，45年度39億円であり，実質的な増収が不可能になっていた（表4-4参照）。

おわりに

日本の戦局が絶望的になっていた1945年度においても，平年度で計18億円の大増税が計画されていた（分類所得税8.4億円，酒税7.4億円，入場税1.3億円の増収）[30]。その増税案審議にあたって当時の石渡蔵相は次のように述べて消費課税（間接税）収入の限界に言及していた。「私は今日の戦局の段階に於きまして，今後のことを考へますれば，やはり重点は直接税に置かるべきものであると存ずるのであります。間接税の方は，税率は相当上げましても，さう税収入を期待致すことは困難であらうかと存ずるのでありまして，将来の問題はやはり直接税に重点を置かれて，恐らくは増収を図られて行くのであるまいか，斯様に考へます[31]。」

---

30) 『昭和財政史』第5巻（租税），725-727ページ。
31) 1945年1月25日，第86議会・衆議院委員会における答弁（『昭和財政史』第5巻

　ところで，戦時日本の個別消費課税の課税ベースは，既存の織物消費税，砂糖消費税に加えて，物品税が導入されて課税対象が拡大されたこと，通行税，入場税，遊興飲食税さらには特別行為税の導入によってサービス消費への課税も拡大されたことによって，一般消費税たる売上税（取引高税）の課税ベースにかなり接近してきていた。そして，この売上税に関連して，石渡蔵相は同時期の増税法案審議（1945年 1 月31日，第86議会・貴族院特別委員会）において次のように説明していたことは興味深い。「物品税に致しましても，今年は少なからざる減収を示して居るのであります。酒の税金も減収，砂糖の税金も減少，織物消費税も減収と云ふやうなことに相成って来て居るのでありますので，今日の此の段階に於きまして売上税に，若し食糧に課税を致さないとするなら，大した収入を期し得られないのではないかと思ふのであります。若し物品税を改正して，それで売上税の一部として施行を致すと云ふことを考へるのであるならば，左様な考へ方は出来ると思ふのでありますが，どうも今日の状況に於きましては，私は売上税に大した期待を持てないのではないか。若し将来増税を行ふことありとすれば，矢張り税制総てを通じて，私は分類所得税が中心に相成るべきものではないかと考へて居る次第であります[32]。」

　このように戦争末期にいたると財政当局者自身が，たとえ一般消費税たる売上税を導入しても，消費課税による増収はもはや展望がないことを公言せざるをえなくなっていたのである。他方で，続く第 5 章で明らかにするように，確かに直接税とくに分類所得税（比例税率）は戦争末期に向けた増税によって大幅な増収を実現していた。しかしこれは，戦時国債増発による財政・軍需拡大に依存した名目的ないしインフレ的な国民所得の増加に基づくものであり，何よりも勤労所得や事業所得（商工業者と農家）に対する大衆課税をもたらすものであった[33]。その意味では，戦争末期において，直接税，所得課税もその限界に直面していたのである。

　（租税），732ページ）。

　32）『昭和財政史』第 5 巻（租税），737-738ページ。

　33）戦時期の所得課税の動向と特徴については，本書第 5 章を参照のこと。

第5章　日本の戦争財政と租税(2)
——所得課税の増税——

は じ め に

　第4章でみたように，日中戦争からアジア太平洋戦争にいたる戦時期（1937
～45年）の日本財政の特徴は，直接的には臨時軍事費特別会計による軍事国債
依存の戦争支出（軍事費）の膨張であるが，その一方で政府一般会計・特別会
計においても戦争体制を支えるための拡張的で積極的な戦時財政運営がなされ
ていた。そして，一般会計においては直接税，間接税の大増税が繰り返され，
国民負担の水準も顕著に上昇した。とりわけこの戦時期には，所得課税の大増
税と抜本的な税制改革（1940年税制改革）が遂行されて，結果的には日本におい
て所得課税中心の租税体系が確立する画期となる。そこで本章では，日中戦争
からアジア太平洋戦争期における日本の戦時財政の中でこの所得課税の拡大過
程を，①個人所得税と法人所得税の増税経緯と税収動向，②戦争経済・統制経
済の下での経済成長・各種所得の増加過程と税収の関係，③個人所得税におけ
る負担構造，とりわけ大衆課税化と累進的負担の関係，について検討してい
く[1]。課税所得および税収額については，主要には大蔵省主税局編『主税局統

---

1 ）戦時期の租税政策，税制改革については大蔵省昭和財政史編集室編（1957a）『昭
　和財政史』第5巻（租税），が包括的な基礎資料であり，本章の検討は主要には同
　書に依拠している。また，日本の所得税制の変遷については，大蔵省主税局編
　（1988），高木（2007）がある。なお，戦時期日本の所得課税の動向と分析に関して
　は，石田（1975a）（1975b），神野（1981a）（1981b）（1983a）（1983b）の先行研究
　があり，本章作成においても参考にした。

計年報』各年度版を利用する。本章の構成は以下のとおりである。第1節において，戦時財政と所得課税の全体動向を確認した上で，第2節で1930年代の個人所得税と負担について，第3節で1940年代の個人所得税と負担について検討し，第4節では戦時期全体における法人所得税とその負担の推移について明らかにしよう。

第1節　戦時財政と所得課税

1）戦前日本の所得課税

　個人所得および法人所得（利潤）に課税する所得課税（所得税，法人税）は，20世紀以降の現代国家財政において各国での基幹的税収になってきた。日本の所得課税は1887（明治20）年の所得税制によって個人所得課税が開始され，1897（明治30）年の所得税制改正によって所得税制度の中で法人所得も課税されるようになる。そして，1940（昭和15）年の大規模な税制改革によって法人税が所得税から分離独立する。これによって個人所得に課税する所得税と法人所得に課税する法人税が並立する，今日的な所得税制の体系が整備された。

　後述のように，1940年税制改革以前の所得税制では，第1種所得（法人所得），第2種所得（公社債・預金利子），第3種所得（個人所得）に分類，課税されており，その税率は例えば1920（大正9）年度では第1種所得は5％，第2種所得は4％（公債利子）・5％（社債・預金利子）の比例税率，第3種所得は世帯合算所得に対して0.5～36％の超過累進税率であった。

　ただ，日本の国税収入全体の中では，所得税は1920年代まではそれほど大きな比重を占めていなかった。表5-1は，1913（大正2）年度，1921（大正10）年度，1930（昭和5）年度の国税収入（専売益金，印紙収入を含む）の構成を示している。所得税のシェアは租税収入の中では，1913年度の9.7％から1930年度の24.0％へと確かに上昇している。しかし，専売益金（たばこが中心）・印紙収入を含めた広義の国税収入の中での所得税のシェアは，1930年度でも18.1％にとどまる。反対に，酒税，砂糖消費税，織物消費税，醤油税，専売益金という消

表5-1　国税収入（専売益金，印紙収入を含む）の推移

(100万円)

年　　度		1913	1921	1930
地租		74	74	68
所得税	(A)	36	200	200
営業税		27	68	0
酒税	(B)	93	176	219
砂糖消費税	(B)	21	54	78
織物消費税	(B)	20	61	34
醤油税	(B)	5	6	–
取引所税		3	14	9
相続税		3	9	33
戦時利得税		–	5	–
関税		74	101	105
租税・計	(C)	370	791	835
印紙収入		31	86	70
専売益金	(B)	69	124	198
合計	(D)	470	1001	1103
A/C（%）		9.7	25.3	24.0
A/D（%）		7.6	20.0	18.1
B/D（%）		44.3	42.1	48.0

注）租税・計にはその他税も含む。
出所）江島編（2015），39ページより作成。

費課税の合計は，この時代を通じて国税収入の40％以上を占めていた。つま
り，1920年代までは，各種の消費課税が基幹的税収であり，所得課税の規模は
いまだ消費課税の水準には及ばなかった。

　さて，所得課税が国税収入の中心になるのは1930年前後の大不況期を経て戦
時経済色が濃くなる1930年代後半以降のことである。この時期には，日中戦争
（1937年7月〜），臨時軍事費特別会計の設置（1937年9月〜1946年2月），アジア
太平洋戦争（1941年12月〜）に伴い軍事費が著しく増加し，政府経費は持続的
に膨張していった。戦費の大半は直接的には戦時国債（臨時軍事費特別会計）に
よって調達されたといえ，膨張する政府一般会計を支えるために戦時期を通じ

て所得課税・消費課税の増税が毎年度のように実施されたのである（第2章，第4章参照）。この結果，国税総額の規模やGNPに対する比率は著しく増加する。表4-2でみたように，国税総額（印紙収入および専売益金を含む）は1935（昭和10）年度の12.0億円から1944（昭和19）年度の128.6億円へと10.7倍に拡大し，GNPに対する比率も9年間で7.2％から17.3％に上昇している。

そして，国税の中でもとりわけ所得課税は，次のような理由から増収・増税の勢いが顕著であった。第1に，軍需生産を中心に戦争関連経済は個人所得や法人所得を伸長させ，所得税や法人税の課税ベースを拡大させたことである。所得課税の課税ベースとなる分配国民所得は1935年の144億円から1944年の569億円へと持続的に増加していた。その中でも，構成比をみると勤労所得は38.1％から46.8％へ，法人所得は9.1％から15.1％へと上昇しており，所得拡大が著しかった（表3-14，参照）。

第2に，所得課税は本来的に税収の伸長性・弾力性に富んでいるからである。1940年以前の所得税（第1種所得，第3種所得）においても，戦争経済によって名目GNPが成長し個人所得・法人所得が増大する中で，累進税率（個人）や比例税率（法人）を引き上げたり，上乗せ課税をすることによって，一層の増収効果が期待できたのである。

第3に，1940年税制改革によって現代的な租税体系が整備されたことである。第4章でみたようにこの税制改革によって所得税は個人所得税に純化され，比例税率の分類所得税と累進税率の総合所得税の二本立てになった。また従前の第1種所得税と法人資本税（1937年度導入）が統合されて法人所得税としての法人税が登場した。これによって個人所得，法人所得に対して，税率引き上げ，課税ベース拡大（課税最低限引き下げ等）を通じて，明示的かつ強力に増収が図りやすくなった。

第4に，戦争経済に伴う法人企業・個人事業の特別な超過利潤に対して1937年度より臨時利得税が課税されるようになった。臨時利得税は戦時期を通じて増徴が繰り返され，所得税・法人税に並ぶ追加的所得課税として重要な国税収入になっていたのである。

　第5に，戦時中の個人所得税増税については，国民の購買力吸収も意図されていたからである。つまり，一方での日銀引受の軍事国債の膨張に伴う日銀紙幣の増発によるインフレ要因が進行する中で，他方での戦時統制経済・物価統制の貫徹の必要性から，所得税増税は国民の購買力吸収の重要手段としても位置づけられていたのである（第4章第2節，参照）。

2) 戦時期の所得課税

　次節以降では戦時期日本の個人所得税と法人所得税の動向について詳しく検討していくが，その前に戦時期における所得課税の全体的動向をまず概観しておくことにしよう。表5-2は，1935～44年度の国税総額（専売益金・印紙収入を含まない租税のみ）と所得課税額の推移を示したものである。ここでは所得課税として，所得税，法人税，法人資本税，臨時利得税を計上している。また小計の個人所得税は，第3種所得税，分類所得税，総合所得税，臨時利得税（個人分）の合計であり，小計の法人所得税は第1種所得税，法人税，法人資本税，臨時利得税（法人分）の合計である。各税の内容と税率等の変遷については次節以降で詳しく説明する。

　さて，表5-2によると戦時期の所得課税については次の2つのことが判明する。一つは，国税総額に占める所得課税の比重が1935年度33％，39年度51％，40年度66％，44年度69％と急速に上昇してきたことである。もちろん戦時期には，酒税等の消費課税の増徴やたばこ値上げによる専売益金の増額が何度も実施された。しかし，戦時経済・戦時財政が本格化する1940年代以降になると，所得課税は国税収入の6～7割を占めて中心的税収として活用されるようになったのである。ちなみに税収額の規模をみると，国税総額が39年度9.4億円から44年度の117.4億円へと12.5倍の伸びであるのに対して，所得課税額は同時期に3.1億円から82.0億円へと26.1倍に増加している[2]。

　いま一つは，個人所得税と法人所得税の動向について若干の相違があること

　2）戦時期の所得税中心体制の形成については，石田（1975b）も参照。

表5-2　国税・所得課税額の推移

（100万円）

年　度	1935	1939	1940	1944
所得税	230	892	1,500	4,102
第1種所得税	95	378	384	−
第2種所得税	25	68	11	−
第3種所得税	109	445	10	−
分類所得税	−	−	581	3,086
総合所得税	−	−	512	1,051
法人税	−	−	183	1,374
法人資本税	−	27	22	0
臨時利得税（法人）	21	293	600	2,429
臨時利得税（個人）	5	80	149	301
所得課税・計　　（A）	314	1,293	2,455	8,206
個人所得税　　　（B）	114	525	1,248	4,403
法人所得税　　　（C）	130	698	1,189	3,803
国税総額　　　　（D）	937	2,508	3,681	11,736
A/D（%）	33.5	51.6	66.7	69.9
B/D（%）	12.2	20.9	33.9	37.5
C/D（%）	13.9	27.8	32.3	32.4

　注）個人所得税は第3種所得税，分類・総合所得税，臨時利得税（個人）の
　　　合計，法人所得税は第1種所得税，法人税，法人資本税，臨時利得税（法
　　　人）の合計。
　出所）『主税局統計年報』各年度版より作成。

である。両者ともこの時期に持続的かつ急激な増収，増税になっていることは
共通している。ただその税額規模と税収シェアを比較すると，戦時期前半
（35，39年度）には法人所得税が個人所得税を上回っているが，戦時期後半（40，
44年度）になると逆に個人所得税が法人所得税を上回るようになっている。つ
まり，戦時経済・戦時財政が本格化する1940年代以降になると，所得課税の中
でも個人所得税がより重点的に活用されるようになったのである。

　さて，戦時期日本の個人所得税と法人所得税は，上記にみたような著しい増
収と増徴を示したわけだが，それらは実際にはいかなる内容と特徴をもってい
たのであろうか。つまり，①所得税・法人税の課税ベースとなる国民の個人所

得や企業の法人所得は戦争経済の中でどのような成長と変容を遂げていたのか，②所得税，法人税，臨時利得税の税制は，具体的にいかなる戦時増税策（税制改正）をとってきたのか，③所得税や法人税の負担構造や負担水準はどのような状況にあったのか，④応能原則や所得再分配機能を担うべき所得税は戦時財政の中でいかなる役割を果たしていたのか，という点が検討される必要があろう。そこで以下では，1930年代の個人所得税（第2節），1940年代の個人所得税（第3節），1930・40年代の法人所得税（第4節）について，その税制や負担構造についてより詳しく検討していこう。

第2節　1930年代の個人所得税と負担

1）個人所得税の全体動向

　先にも述べたように戦時期の個人所得税は，1940年税制改革以前は第3種所得税であり，税制改革以降は所得税（分類所得税，総合所得税）となり，制度上の変更もある。そこで以下において1930年代と1940年代の個人所得税とその負担について，順に分けて検討するが，その前に1930年代以降から敗戦までの個人所得税の全体的動向について確認し，あわせて検討すべき課題も整理しておこう。表5-3は，1930〜44年度の個人所得税の納税人員総数（所得のある同居親族も含む），総所得金額，所得税額の推移を示したものである。同表からは次の3つのことがわかる[3]。

　3）表5-3についての注記。所得金額は各控除の控除前の総所得金額，税額は課税額である。1939年度以前は第3種所得についての調査，人員は納税人員総数（同居親族を含む）。1940年度以降は分類所得税，総合所得税についての調査推計，人員は，賦課課税分のうち分類所得税の当初決定人員と，源泉課税分は甲種勤労所得（甲種退職所得を含む）の実際納税人員（推計）を加算したもので，同居親族を含む。所得金額は分類所得税の所得金額に甲種勤労所得の所得金額（甲種退職所得を含む）を合算したもの，税額は賦課課税分の分類所得税および総合所得税に甲種勤労所得（甲種退職所得を含む）の税額を加えた。従って，源泉課税分のうち甲種配当所得および丙種事業所得は含まない。『昭和財政史』第5巻（租税），資料12ページ，参

表5-3　個人所得税の納税人員，総所得金額，所得税額の推移

(100万円)

年度	納税人員 (千人)	総所得金額 (A)	所得税額 (B)	B/A (%)
1930	938	2,469	110	4.4
1931	782	2,023	85	4.2
1932	732	1,825	73	4.0
1933	796	2,007	83	4.0
1934	876	2,283	101	4.4
1935	941	2,489	109	4.4
1936	1,030	2,765	124	4.5
1937	1,131	3,202	230	6.9
1938	1,657	4,222	359	8.5
1939	1,880	5,044	441	8.7
1940	4,079	9,260	867	9.4
1941	4,912	11,564	1,007	8.7
1942	7,019	15,533	1,794	11.5
1943	8,479	20,141	2,059	10.2
1944	12,431	27,017	3,395	12.6

注) 本章，脚注3を参照されたい。
出所) 『昭和財政史』第5巻 (租税)，資料12ページより作成。

　第1に，所得税の納税人員が大幅に増加し所得税の大衆課税化が進行したことである。第3種所得税の時代でも1935年度の94万人から39年度の188万人へと2倍に増加しているが，40年度以降の分類所得税の時代になると40年度407万人から44年度の1243万人へとさらに著しい増加を示している。全国人口に対する所得税納税人員比率をみると35年度1.4％，40年度5.6％，44年度17.0％に上昇している。さらに，就業人口に対する納税人員をみても40年度の12.6％から44年度には42.9％に上昇している[4]。所得税は1935年度時点では国民のごく一

────────────────

照。
4) 全国人口は1935年69,254千人，40年73,114千人，44年73,023千人 (『主税局統計年報』より)。また，就業人口は1940年32,482千人 (国勢調査)，44年28,958千人 (人口調査) である。松田 (1996)，参照。

部の高所得層が負担する租税であったが，戦時経済・戦時財政の進行とともに勤労国民の多くが負担する大衆課税という側面をもつようになったのである。その意味では，こうした所得税の大衆課税化をもたらした戦時期における経済環境の変化や政治的政策的意図に注目する必要があろう。

　第2に，所得税の課税ベースとなる総所得金額も大幅に増加している。1930，35年度の24億円から39年度には50億円へと倍増し，さらに40年度の92億円から44年度の270億円へと増加し，10年間で11.2倍になっている。ここには戦時経済下の名目的国民所得の増加の中で，個人所得も名目的に急増していたことが反映している（35年度135億円→44年度509億円，表3-21参照）。その上で，このような課税所得の増加が戦時経済の中でいかなる経済構造，所得構造の変化の中で発生したかは十分に検討する必要があろう。

　第3に，所得税額と所得税負担率も大幅に上昇したことである。所得税額は1935年度1.0億円から39年度4.4億円，さらに40年度8.6億円から44年度33.9億円へと，この10年間で34倍の伸長を示している。そして，総所得金額に対する所得税額の比率，つまりマクロでみた所得税負担率も1935年度の4.4％から，39年度8.7％，40年度9.4％，44年度12.6％へと上昇している。このような所得税額の著しい増加と負担率の上昇は，戦時期のいかなる所得税制改正（増税）によってもたらされたのか，またそこにおける負担構造はどのようなものであったかを検討する必要がある。

2）第3種所得税の増税と第3種所得税の推移

　1940年税制改革以前の個人所得税（第3種所得税）の制度は基本的には次のようなものであった。①課税単位は世帯であり，同居親族の所得は戸主の所得に合算されて課税される。②課税対象は各人の前年度の各種所得を合算した総合所得である。③税率は0.8〜36％の超過累進課税であり，免税点は1,200円である（1926年度以降）[5]。

　5）大蔵省主税局編（1988），参照。

表5-4　第3種所得税の税率

(%)

所得区分	1926年度	1938年度	所得区分	1926年度	1938年度
～1.2千円	0.8	1	150～200	–	34
1.2～1.5	2	2.5	100～200	21	–
1.5～2	3	4	200～300	–	37
2～3	4	5.5	200～500	23	–
3～5	5	7	300～500	–	40
5～7	6.5	9	500～700	–	43
7～10	8	11	500～1,000	25	–
10～15	9.5	13	700～1,000	–	46
15～20	11	16	1,000～	–	50
20～30	13	19	1,000～2,000	27	–
30～50	15	22	2,000～3,000	30	–
50～70	17	25	3,000～4,000	33	–
70～100	19	28	4,000～	36	–
100～150	–	31			

出所）大蔵省主税局（1988），152ページより作成。

　そして，第3種所得税に関しては，軍備拡張と戦時財政色が強まる1930年代後半において3次にわたる大増税が実施された[6]。第1に，1937年3月公布の臨時租税増徴法による増税である。同法により1937年度以降，第1種所得（法人所得）の税額10割増と並んで，第3種所得の税額も所得額に応じて2割（所得2,000円以下）から7割（所得100万円超）の増額となった。また，税率も1～50％の超過累進税率に変更された（表5-4参照）。

　第2は，1937年7月の日中戦争の勃発を経て，戦費調達のために1938年3月に公布された北支事件特別税による増税である。第1種所得の税額10％増徴，第2種所得の税額5％増徴と並んで，第3種所得も税額7.5％増徴となった。なおこの増徴は1937年度1年間限りの措置とされた。

　6）以下の所得税増税の経緯については，『昭和財政史』第5巻（租税），402-422ページ，大蔵省主税局編（1988），43-45ページ，参照。

　第3は，1938年3月に公布された支那事変特別税によって実施された増税と税制改正である。第1種所得は税額22.5％の増徴，第2種所得は税額25％の増徴であるが，第3種所得に関しては税額が22.5％増徴されるとともに，免税点が1,000円に引き下げられた[7]。

　一方，第3種所得税の課税対象となる個人所得は1930年代においてどのような推移を示していたのであろうか。課税所得そのものは前掲表5-3から確認することができる。それによれば，1930年代前半は昭和恐慌の影響もあって20億円前後で停滞していたが，30年代後半になると戦争経済の進行とともに35年度24億円から39年度には50億円へと倍増しているのである。それでは，この間に課税所得の構成はどのように変化したのであろうか。表5-5は第3種所得の種類別構成比の推移（30年度，35年度，39年度）を示したものである。とくに同表の30年度と39年度の数値からは次のことが指摘できる。

　①農業所得では，農業生産者たる農家の田・畑所得（自作）は1.7％から3.1％へと上昇するが，反対に地主の田・畑所得（小作）は6.7％から5.7％へやや低下している。

　②地主・家主の不動産所得たる貸宅地・貸家所得は16.0％から9.0％へと大幅に低下している。

　③個人事業所得では，工業所得が3.0％から7.9％へと大幅に上昇し，商業所得も17％台を維持している。

　④金融資産所得では，利子所得は2.4％から1.1％に低下しているが，配当所得は12.4％から13.7％へと上昇している。

　⑤勤労所得たる給与所得者（賃金労働者）の俸給は18.5％から19.0％へ，賞与

───────────

　7）第3種所得税の免税点の1,000円への引き下げは衆議院の審議（1938年2月）においても大衆課税であるという批判が多かったが，当時の賀屋大蔵大臣は「千円に所得税の免税点を引下げましたのは，国民の懐に余裕がありと申すよりも，総ての国民に銃後の御奉公が，成べく広く行渡るやうにと云ふ観点から出発致したものであります」と述べて，「銃後の御奉公」という説明をしていた（『昭和財政史』第5巻（租税），454ページ）。

表5-5　第３種所得の種類別構成

(％)

年　度	1930	1935	1939
田（自作）	1.06	0.84	2.30
畑（自作）	0.67	0.39	0.82
田（小作）	5.70	4.66	4.95
畑（小作）	1.02	0.81	0.82
貸宅地・貸家	16.07	15.22	9.01
工業	3.08	5.87	7.99
商業	17.99	16.04	17.51
金融業	2.14	1.82	0.82
娯楽・興業	－	3.29	2.86
利子	2.47	2.09	1.16
配当	12.40	11.23	13.73
俸給	18.59	19.40	19.05
賞与	6.54	7.77	9.87
諸給与	2.45	2.52	2.01
庶業	4.90	5.02	3.38
合計	100.0	100.0	100.0
金額（100万円）	2,469	2,489	5,044

注）合計にはその他も含む。1930年度の商業には娯楽・
興業が合算されている。
出所）『主税局統計年報』各年度版より作成。

も6.5％から9.8％に上昇している。

　⑥以上を総括すると，農業生産者，商工業者，給与所得者を合計した生産・勤労所得のシェアは30年度の47.7％から39年度の57.5％へと9.8ポイント上昇し，反対に地主，不動産・金融資産所有者を合計した資産性所得のシェアは30年度の37.6％から39年度の27.5％へと10.1ポイントも低下している。戦争経済の進行は1930年代後半において第３種所得の増加をもたらしたが，それは基本的には生産・勤労所得分野の増加によるところが大きいのである。

　さて，上記のような1930年代後半における第３種所得税の大増税と第３種所得そのものの増加によって，第３種所得税額は30年度1.1億円，35年度1.1億円から39年度には4.4億円へと４倍に増加してきた（表5-3参照）。以上のことをふ

まえて，次に第3種所得税の負担構造について検討してみよう。

3）第3種所得税の負担構造

　すでに表5-3でみたように，第3種所得税は1930年代においてその納税者数を35年度の94万人から39年度の188万人へと倍増させている。これは課税所得の上昇と（表5-5参照），1938年度からの課税最低限（免税点）の引き下げ（1,200円→1,000円）によって，従来非課税であった低所得層世帯が所得税納税に動員されるようになったからである。いま表5-6は，第3種所得税の納税者数（同居親族を除いた世帯実数）の推移と所得階級別（2,000円以下層のみ）の構成を示したものである。同表によれば次のことが判明する。①納税世帯数は1930年度の66.7万世帯から39年度の140.3万世帯へと73.6万世帯増加している。②所得階級の2,000円以下の相対的低所得世帯は37.4万世帯から88.7万世帯へと51.3万世帯の増加であり，増加納税世帯全体の7割を占めている。③とくに，1,200円以下の低所得世帯は33.2万世帯も増加している。つまり，1930年代後半において第3種所得税の大衆課税化が進行したのである。

　他方では，総所得金額に対する第3種所得税額の比率でみたマクロ負担率は35年度の4.4％から39年度の8.7％へと約2倍になっている（表5-3）。この背景

表5-6　第3種所得税の納税者数（所得2,000円以下）

(千人)

所得階級	1930年度	1935年度	1939年度	30→39年度
〜1,000円	−	−	44	＋44
1,000〜1,200	25	25	313	＋288
1,200〜1,500	191	190	281	＋90
1,500〜2,000	158	160	249	＋91
（小計）	374	375	887	＋513
納税者数総計	667	679	1,403	＋736

注）納税者数には同居親族を含まない。
出所）大蔵省編（1949）『財政金融統計月報』第2号，40-42ページより作成。

には，前述の第３種所得税の増徴や累進税率の強化（表5-4）がある。そこで，所得階級別の負担率の変化（30年度，39年度）を表5-7でみてみよう。2,000円以下の所得階級では1.3％→2.0％の微増であるが，１万円以下では4.8％→8.0％の３ポイント上昇，５万円以下では10.5％→18.5％の８ポイント上昇，10万円以下では14.0％→24.9％の11ポイント上昇，50万円以下では19.5％→39.7％の20ポイント上昇，100万円以下では21.7％→46.8％の25ポイント上昇になっている。高所得階級での負担率上昇が大きいことが分かる。

それではこのような第３種所得税の，一方での大衆課税化の進行と，他方での高所得階級での負担率上昇によって，全体としての所得税の負担構造はどのように変化したのであろうか。最後にこの点について表5-8を利用して確認しておこう。表5-8は，第３種所得税の納税世帯数（同居親族を除いた納税者数），所得額，所得税額での所得階級別シェアの推移（30年度，35年度，39年度）を示したものである。ここから次の５点が指摘できる。

第１に，各指標シェアとも30年度，35年度はほぼ同水準であるが，39年度に

表5-7　第３種所得税の所得階級別負担率

(％)

所得階級	1930年度	1939年度	所得階級	1930年度	1939年度
1,200～1,500円	0.9	1.4	10～15万	－	28.5
1,500～2,000	1.3	2.0	10～20万	16.4	－
2,000～3,000	1.9	3.1	15～20万	－	29.7
3,000～5,000	2.9	4.8	20～30万	－	35.0
5,000～7,000	3.8	6.4	20～50万	19.5	－
7,000～１万	4.8	8.0	30～50万	－	39.7
１～1.5万	6.0	10.1	50～70万	－	43.2
1.5～２万	7.2	12.2	50～100万	21.7	－
２～３万	8.6	14.9	70～100万	－	46.8
３～５万	10.5	18.5	100～200万	24.0	50.7
５～７万	13.2	21.9	200～300万	26.2	55.0
７～10万	14.0	24.9	300～400万	－	55.0
			400万～	－	55.0

注）各所得階級の負担率＝所得税額÷所得総額。
出所）『財政金融統計月報』第２号，40-42ページより作成。

表5-8 第3種所得税の所得階級別の納税人員・所得額・所得税額の構成比

(％)

所得階級	納税人員	所得額	所得税額
〈1930年度〉	667千人	2266百万円	110百万円
～2,000円	55.28	24.71	5.57
2,000～1万円	40.08	45.99	29.36
1～5万円	3.65	19.61	31.82
5～10万円	0.19	3.92	10.56
10万円～	0.11	5.77	22.69
(100万円～)	(0.00)	(0.89)	(4.47)
〈1935年度〉	679千人	2263百万円	109百万円
～2,000円	55.30	24.86	5.64
2,000～1万円	40.89	46.16	29.54
1～5万円	3.53	19.02	30.88
5～10万円	0.19	4.09	11.10
10万円～	0.09	5.87	22.84
(100万円～)	(0.00)	(0.46)	(2.29)
〈1939年度〉	1,403千人	4561百万円	441百万円
～2,000円	63.22	26.27	4.06
2,000～1万円	32.76	39.28	21.35
1～5万円	3.66	21.01	29.74
5～10万円	0.23	4.91	11.81
10万円～	0.12	8.54	33.04
(100万円～)	(0.00)	(1.30)	(7.17)

注) 納税人員には同居親族を含まない。
出所) 『財政金融統計月報』第2号，40-42ページより作成。

は相当なシェア変化が認められる。そこで以下では主に30年度と39年度のシェア変化に注目する。

第2に，納税世帯数シェアをみると，2,000円以下の相対的低所得層のシェアが55％から63％へと8ポイントも上昇している。反対に，2,000円～1万円以下層のシェアは7ポイント低下しているが，1万円以上層のシェアは4％前後でそれほど変化していない。先に表5-6で納税世帯数での所得2,000円以下層の大幅増加をみたが，この世帯数シェアの変化からも所得税の大衆課税化の進

行をあらためて確認できる。

　第3に，所得1万円以下の低中所得層は，納税世帯数シェアでは95〜96％という圧倒的比重を占めている。しかし，その所得額シェアは71％から66％に低下し，所得税額シェアも35％から25％へと10ポイントも低下している。

　第4に，所得1万円以上の高所得層は，納税世帯数では上位4％のシェアを占めている。そしてこの高所得層は，所得額でのシェアを29％から34％へと5ポイント上昇させ，さらに所得税額シェアでは65％から75％へと10ポイントも上昇させている。第3種所得税での高所得層の貢献がより大きくなっているのである。

　第5に，とくに所得10万円以上の超高所得層に注目しよう。この超高所得層は納税世帯数の上位0.1％にすぎないが，その所得額シェアは5.8％から8.5％に上昇させ，とりわけ所得税額シェアを22.7％から33.0％へと10ポイントも上昇させている。つまり，上で指摘した所得1万円以上の高所得層の所得税額シェア上昇の大半は，この所得10万円以上の超高所得層によるものなのである[8]。

　このようにみると，1930年代後半における第3種所得税は，その大衆課税化を進めながら，他方では累進的負担も相当に強化してきたことが確認できよう。

第3節　1940年代の個人所得税と負担

1）1940年税制改革と個人所得税

　すでに第1節でふれたように1940年税制改革によって，個人所得税は分類所得税と総合所得税の二本立てになった[9]。課税が世帯単位でなされ同居親族の

---

[8]　所得10万円以上の納税世帯実数は，1930年度588世帯，35年度637世帯，39年度1715世帯である。大蔵省編（1949）『財政金融統計月報』第2号，40-42ページ。

[9]　1940年税制改革の内容やその意義については，『昭和財政史』第5巻（租税），491-590ページ，大蔵省主税局編（1988）47-51ページ，神野（1981a）（1981b），石田（1975a）（1975b）を参照されたい。

所得は戸主の所得に合算されるのは第 3 種所得税と同様である。まず，分類所得税の制度は次のとおりである。

　①個人の所得は，不動産，配当利子，事業，勤労，山林，退職の 6 種に分類され，各々に応じて異なった税率，免税点，控除，課税方法が適用される。②税率は，資産性所得たる不動産所得，配当利子所得は10％（ただし国債利子所得は 4 ％），商工業等の甲種事業所得は8.5％，農業（農家）の乙種事業所得は7.5％，勤労所得は 6 ％という比例税率であった。基礎控除は勤労所得720円，事業所得500円であるが，不動産所得，配当利子所得（乙種）の免税点は各々250円，100円であった（1940年度）。③事業所得，不動産所得，山林所得，配当利子所得（乙種）は前年度所得に対して賦課課税されるが，甲種勤労所得，甲種配当利子所得，退職所得は当年度所得に対して源泉課税される。

　つまり，この分類所得税は，所得種類間での負担能力の違いに留意して，税率，基礎控除，免税点に一定の差をつけることによって，所得税における応能負担原則を実現しようとしている。とはいえ比例税率であるために，同一所得種類内では累進的負担はそれほど機能しないことになる。むしろ，注目すべきは分類所得ごとに比例税率を引き上げていけば，その増収が比較的容易になることであろう。

　一方，総合所得税の制度は次のようである。①個人（世帯）の各分類所得を合計した総合所得が課税対象になる。②基礎控除額は5,000円であり，税率は10〜65％超過累進税率である（1940年度）。従来，第 2 種所得として比例税率であった公債利子・預金利子も合算して累進課税されるようになった。③原則として前年度所得に対して賦課課税される。

　つまり，総合所得税は，比例税率の分類所得税を補完するように，総合所得課税，高い基礎控除，高度累進税率によって，より累進的でより応能的な負担を図ろうとするものであった。

　それでは，分類所得税と総合所得税の実際の税収額は1940年度以降どのように推移したのであろうか。表5-9によって簡単に確認しておこう。同表によれば次のことがわかる。①分類所得税と総合所得税の合計額は，40年度の10.9億

表5-9　分類所得税・総合所得税の税額推移

(100万円，％)

年度	分類所得税	総合所得税	合計
1940	581 (53)	512 (47)	1,093
1941	737 (56)	585 (44)	1,322
1942	1,408 (63)	839 (37)	2,247
1943	1,902 (68)	899 (32)	2,801
1944	3,079 (74)	1,101 (26)	4,180
1945	3,378 (77)	1,017 (23)	4,395
45/40	5.8倍	2.0倍	4.0倍

注）カッコ内は構成比。
出所）『主税局統計年報』各年度版より作成。

円から45年度の43.9億円へと4.0倍に増加している。②同期間に総合所得税は5.1億円から10.1億円へと2.0倍の増加であるが，分類所得税は5.8億円から33.8億円へと5.8倍にも増加している。③合計額に占める分類所得税と総合所得税のシェアは，40年度には53：47でほぼ半々であったが，その後は分類所得税のシェアが一貫して上昇して，45年度には77：23になっている。

　アジア太平洋戦争が始まり本格的な戦時体制に入る1940年度以降の個人所得税は，大幅な増収を示すが，その中心的担い手は比例税率で累進性の弱い分類所得税であり，累進性を発揮すべき総合所得税は税収面では第二義的な役割にとどまっていたのである。以上のことをふまえて，以下では，1940年代における分類所得税と総合所得税の増税の経緯や，税額・所得構成，負担構造の推移についてより具体的に検討していこう。

　なお，個人所得課税としては，所得税の他に個人の営業利得に課税される臨時利得税（個人分）もある。前掲表5-2によれば，同税は国税個人所得税収の中で15％（39年度），12％（40年度），7％（44年度）の比重を占めていた。臨時利得税の変遷については第4節（法人所得税）で説明するので，ここでは1940年代の個人・臨時利得税について簡単にふれておく。臨時利得とされるのは，個人の営業利益のうち1934～36年度3年間の平均利益率を超える利益分であり，税率は30％（40，41年度）ないし35％（42年度以降）であった。表5-10は1943年

表5-10　個人営業利得の構成（臨時利得税：1943年度）

（100万円，％）

	納税人員（人）	利益金額	利得金額
物品販売業	24,259（40.5）	499（35.8）	297（36.0）
製造業	17,997（30.0）	467（33.6）	284（34.5）
請負業	6,686（11.1）	161（11.6）	89（10.8）
料理店業	2,571	50	29
旅人宿業	1,468	30	18
貸座敷業	1,861	39	22
貸席業	897	17	9
総計	59,892	1,392	825

注）総計にはその他も含む。カッコ内は構成比。1943年度・臨時利得税（個人分）の税額は288百万円。

出所）『主税局統計年報』1943年度版より作成。

度の個人営業利益・利得の種類別構成を示している。同表によれば，納税人員は5.9万人で，利益金額13.9億円に対して臨時利得税の課税対象となる利得金額は8.2億円で，利益金額の59％にも達していた。税額規模はほぼ税率に近い35％相当の2.9億円であった。また，営業種類別構成をみると納税人員，利益金額，利得金額ともに物品販売業，製造業，請負業が全体の8割を占めていたことがわかる。

2）分類所得税の動向

1940年度より再編された所得税は，その後の戦時体制の中で42年度, 44年度, 45年度に大幅な増税が実施された。分類所得税に関しては，その税率は表5-11のように持続的に引き上げられた。40年度と45年度の税率を比べると，不動産所得10％→23％，国債利子所得4％→16％，預金利子所得10％→23％，配当所得10％→22％，自営商工業等の甲種事業所得8.5％→21％，農業（農家）等の乙種事業所得7.5％→21％，一般勤労者の甲種勤労所得6％→18％へという増税であった。また，分類所得税の基礎控除額も42年度に甲種勤労所得600円，甲種・乙種事業所得500円，不動産所得100円に各々引き下げられて，課税対象者

表5-11　分類所得税率の推移

(%)

年　度	1940	1942	1944	1945
不動産所得	10	16	21	23
配当利子所得				
国債利子	4	9	13	16
預金利子	10	15	20(5)	23(7)
配当	10	15	19	22
甲種事業所得	8.5	13	18	21
乙種事業所得	7.5	12	18	21
甲種勤労所得	6	10	15	18

注）カッコ内は，元本5,000円以下の預金利子等。
出所）大蔵省主税局編（1988），150-151ページより作成。

が広がることになった[10]。

　さて，所得種類別に分けた分類所得税額の推移を表5-12でみてみよう[11]。同表に関しては次の３点が指摘できる。第１に，合計税額は40年度の5.9億円から45年度33.8億円へと5.7倍に増加しているが，中でもその税額の規模と伸び率でみると，甲種勤労所得，甲種事業所得，乙種事業所得が，分類所得税において大きな存在を示している。

　第２に，一般の勤労者・給与所得者を対象にした甲種勤労所得は，43年度以降とくに44年度，45年度において激増している。この背景には，①基礎控除引下げによる納税人員の増加，②軍需工場など戦争関連企業の雇用増加（1939年7月・国民徴用令）による給与所得者の増加，③物価上昇・名目賃金上昇による課税所得の増加，などが考えられよう[12]。

10）　大蔵省編（1949）『財政金融統計月報』第２号，49-51ページ，大蔵省主税局編（1988）146-147ページ。

11）　アジア太平洋戦争期の分類所得税収の動向とその経済的背景については，大蔵省昭和財政史編集室編（1955a）『昭和財政史』第３巻（歳計），524-529ページも参照。

12）　表3-14によれば，分配国民所得での個人勤労所得は1940年114億円から1944年266億円へと2.3倍に増加し，分配国民所得に占めるシェアも40年36.6％から44年46.8％

表5-12　分類所得税額の推移

（100万円）

年　度	1940	1941	1942	1943	1944	1945
〈賦課課税分〉						
不動産所得	97	103	168	181	257	235
甲種事業所得	157	200	458	495	697	674
乙種事業所得	50	58	118	165	389	585
乙種勤労所得	1	2	5	7	17	－
山林所得	7	8	20	16	57	60
小計	312	371	769	864	1,416	1,561
税額控除	41	48	115	157	225	250
差引税額	271	323	654	707	1,160	1,278
乙種配当利子所得	11	10	15	16	21	17
合計	282	333	669	724	1,181	1,295
〈源泉課税分〉						
甲種配当利子所得	206	278	473	547	624	495
甲種勤労所得	87	122	287	453	1,126	1,380
甲種退職所得	4	10	22	30	36	77
丙種事業所得	－	－	－	－	113	132
合計	307	410	782	1,030	1,900	2,086
総計	589	743	1,451	1,754	3,081	3,381

出所）『主税局統計年報』各年度版より作成。

　第3に，同じ事業所得である甲種事業所得と乙種事業所得の伸び（40→45年度）を比較すると，商工業等の甲種事業所得は4倍程度であるが，農家・農業所得たる乙種事業所得は11倍にも増加している。ここには，戦争経済の中で，自給食料確保のために農業分野が価格政策等で配慮されたこと[13]，その結果農業生産所得が顕著に増加したことが反映している。

　そして，表5-13は分類所得税額の所得種類別シェアの推移を示している。同

に上昇していた。

13）政府による農家からの米買入価格（1石当り）は，生産者価格に生産奨励金を含めると，1939年10月の43円から，41年9月49円，43年4月62円，45年4月92円へと引き上げられてきた。『昭和財政史』第3巻（歳計），498-499ページ，参照。

表5-13　分類所得税額の所得種類別シェアの推移

(%)

年　度	1940	1941	1942	1943	1944	1945
不動産所得	16.5	13.9	11.6	10.3	8.3	6.9
配当利子所得	36.8	38.8	33.6	32.1	20.9	15.1
小計	53.3	52.7	45.2	42.4	29.2	22.0
甲種事業所得	26.6	26.9	31.6	28.2	22.6	19.9
乙種事業所得	8.5	7.8	8.1	9.4	12.6	17.3
甲種勤労所得	14.8	16.4	19.8	25.8	36.5	40.8
小計	49.9	51.1	59.5	63.4	71.7	78.0

注）税額控除額を差し引いた税額合計に対する各所得税のシェアであり，合計が100%を
　　超える場合もある。

出所）『主税局統計年報』各年度版より作成。

　表によれば，①不動産所得（小作所得，貸宅地・貸家所得）と配当利子所得を合
計した資産性所得のシェアは40年度53%から持続的に低下して45年度には22%
に縮小している。②反対に，甲種・乙種事業所得，甲種勤労所得を合計した生
産・勤労所得のシェアは40年度50%から45年度78%へ上昇して，分類所得税の
大半を占めることになった。③とくに甲種勤労所得は40年度15%から45年度
41%に上昇している。

　すでに表5-9で確認したように戦争末期の44，45年度には分類所得税が所得
税額の7割以上を占めていた。そして，その時期の分類所得税は実質的には生
産・勤労所得課税になっていたのである[14]。

　最後に，分類所得税の納税人員数の推移をみてみよう。ただし残念ながら，
大蔵省主税局編『主税局統計年報』から判明する分類所得税の納税人員数は，
賦課課税分だけであり，源泉課税分である甲種勤労所得，甲種配当利子所得の
納税人員数は不明である。とはいえ，戦時末期には甲種勤労所得税が急増した
ことからも（表5-12），一般勤労者・給与所得者の中で所得税納税者が急増した

14）神野（1981b）でも，戦時期における分類所得税の給与所得税化と農業所得税化
　　という実態が強調されている。

こと，つまり大衆課税化がさらに進行したことは十分に想像できよう[15]。

そこで表5-14によって，分類所得税（賦課課税分）の所得種類別納税人員数（所得のある同居親族を含む）の推移を確認しておこう。同表によれば次のことがわかる。①各所得種類の納税人員数を単純に合計した納税人員数は1940年度304万人から45年度554万人へと250万人も増加した。②所得種類間の重複を除

表5-14　　分類所得税（賦課課税分）の納税人員数の推移

(千人，%)

年　度	1940	1941	1942	1943	1944	1945
不動産所得	898	953	1,111	1,178	1,303	1,194
甲種事業所得	823	1,017	1,397	1,524	1,613	1,336
乙種事業所得	985	1,084	1,290	1,555	2,229	2,707
乙種勤労所得	28	39	84	112	136	44
山林所得	53	57	72	54	83	92
乙種配当利子所得	256	247	236	235	227	166
乙種退職所得	0	0	0	0	0	0
合計	3,043	3,397	4,190	4,658	5,591	5,539
納税者実数	2,452	2,731	3,365	3,733	4,556	4,546
納税人員シェア						
不動産所得	29.5	28.0	26.5	25.3	23.3	21.5
甲種事業所得	27.0	29.9	33.3	32.7	28.8	24.1
乙種事業所得	32.3	31.9	30.8	33.4	39.8	48.9

注）納税人員には同居親族を含む。納税者実数は，各所得納税者から重複を除いた実際人数。
出所）『主税局統計年報』各年度版より作成。

---

15) 表5-3は『昭和財政史』第5巻（租税）の資料（統計）を引用している。同資料では，分類所得税の賦課課税分の納税人員数に甲種勤労所得（甲種退職所得を含む）の実納税人員数（推計）を加算したものを納税人員数としている。従って，表5-3の納税人員数から賦課課税分の納税人員数（表5-14）を差し引けば，甲種勤労所得の納税人員数を逆算できないこともない。この逆算によれば，あくまでの仮の数値であるが甲種勤労所得税の納税人員数（所得のある同居親族を含む）は，40年度162万人，43年度474万人，44年度788万人ということになり，大衆課税化が実感できる。なお甲種勤労所得税の納税人員数や大衆課税化の進行については，石田（1975b），神野（1981b）も参照のこと。

いた納税者実数では，40年度245万人から45年度454万人へと209万人の増加となる。③納税者総数に占める甲種・乙種事業所得のシェアは40年度59％から45年度73％に上昇しており，分類所得税（賦課課税分）における事業所得者の比重が一層上昇している。④とくに乙種事業所得＝農家の納税者数は40年度98万人から45年度270万人へと170万人以上も増加している。つまり戦時末期には，多数の農家が所得税納税者として登場するようになったのである。

3) 総合所得税の動向

次に，総合所得税の動向についてみてみよう[16]。前述のように所得税はアジア太平洋戦争以降，42年度，44年度，45年度に大増税が実施されたが，そのうち総合所得税に関しては42年度，44年度に増税されている。まず，総合所得税の基礎控除額が，42年度に従来の5,000円から3,000円に引き下げられた[17]。これによって総合所得税の納税者数（所得のある同居親族を含む）は40年度の39万人から42年度96万人，44年度140万人へと急増していった（後掲，表5-18参照）。また，総合所得税の税率は当初の10〜65％から42年度の6〜72％，44年度の8〜74％へと累進税率が強化されていった（表5-15参照）。なお45年度の所得税増税は分類所得税のみで，総合所得税の増税は見送られた[18]。ただ，高所得者は比

---

16) アジア太平洋戦争期の総合所得税の動向については，『昭和財政史』第3巻（歳計），529-530ページも参照。

17) 大蔵省主税局編（1988），147ページ。

18) 1945年度の所得税増税に関する衆議院での質疑（1945年1月）では，本多市郎議員が①税制の原則は応能課税主義であり，総合所得税の累進課税を中心に行うべきこと，②分類所得税の実態は勤労所得に対する比例課税であり大衆課税になっている，という理由から総合所得税の増徴を主張したのに対して，当時の石渡大蔵大臣は次のように回答していた。「この総合所得税と云うものは理屈は非常に宜しい税でありますけれども，税額はさう余計に伸び難いのであります。どうしても所得の多い者は人数が少ない，所得の少ない者は人数が多い。それで所得の多い者から幾ら取って見ても，人数が少ないものですから限度があるのであります。……（中略）……唯従来の行き方と致しまして，此の一両年間総合所得税に付いても相当な増率を致して来て居ります。この総合所得税は……（中略）……支那事変の直前以来増

例税率の分類所得税が課税された
上で，総合所得税も課税されるの
で，実質的には所得税最高税率は
80〜90％水準になることに注意す
る必要がある。

次に総合所得税（賦課課税分）の
課税所得の種類別構成の推移を表
5-16によってみておこう[19]。この表
からは，戦時経済・統制経済が本格
化する1940年代に入って，中堅所
得層以上の個人所得の構成がどの
ように変容・推移してきたかを考察
することができる。

第1に，不動産所得の合計は40
年度14％から45年度9％へと縮小

表5-15　総合所得税の税率区分

（％）

所得区分	1940 年度	1942 年度	1944 年度
〜5千円	−	6	8
5〜8	10	12	15
8〜12	15	18	22
12〜20	20	24	29
20〜30	25	30	36
30〜50	30	36	42
50〜80	35	42	48
80〜120	40	48	54
120〜200	45	54	59
200〜300	50	60	64
300〜500	55	66	69
500〜800	60	72	74
800〜	65	72	74

出所）大蔵省主税局編（1988），152-153ペー
ジより作成。

している。田畑の小作所得は4〜5％の水準を維持したが，地代家賃統制令
（1939年10月）の影響を受けた貸宅地・貸家所得は9％から5％に低下している。

第2に，配当所得は40年度の23％から42〜45年度には15〜16％に縮小してい
る。この原因としては，会社利益配当及資金融通令（1939年12月）以降，企業
の配当支払いへの統制が強化されたことが大きい。また，利子所得は1％程度
の低い水準で推移している。

第3に，農家の農業所得は40年度0.4％から45年度5％へとそのシェアを増
大させている。これは課税最低限（5,000円→3,000円）を超過する所得を得る農

　税に増税を重ねて居るのでありまして，今日の状況に於いては，総合所得税の方が
　少しく草臥れて居りはせぬかと思ったものでありますから……。」（『昭和財政史』
　第5巻（租税），730-731ページ）。

19) 総合所得税には預金利子等の源泉課税分もあるが，所得額，税額規模とも小さい
　ので，以下では考慮対象とはしない。

表5-16　総合所得税（賦課課税分）の所得構成比

(%)

年　度	1940	1941	1942	1943	1944	1945
不動産						
田畑小作	5.32	5.01	4.11	4.35	4.40	4.53
貸宅地貸家	9.07	8.49	7.16	6.67	6.22	5.07
農業	0.45	0.46	1.61	2.20	3.05	5.24
工業	14.21	15.30	15.11	14.04	13.74	12.89
商業	20.71	20.64	26.37	25.17	21.68	15.05
娯楽興業接客業	2.76	3.45	3.93	4.19	3.74	2.93
利子	0.84	1.31	1.19	1.22	1.23	0.91
配当	23.82	22.10	16.46	15.58	15.17	14.77
俸給	7.74	7.96	9.51	10.76	13.34	17.33
賞与	8.74	8.77	7.71	8.15	9.46	10.83
庶業	2.81	3.04	3.32	3.56	3.73	3.77
その他とも・合計	100.0	100.0	100.0	100.0	100.0	100.0

出所）『主税局統計年報』各年度版より作成。

家世帯が増えたことを意味する。農家所得は分類所得税だけでなく，総合所得税でもその存在を大きくさせたのである。

　第4に，個人の事業所得たる工業・商業所得の合計は，40年度34％から42〜43年度には39〜41％に上昇するが，44年度，45年度には35％，28％に再び低下する。この要因としては，アジア太平洋戦争中期には戦争景気で工業・商業所得も増加していたが，戦争末期にはそもそも流通する物資が不足したことや，軍需産業への労働力・機械・資材の集中のために非軍需関連の中小零細企業の廃業等が強制されたことの影響がある。

　第5に，勤労者＝給与所得者の俸給・賞与所得の合計シェアは40年度16％から44年度23％，45年度28％に上昇している。ここには，戦争末期における，自営業廃業に伴う被雇用者の増加，賃金統制令にもかかわらず物価上昇に対応した名目賃金引き上げが不可避になったこと，増産刺激策としての報酬引き上げ，等の要因が考えられよう。

　以上のように，総合所得税の課税所得に関しても，分類所得税と同様に不動

産所得と配当所得という資産性所得
のシェアは低下し，農業・商工業の
事業所得，勤労所得という生産・勤
労所得のシェアが上昇してきたので
ある。

それでは，実際には総合所得税の
負担構造はどのようなものであった
のであろうか。まず表5-17は，マク
ロでみた所得階級別の総合所得税の
負担率の状況である。1940年度では
2.0％（5千円超）〜58.8％（80万円超）
の累進的負担であったが，45年度に
は1.8％（3千円超）〜68.7％（100万
円超）になり，累進的負担は強化さ
れている。

表5-17　総合所得税の所得階級別負担率

(％)

所得階級	1940年度	1945年度
〜5千円	－	1.8
5〜8	2.0	5.6
8〜12	5.6	10.1
12〜20	9.8	15.6
20〜30	14.2	21.5
30〜50	18.7	27.7
50〜80	23.5	33.7
80〜120	27.9	39.4
120〜200	32.8	44.7
200〜300	37.7	49.9
300〜500	42.7	54.8
500〜800	48.3	－
500〜1,000	－	62.4
800〜	58.8	－
1,000〜	－	68.7

出所）『主税局統計年報』各年度版より作成。

次に表5-18で総合所得税での納税人員数（同居親族を含む），所得額，所得税
額の規模と所得階級別シェアの推移をみると，以下のことが指摘できる。

第1に，納税人員数は基礎控除引き下げもあって41年度39万人から45年度
140万人に増加している。とくに所得1.2万円以下層の納税人員数シェアは67％
から80〜90％に上昇している。逆に，所得5万円以上層のシェアは4％から
1％に低下している。

第2に，課税所得額は41年度36億円から45年度77億円へと2.1倍に増加して
いる。そして，1.2万円以下層のシェアは41年度38％から45年度66％に上昇し
ている。反対に5万円以上層のシェアは24％から11％に縮小している。ここに
は先に表5-16でみたように，総合所得税の課税所得構成比において中堅所得層
の主要所得である生産・勤労所得のシェアが上昇し，反対に高所得層の主要所
得である資産性所得のシェアが低下したことが反映しているのであろう。

第3に，税額規模は40年度5.4億円から45年度9.7億円へと1.8倍の増加にとど

表5-18　総合所得税での納税人員・所得金額・税額の所得階級別構成比

(％)

所得階級	1941年度	1942年度	1943年度	1944年度	1945年度
納税人員（千人）	(398)	(961)	(1,165)	(1,403)	(1,408)
〜12千円	67.4	83.2	85.1	87.5	90.1
12〜50	28.4	14.8	13.2	11.3	8.9
50〜	4.1	1.8	1.5	1.2	1.0
所得金額（百万円）	(3,692)	(6,157)	(7,063)	(7,899)	(7,738)
〜12千円	38.8	55.8	58.9	62.0	66.5
12〜50	37.2	28.5	26.7	25.0	22.2
50〜	23.9	15.6	11.8	11.8	11.2
所得税額（百万円）	(542)	(815)	(851)	(1,051)	(971)
〜12千円	9.6	17.3	19.4	23.1	24.3
12〜50	34.3	35.3	35.0	36.6	36.0
50〜	55.9	47.2	45.5	40.2	40.0

出所）『昭和財政史』第3巻（歳計），529ページより作成。

まっている。所得階級別シェアでみると所得1.2万円以下層が9％から24％へと相当な上昇を示している一方で，5万円以上層は56％から40％へと大幅にシェアを低下させている。1.2万〜5万円層のシェアは34〜36％で大きな変動はない。

　さらに，総合所得税収での高所得層の貢献低下については，表5-19で示した所得20万円以上の超高所得層の負担状況の変化からもわかる。同表によれば，①超高所得層の世帯数は42年度743世帯（総合所得税納税世帯数の0.09％）から45年度665世帯（同0.06％）に減少している。②所得額は42年度3.1億円から2.8億円に減少し，税額も1.7億円から1.6億円へと微減である。③平均負担率は42年度55.6％から45年度56.8％へと微増しているが，税額でのシェアは21.2％から16.8％へ低下している。

　以上のことから，総合所得税では累進税率の若干の強化はなされたが，他方での課税最低限の引き下げや，戦争末期における課税所得構造の変動（資産性所得のシェア低下，生産・勤労所得のシェア上昇）によって，総合所得税負担の担

い手が相対的に下方にシフトしてきたことは否めないであろう。

　もっとも分類所得税と総合所得税を合計すれば，超高所得層の所得税負担水準が必ずしも低いわけではない。前述のように，両者を合計すれば実質の最高税率は80〜90％水準になるからである。例えば，表5-20は戦前日本の超富裕層の代表たる旧財閥家族の三井家（11家族）の戦時期1940年代における所得税負

表5-19　富裕層の総合所得税（賦課課税分）の負担状況

所得階級	世帯数	所得額（百万円）(A)	税額（百万円）(B)	負担率（％）B/A	世帯数シェア（％）	税額シェア（％）
〈1942年度〉						
20〜30万円	392	94	43	45.7	0.05	5.27
30〜50	226	85	44	51.7	0.03	5.37
50〜	125	134	87	64.9	0.01	10.62
小計	743	313	174	55.6	0.09	21.26
〈1945年度〉						
20〜30万円	345	85	42	49.4	0.03	4.35
30〜50	209	82	43	52.4	0.02	4.60
50〜100	79	56	35	62.5	0.01	3.59
100〜	32	62	42	67.7	0.00	4.35
小計	665	285	162	56.8	0.06	16.89

注）世帯数・税額シェアは総合所得税納税全世帯に占めるシェア。
出所）『主税局統計年報』各年度版より作成。

表5-20　三井家（11家族）の所得税負担

（千円，％）

年度	所得額	納税額	負担率	修正負担率
1941	31,358	24,534	78.2	79.3
1942	133,448	23,940	17.9	84.0
1943	30,923	24,994	80.8	80.8
1944	24,259	19,016	78.4	80.2

注）所得額＝当年度収入−借入金利子，納税額は当年度支払い分
　　と翌年度支払い分の合計。修正負担率は，所得額から有価証券
　　譲渡益（非課税）を控除した修正所得額に対する所得税負担率。
出所）三井文庫編（2001），90-95ページより作成。

担の状況を示したものである。所得の大半は所有する三井物産株式の配当収入である。そして，例えば1943年度の１家族当りの平均所得は281万円，平均所得税額227万円であり，その負担率は81％に達していたのである。

第４節　法人所得税と負担

1）法人所得税の増税

　1930年代後半以降の法人課税には，大きく分けて①第１種所得税と法人資本税，②法人税（1940年度以降），③臨時利得税（1935年度以降），の３つがある。以下，その増税の経緯について簡単に説明しよう[20]。

　①第１種所得税と法人資本税。旧所得税での第１種所得（法人所得）への課税は1897年度より実施されているが，1925（大正14）年度以降は税率５％（普通所得）に加えて，いわゆる超過利得に対しては４％（資本金１割相当額を超える所得），10％（同２割），20％（同３割）の超過課税がなされていた。その後は戦時体制の進行によって第１種所得税は第３種所得税と並んで増税が続いた。つまり，臨時租税増徴法（1937年３月公布）により第１種所得税は10割の増徴になり，さらに北支事変特別税（1938年３月公布）により１割増徴（37年度限り）になった。また，支那事変特別税（1938年３月公布）により第１種所得税は22.5％の増徴と超過所得税の１割増徴が決まった[21]。

　一方，法人資本税は1937（昭和12）年度から登場した新税である。これは，「法人企業の発展に伴う資本の集積に，担税力ありと認め」て課税するものであり，①法人の払込資本金および積立金の合計額に税率0.1％を課すが，②所得額および積立金のない法人は免税する，というものであった[22]。なお法人資

20）日本の戦時財政の中での法人所得税の増税と負担については，石田（1975a）も参照。

21）『昭和財政史』第５巻（租税），402-422ページ，参照。

22）『昭和財政史』第５巻（租税），385ページ，参照。なお，第４章でみたように，戦時体制向けの抜本的税制改革案たる馬場税制改革案（1937年）の実現は挫折した

本税の税率は，支那事変特別税によって1939年度より0.12％に増税された。

　②法人税。1940年税制改革によって，従来の第1種所得税と法人資本税は統合されて法人税となった。1940年度の税率は所得額18％，資本金0.15％であり，従来の超過所得税は臨時利得税に統合された。そして，アジア太平洋戦争開始後には個人所得税と同時期に増税が繰り返され，所得額に対する税率は42年度25％，44年度30％，45年度33％に引き上げられ，資本金額に対する税率も44年度0.3％になった[23]。

　法人税における法人所得額の扱いは次のようになった。a：第1種所得税では所得税，臨時利得税を損金扱いで所得控除していたが，法人税では支払い法人税を損金控除しない。b：前1年内の欠損金の繰越控除を認める。c：分類所得税で源泉課税される法人の配当利子所得については，税額分を法人税額から控除する[24]。

　③臨時利得税。臨時利得税は，軍需生産を中心に戦争経済の中で好景気の恩恵を得ている法人・個人の超過利潤に対して，所得税・法人税とは別に課税して，戦時財政に貢献させるべく1935年度より導入されたものである。課税対象とされる超過利潤とは，各法人・個人の1929～31年度3年間の平均利益と比べた超過所得であり，税率は35年度で法人10％（個人8％）であったが，その後，37年度15％（同10％），39年度17.25％（同11.5％）に増税された。さらに39年度では，34～36年度3年間の平均利益に比べた超過所得に対して法人30％，個人20％の臨時利得税が上乗せ課税された。

　1940年税制改革とともに臨時利得税の課税方法も変更された。34～36年度3年間の各法人・個人の平均利益率が基準とされ，法人については25％（資本金1割相当額～基準未満所得），45％（基準以上～資本金3割相当額），65％（資本金3割相当所得額超）の累進税率が，個人には30％（基準利益を超える超過所得）の比

　が，同改革案に含まれていた財産税（法人分）が法人資本税として1937年度より導入されたことになる。

　23）『昭和財政史』第5巻（租税），491ページ以下，参照。

　24）『昭和財政史』第5巻（租税），531-533ページ，参照。

例税率が課された。その後，42年度には法人は35〜75％（4段階）の累進税率に，個人は35％に増税され，45年度には法人の累進税率は40〜80％に引き上げられた[25]。

2）法人所得と法人所得税の動向

　戦争経済の進行とともに法人所得も急増していった。すでに第3章（表3-16）で示したように，会社利益総額は35年度15億円から40年度41億円，44年度71億円へと9年間で4.7倍にも増加していた。とりわけ兵器・軍需生産との関係の深い工業分野の利益額は，35年度7億円，40年度29億円，44年度45億円へと5.8倍に増加しており，その会社利益総額に占めるシェアも30年代後半50％台から40年代には60％台に上昇していた。そして，表5-21は工業会社の分野別利益額・利益率の推移（43〜45年度）をみたものである。工業会社の中でも兵器・軍需生産に最も関係の深いのは金属工業と機械器具工業であるが，両分野の利益額合計は工業会社の50％以上を占めるだけでなく，利益率も20〜26％であり工業会社平均18〜19％を上回っている。例えば，戦時期の代表的な軍需大企業であった三菱重工業（株）の収益状況をみてみよう。表5-22によれば，年間総

表5-21　工業会社（分野別）の利益額（上段）と利益率（下段）

（100万円，％）

年度	工業全体	繊維工業	金属工業	機械器具工業	化学工業	その他
1943	4,003	344	785	1,270	464	1,137
1944	4,500	364	1,061	1,617	447	1,009
1945	2,240	266	452	770	219	530
1943	18.04	19.06	22.81	20.62	16.76	14.21
1944	19.27	17.43	26.33	23.45	17.04	13.03
1945	8.51	11.47	8.52	8.82	7.25	7.67

出所）『主税局統計年報』各年度版より作成。

25）『昭和財政史』第5巻（租税），303-323ページ，377ページ以下，参照。

表5-22　三菱重工業の期別収支損益

（千円）

期　　間	総収入	総支出	損益
1937年 1 ～ 6 月	66,570	61,271	5,299
7 ～12月	79,827	78,857	5,970
1941年 1 ～ 6 月	212,930	196,058	16,872
7 ～12月	290,010	269,108	20,902
1942年 1 ～ 6 月	331,576	306,683	24,893
7 ～12月	464,575	433,354	31,221
1943年 1 ～ 6 月	604,081	561,916	42,165
7 ～12月	699,166	652,563	46,603
1944年 1 ～ 6 月	943,284	900,074	43,210
7 ～12月	1,219,786	1,176,570	43,216
1945年 1 ～ 6 月	1,153,706	1,116,547	37,159

出所）三菱重工業株式会社社史編纂室（1956），683ページより作成。

収入（売上額）は1937年の1464万円から43年 1 億3013万円（8.9倍），44年 2 億1629万円（14.8倍）に急増し，年間収益（利潤）も1937年の1127万円から43年8876万円，44年8642万円（7.7倍）へと増加していた。また，表5-23で同社の資本・収益率をみると，1937年の15％から43年25％，44年21％へと上昇し

表5-23　三菱重工業の資本・収益率

（千円）

年	払込資本金 （A）	年間収益 （B）	B/A （％）
1937	75,000	11,269	15.0
1941	210,000	37,774	18.0
1942	300,000	56,114	18.7
1943	360,000	86,768	24.7
1944	420,000	86,426	20.6

出所）三菱重工業株式会社社史編纂室（1956），676，683ページより作成。

ていたのである。こうした軍需生産に関わる工業会社を中心に戦争経済の中で法人所得は急増していったのである[26]。

　それでは，このような一方での法人所得への増税と，他方での法人所得（会社）の増大の中で，法人所得税はどのように推移したのであろうか。そこで次

---

26) アジア太平洋戦争期の法人所得，法人税，臨時利得税の動向については，『昭和財政史』第 3 巻（歳計），530-532ページも参照。

に，第1種所得税，法人資本税，法人税，臨時利得税（法人分）という広義の
法人所得税額の推移（1935～45年度）を表5-24でみてみよう。同表によれば次
のことがわかる。①法人所得税額の合計は，35年度1.1億円，40年度11.9億円，
44年度38.0億円と，9年間で34倍に激増している。②40年度以前においては第
1種所得税，法人資本税，法人税など正規の法人所得税が過半を占めていた。
③しかし，戦争経済が本格化し，法人所得が急増する41年度以降には，臨時利
得税が法人所得税の過半を占めるようになってきた。これはもちろん，戦争関
連企業での法外な超過利潤（臨時利得）の発生と，一連の臨時利得税の増税に
よるものである。

　さらに税額に占める工業会社の比重も上昇している。表5-25をみてみよう。
同表は戦時期（1940～44年）における工業会社の支払い税額（法人税，臨時利得
税，分類所得税）の推移を示したものである。会社全体の支払い税額に占める
工業会社のシェアは40，41年には50％台であったが，42年以降には64～66％に
上昇している。中でも軍需関連の金属工業・機械器具工業のシェアは37～44％
にも達していたことが分かる。

表5-24　法人所得税額の推移

(100万円)

年度	第1種所得税	法人資本税	法人税	臨時利得税	合計
1935	95	−	−	21	116
1936	127	−	−	38	165
1937	212	9	−	98	314
1938	315	22	−	155	492
1939	378	27	−	293	698
1940	384	22	183	600	1,189
1941	83	4	536	835	1,458
1942	16	1	775	1,228	2,020
1943	11	1	995	1,460	2,467
1944	−	0	1,373	2,429	3,802
1945	−	0	1,330	2,177	3,507

出所）『主税局統計年報』各年度版より作成。

表5-25　工業会社の税金

（100万円）

年末時点	1940	1941	1942	1943	1944
会社総計	708	1,125	1,368	1,545	1,860
工業	394	664	877	1,023	1,216
うち繊維	–	–	–	67	80
金属	–	–	–	185	310
機械器具	–	–	–	387	511
化学	–	–	–	107	92
その他	–	–	–	274	222
工業のシェア	55.6%	59.0%	64.1%	66.2%	65.4%
金属，機械器具のシェア	–	–	–	37.0%	44.1%

注）税金は法人税，臨時利得税，分類所得税。
出所）『主税局統計年報』各年度版より作成。

　最後に，戦時期における法人所得税の納税法人数，所得金額，法人所得税額，負担水準について表5-26によって総括しておこう。同表によれば，①納税法人数は41年度までは6～7万社であったが，戦争経済が本格化する42年度以降には8万社前後に増加している。②1法人当りの納税額も35年度1.8千円から，40年度1.8万円，44年度4.5万円へと著しく増加している。③法人所得金額に対する法人所得税の比率，マクロでみた法人負担率は35年度9.2%から40年度32.2%に上昇し，さらに44年度には50.0%になっている。

　このように，戦争経済に伴う法人所得拡大の中で，法人所得税負担率は一面では確かに急上昇してきた。だがこれをもって単純に，戦時国家による法人所得への課税強化とみなすべきではないであろう。実態はあくまで，戦時経済（軍需）による法外な法人超過利潤の一部を国庫に再吸収しているにすぎない。むしろ戦時期の政府は，戦時生産力の維持・拡大のために軍需・重要物資の生産に関わる法人企業の経営基盤の強化に努めていたのである。つまり，一方で株式配当制限によって企業内部留保を充実させたり，他方では租税特別措置（減税・免税）を使って企業設備拡張や企業の合同整理を促進していたのであ

る[27]。これに関連しては，分配国民所得（法人所得）の構成比推移を表す表5-27

表5-26　法人所得税の納税法人数，所得金額，法人所得税額の推移

年度	納税法人数 (A)	所得金額（百万円）(B)	法人所得税額（百万円）(C)	1法人当り税額（円）C/A	負担率（%）C/B
1935	63,175	1,236	114	1,805	9.2
1936	66,314	1,642	158	2,392	9.6
1937	74,518	2,141	307	4,120	14.3
1938	72,681	2,434	486	6,698	19.9
1939	69,998	2,568	693	9,909	27.0
1940	62,036	3,639	1,173	18,919	32.2
1941	71,368	4,130	1,443	20,205	34.9
1942	76,217	4,881	1,985	26,053	40.6
1943	88,517	5,599	2,407	27,202	42.9
1944	83,604	7,527	3,769	45,092	50.0

注）法人所得税額は，第1種所得税，法人資本税，法人税，臨時利得税の合計額。
出所）『昭和財政史』第5巻（租税），資料18ページより作成。

表5-27　法人所得の構成比

（%）

年	法人所得税	個人配当	法人留保	計	法人所得（百万円）
1935	26.7	45.3	28.0	100.0	1,250
1940	37.8	31.2	31.0	100.0	3,943
1941	37.8	24.5	37.7	100.0	4,720
1942	40.8	21.4	37.8	100.0	5,751
1943	43.4	19.6	37.0	100.0	6,806
1944	49.1	16.1	34.8	100.0	8,569

出所）経済企画庁編（1963），160-163ページより作成。

27）例えば，1942年2月公布の臨時租税措置においては，①会社が留保所得をもって設備を拡張または国債等の購入に充てた場合における法人税軽減の制度を拡張すること，②時局の要請にもとづいて企業が合同整理した場合の法人税（清算所得に対するもの），所得税および登録税の軽減または免税すること，などを規定していた

もみてみよう。法人所得（法人所得税を含む）の構成比において，法人所得税は35年度の26％から44年度には49％に上昇している。しかし，その一方で個人への配当は35年度45％から44年度16％に大幅に縮小しており，結果的に法人留保はアジア太平洋戦争期においても34～37％を確保できているのである。

お わ り に

　日本の戦時財政は所得課税の大増税と所得税収規模の大幅な拡張をもたらした。本章では個人所得税と法人所得税に分けて，その増税経緯，課税所得構造の変化，負担実態について詳しく検討した。最後に本章での結論を簡単にまとめておこう。

　個人所得税については，1930年代（第3種所得税）と1940年代（分類・総合所得税）を通じて大衆課税化と累進的負担の強化が並行して進められた。しかし，戦争経済が本格化するに伴い，資産性所得よりも生産・勤労所得の比重が高まる中で，個人所得税の税収基盤は低中所得層へのシフトをやや強めることになったのである。

　法人所得税については，戦争経済の中で軍需生産など戦争関連企業の法人所得が急増したこと，法人所得税の増徴とくに法人税率引き上げ，臨時利得税の累進的負担の強化などもあって，その税収規模と負担率は1940年代において急上昇していった。しかし，その一方で軍需生産を支える法人企業の経営基盤の強化にも配慮されており，単純な法人課税強化というわけではなかった。

　（『昭和財政史』第5巻（租税），652ページ）。また，戦時期における個別資本の減免税については，石田（1975a）が詳しい。

第6章　日本の戦費調達と国債

は じ め に

　日中戦争・アジア太平洋戦争期での日本の戦争財政の財源の7割強は，国債いわゆる戦時国債によって賄われていた。そして，この戦時国債の約7割は日銀の直接引受（その後，市中売却）という方法で発行されていた。戦時期において国債が円滑に発行・消化されるためには国内での貯蓄増強も不可欠であったが，この貯蓄増強は軍需生産拡大のための産業資金供給や戦時インフレの抑制のためにも必要とされていた。本章ではそうした日本の戦時国債の発行・消化の実態を，政府による貯蓄増強政策や資金動員計画，民間銀行の資金運用とも関わらせて検討することにしよう[1]。本章の構成は以下のとおりである。第1節では，戦時国債発行の概要を説明するとともに，戦時国債増発にあたっての大蔵省の積極的・楽観的な軍事公債論にも注目する。第2節では，戦時期の政府・大蔵省の貯蓄増強政策のねらいと論理を検討し，国民貯蓄増加の実情と実績を確認する。第3節では，戦時国債消化の実際を大蔵省預金部資金，郵便局売出，金融機関に分けて検証する。第4節では，戦時下の国債消化と産業資金供給という課題が銀行とくに都市銀行に集中し，その資金不足対策としての日銀貸出・日銀券増発が戦時インフレに帰結したことを明らかにする。

　1）日中戦争・アジア太平洋戦争期の国債の発行・消化の状況については，大蔵省昭和財政史編集室編（1954）『昭和財政史』第6巻（国債）が正史であり，本章作成でも依拠している。また，同時期の金融統制・金融事情については，同（1957）『昭和財政史』第11巻（金融・下），日本銀行の政策・動向については，日本銀行百年史編纂委員会編（1984）『日本銀行百年史』第4巻，が詳しい。

第1節　戦費調達と国債

1）戦争と国債

　日中戦争からアジア太平洋戦争にいたる戦時期（1937〜45年度）の日本財政は，戦争遂行のための軍事費を中心に激しい経費膨張を遂げていた。そして，そのための財源調達として活用されたのは戦時国債の発行と直接税・間接税の著しい増税であったが，日本の戦争財政の場合にはとりわけ戦時国債発行に依存する度合いが強かった。いま，戦時期日本財政（一般会計と臨時軍事費特別会計）をみると，その歳出純計累計額（37〜45年度）2358億円に対して，同時期の公債・借入金は1727億円，租税収入等571億円であり，戦時歳出の実に73.2％は公債・借入金によって賄われていたのである。第2次世界大戦の主要参戦国での戦時財政の公債収入依存率が，アメリカ59％，イギリス51％，ドイツ51％であったことと比べても，日本の戦争財政での公債依存率の高さは際立っている[2]。

　そこで，戦時期日本の国債発行額の推移を表6-1によって具体的にみてみよう。同表からは次のことがわかる。第1に，戦時期の国債発行額は1368億円であるが，とくにアジア太平洋戦争に突入した1942年度以降に急増している。日中戦争期（1937〜41年度）には毎年度数十億〜百億円規模の国債発行であったが，米英と開戦し中国大陸以外に戦域の拡大したアジア太平洋戦争期（42〜45年度）になると毎年度百億〜数百億円という巨額の国債発行が続くことになる。

　第2に，その国債発行額の大半は直接的な戦争目的・軍事費に利用される軍事公債が占めていた。軍事公債は，毎年度の国債発行額の8割前後をコンスタントに占めており，軍事公債累計額1084億円は国債発行総額の79％になっていた。

　2）本書，第1章，参照。

表6-1　国債新規発行額の推移

(100万円)

年度	総額 (A)	軍事 公債 (B)	歳入 補塡 公債	植民地 事業 公債	内地 事業 公債	B/A (％)
1937	2,230	1,751	355	52	71	78
1938	4,530	3,807	579	88	55	84
1939	5,517	4,371	940	142	64	79
1940	6,885	5,228	1,265	166	65	75
1941	10,191	7,100	2,433	159	119	69
1942	13,719	12,564	308	175	75	91
1943	20,471	17,538	1,866	408	232	86
1944	30,810	23,809	5,870	654	568	77
1945	42,474	32,260	9,011	－	990	76
合計	136,827	108,428	22,627	1,844	2,239	79

注）植民地事業公債とは，朝鮮事業債と台湾事業債，内地事業公債とは，
　　鉄道事業債と通信事業債。
出所）『昭和財政史』第 6 巻（国債），292，389ページより作成。

　第 3 に，戦時期においては直接的な軍事費にみえない一般会計の歳入補塡公
債（226億円）や植民地事業公債（18億円），内地事業公債（22億円）も発行され
ており，これらは国債発行総額の 2 割前後を占めていた。ただ，第 2 章でも指
摘したように，戦時期の一般会計，植民地事業会計，内地事業会計からは，臨
時軍事費特別会計への相当規模の財源繰入がなされており，この財源繰入がな
ければ各会計での公債発行はほとんど必要なかった[3]。このことを考慮に入れ
れば，戦時期日本の国債発行全体が戦費調達に充用されていたとみなせよう。
　このように毎年度増大していく国債新規発行が継続した当然の結果として，
国債残高も急増していった。表6-2をみてみよう。国債残高は日中戦争開戦の
1937年度末に128億円であったが，アジア太平洋戦争開戦後の41年度末には404
億円へと3.5倍に増加し，さらに敗戦直後の45年度末には1408億円へと11.0倍

──────────────────

3 ）本書，第 2 章，参照。

表6-2　国債残高の推移

(100万円)

年度末	総額 (A)	うち 内国債 (B)	うち 外国債	B/A (%)	GNP (億円) (C)	A/C (%)
1930	5,955	4,476	1,479	75.2	138	43.2
1935	9,854	8,522	1,331	86.5	167	59.0
1937	12,817	11,516	1,300	89.8	234	54.8
1938	17,344	16,065	1,279	92.6	268	64.7
1939	22,885	21,628	1,257	94.5	331	69.1
1940	29,847	28,611	1,236	95.9	394	75.8
1941	40,470	39,248	1,221	97.0	449	90.1
1942	55,444	54,222	1,221	97.8	544	101.9
1943	77,555	76,660	894	98.8	638	121.6
1944	107,633	106,744	887	99.2	745	144.5
1945	140,810	139,922	886	99.4	－	－

注) 一般会計と特別会計の国債の合計額。
出所) 大蔵省理財局『国債統計年報』昭和16, 24年版, 経済企画庁編『国民所得白書』昭和38年版より作成。

に増加していたのである。また, 日中戦争・アジア太平洋戦争期の国債はすべて内国債として発行されていたため, 国債残高に占める内国債の比重も30年度末の75％から37年度末90％, 41年度末97％, 45年度末99％へと高まっている。そして, GNP に対する国債残高の比率をみると37年度末の55％から41年度末90％, 44年度末145％へと急上昇している。

さて, 一般に大蔵省 (財務省) は財政収支の均衡やインフレ抑制のため, 公債発行の抑制および公債残高の縮減を重視するものである。ところが平時とは異なり, 異常時たる戦時下においては, 日本の大蔵省も戦争の遂行と勝利の見地から国債増発には極めて積極的であり, また楽観的な見解を示していた。

例えば, アジア太平洋戦争期の中盤にあたる1943年3月に大蔵省総務局長迫水久常[4]は「国家総力戦と財政」と題した講演において, 会社経営での借金に

---

4) 迫水久常は戦時中において大蔵省総務局長 (1942年11月), 内閣参事官 (43年11

よる資産形成と対比して，当時すでに累増していた国債残高（42年度末554億円）も大東亜共栄圏という広い経済基盤形成を考えれば心配ないことを強調して，次のように述べていた。「公債をかう余計出して終ひには値段ゼロになって，只の紙になってしまふのではないか。どうしてこの公債を償還するかといふ点が，議会に於ても質問に出たのであります。それに対する大蔵大臣始め政府委員答弁の要点は，さういふ点においては今後御心配御無用といふ結論でありました。……（中略）……会社が発展の過程に於ては，借金をしてもそれに見合になる資産が出来てをります。資産に見合ふ処の借金といふものは，決して大いに心配すべきものではないのであります。借金で心配になりますのは，要するに資産に見合ふべきものなく，損失を補塡するための借金であります。そこで今日の公債といふものが一体只今申しました会社の資産に見合ふべき借金であるか，損失を補塡して行く借金であるか，この点に就いて考へて見たいのであります。これについて結論を申しますれば，断然それは前者であると答へるのであります。……（中略）……大東亜戦争になりまして，物的に申しますると相当の消耗があります。即ち，戦争は消費なりの定義の方に近い恰好になってゐるのであります。<u>しかし，その代り日本国民経済の基盤が大東亜共栄圏の全域に押拡げられ，尨大な財政支出は多分に興業費的要素を有ってゐるのであります。即ち，累増しつつある公債も，所謂貸借対照表に於て資産に見合ふべき性質の借金であるから，決して心配はない。私はさういふやうに考へてをります</u>。……（中略）……<u>日本の財政は将来日本の国民経済を基盤とする財政でなくなり，大東亜共栄圏の広域経済を基盤とする財政に発展して行くのだと思ふのであります</u>」[5]（下線は引用者）。

月），大蔵省銀行保険局長（44年11月），内閣書記官長（45年4月～8月）に就任している（大蔵省大臣官房調査企画課（1978）『聞書戦時財政金融史』，388ページ，参照）。

5）『東洋経済新報』第2068号，1943年4月17日。なおこの講演は，東洋経済新報社主催「総力戦経済講座」（同年3月15日～20日）の中でなされたものである。

さらに，戦局の悪化している1944年1月でも東条内閣の賀屋興宣大蔵大臣[6]は，衆議院委員会での答弁で，国債増大こそが戦争生産力を高め戦勝の可能性を高めることを強調して，次のように述べていた。「<u>私は国債が増大すればする程戦争に勝つ可能性が多いと思ふ。</u>国債を余計出せないやうな状態，詰り兵器爆弾の調弁が余計出来ないやうな状態は，敗戦の傾向の状態である。国家が敗れまして国債の元利償還といふ問題などは問題にもならない。既に飛んでしまふ問題であります。要するに勝つか負けるかであります。<u>勝つ為には，戦争生産力の増大が必要である。故に多くの公債を出して戦争生産力を増大し得る状況が勝つ為に必要であります。</u>……（中略）……<u>只今は公債が大なるば大なる程償還が確実である。それは経済力の増加である</u>」[7]（下線は引用者）。

戦時国債増発に対する大蔵省当局のこのような発言には，多分にプロパガンダ的要素も含まれているであろう。とはいえ戦時体制下にあって，大蔵省当局・大蔵官僚も戦争遂行のために国債増発に極めて積極的な姿勢を示していたのである。かくして日本財政は，その戦争遂行のために表6-1，表6-2でみたように日中戦争以降に膨大な国債増発を継続することになった。そして，この膨大な戦時国債が，戦時下の日本経済の中でともかくも消化されたのも事実である。そこで次に，戦時国債の発行，引受，消化の状況を確認しておこう。

2）戦時国債の発行，引受，消化

表6-3は，日中戦争の原因ともなった満州事変（1931年9月）以降の新規公債発行方法別の推移（1931〜45年度）を示している。ここにみられるように，こ

6）賀屋興宣は，大蔵省主計局長（1934年），理財局長（1936年）の後に，第1次近衛内閣（37年6月〜38年5月）と東条内閣（41年10月〜44年2月）の大蔵大臣を務めた（『聞書戦時財政金融史』，2ページ参照）。なお，戦時下の経済・財政と賀屋の関係については賀屋（1976）が興味深く，また藤田（1991）（2001）も参照されたい。

7）1944年1月25日，第85回議会衆議院委員会での答弁。『昭和財政史』第6巻（国債），394-395ページ。

表6-3　新規公債発行方法別の推移

（100万円）

年度	発行額 （A）	日銀 引受 （B）	預金部 引受 （C）	郵便局 売出 （D）	シ団 引受	B/A （％）	C/A （％）	D/A （％）
1931	191	－	191	－	－	－	100	－
1932	772	682	67	－	－	88.3	8.7	－
1933	839	753	86	－	－	89.7	10.3	－
1934	830	678	152	－	－	81.7	18.3	－
1935	761	661	100	－	－	86.9	13.1	－
1936	685	565	120	－	－	82.5	17.5	－
（小計）	3,887	3,339	525	－	－	85.9	13.5	－
1937	2,230	1,661	350	118	100	74.5	15.7	5.3
1938	4,530	3,275	780	475	－	72.3	17.2	10.5
1939	5,516	3,519	1,500	496	－	63.8	27.2	9.0
1940	6,884	4,393	1,890	601	－	63.8	27.5	8.7
1941	10,191	7,318	2,150	722	－	71.8	21.1	7.1
（小計）	29,352	20,168	6,670	2,413	100	68.7	22.2	8.2
1942	14,259	10,068	3,050	1,141	－	70.6	21.4	8.0
1943	21,147	13,945	5,900	1,302	－	65.9	27.9	6.2
1944	30,076	19,010	10,400	666	－	63.2	34.6	2.2
1945	33,431	21,359	11,923	149	－	63.9	35.7	0.4
（小計）	98,913	64,382	31,273	3,258	－	65.1	31.6	3.3
合計	128,265	84,550	37,943	5,671	100	65.9	29.6	4.4

注）合計は，1937～45年度の合計。
出所）『昭和財政史』第 6 巻（国債），173，343，470ページより作成。

の期間の新規公債発行額の大半は国内の民間資金引受（市中公募）ではなく，日本銀行の直接引受と大蔵省預金部資金によって引き受けられている。とくに日銀の直接引受は，満州事件費と時局匡救事業（農村不況対策）による歳出拡大に対処するために高橋是清大蔵大臣のイニシアティブの下で1932年度より新たに導入された発行方法である[8]。そして，満州事変後の 5 年間（1932～36年度）

---

8 ）従来の日本国債は市中公募消化が原則であり，日銀引受は市中公募未消化分に対

の新規公債発行額は39億円弱であったが，その発行方法内訳は日銀引受85.9％，預金部引受13.5％であった。

　1937年度以降の戦時国債の発行方法について具体的にみてみよう。日中戦争期（1937～41年度）の新規公債発行額は293億円であるが，その発行方法内訳は日銀引受68.7％，預金部引受22.2％，郵便局売出8.2％であった。また，アジア太平洋戦争期（42～45年度）の新規公債発行額は989億円となり，その発行方法内訳は日銀引受65.1％，預金部引受31.6％，郵便局売出3.3％であった。そして戦時期全体を通じた新規発行額は1282億円で，その内訳は日銀引受65.9％，預金部引受29.6％，郵便局売出4.4％であった。

　さて，戦時国債発行の3割強を占めた預金部引受と郵便局売出は，ある意味で国民貯蓄をベースにした公債消化である。一方，戦時国債発行の7割弱を占めた日銀の直接引受では，公債発行額がそのまま市中における日銀券（紙幣）の増発となり，インフレを加速しかねない。そこで，発行時に日銀が引き受けた戦時国債の大半は，漸次市中に売却し日銀券の回収を図る必要があった。つまり，公債発行→財政支出（軍事支出）の拡大→経済成長・国民所得の増加→金融機関の預貯金増大→金融機関による公債購入→日銀への日銀券の還流，という図式である。

　そして表6-4で国債の日銀引受高と市中への純売却高の推移をみると，売却率は1937～41年度で80％弱，42～44年度で90％前後に達している。つまり，日銀引受発行された戦時国債の大半は市中金融機関に売却されていたことがわかる。さらに表6-5は，各年度の戦時国債の預金部引受と日銀純売却高の合計額（市中消化高）の国債発行額に対する比率を示したものである。これによれば国債の市中消化率は，38～41年度では80～90％，42～44年度で90％に達している。

　して例外的に実施されたにすぎなかった。つまり，当初から全面的に日銀引受が実施されたのは1932年度以降のことである。この時期における国債の日銀引受発行の経緯と評価については，『昭和財政史』第6巻（国債），157-175ページ，『日本銀行百年史』第4巻，19-29ページ，大蔵省財政史室編（1998）『大蔵省史』第2巻，60-67ページを参照されたい。

表6-4　国債の日本銀行引受高と純売却高

(100万円)

年度	日銀 引受高 （A）	日銀 純売却高 （B）	売却率 （％） B/A
1937	1,780	1,095	61.5
1938	3,750	3,287	87.7
1939	4,017	3,247	80.8
1940	4,995	3,803	76.1
1941	8,041	6,723	83.6
1942	11,209	10,614	94.7
1943	15,247	13,851	90.8
1944	20,084	17,484	87.1
1945	7,192	9,268	128.9

注）1937年度は7月以降の，1945年度は4～8月の累計額。
　　日銀の純売却高は民間・官庁（郵便局等）への売却高か
　　ら買入高を控除したもの。
出所）日本銀行統計局（1947）『戦時中金融統計要覧』，
　　9-10ページより作成。

表6-5　国債消化高の推移

(100万円)

年度	国債 発行高 （A）	預金部 引受	日本銀行 純売却高	消化高 （B）	B/A （％）
1937	2,230	350	1,095	1,545	69.2
1938	4,530	780	3,287	4,067	89.7
1939	5,516	1,500	3,247	4,747	86.0
1940	6,884	1,890	3,803	5,693	82.7
1941	10,191	2,150	6,723	8,873	87.0
1942	14,259	3,050	10,614	13,664	95.8
1943	21,147	5,900	13,851	19,751	93.4
1944	30,484	10,400	17,484	27,884	91.4
1945	10,692	3,500	9,268	12,768	119.4

注）1937年度は7月以降の，1945年度は4～8月の累計額。1937年度の
　　消化高には，シンジケート団引受の1億円を含む。
出所）『戦時中金融統計要覧』，9-10ページより作成。

　以上のことから，日本の戦時財政は日銀引受といういわば「禁じ手」も利用しながら，その膨大な戦時国債をともかくも国内市場で発行・消化して，戦費調達を実現していたことがわかる。

　最後に，戦時国債の発行条件についてみておこう。1935年度までに発行されていた国債の大半は，五分利公債および四分利国庫債券（33〜35年度）であり，その利率は5％，4％であった。しかし，その後は政府・日本銀行の低金利政策もあって，1936年度以降に発行された国債は，三分半利国庫債券（37〜47年度），支那事変国庫債券（38〜41年度），大東亜戦争国庫債券（41〜45年度）が大半を占め，その利率は3.5％になっていた。表6-6は国債現在額の推移を示しているが，利率3.5％の主要国債の占める比重は38年度末の55％から45年度末には92％に上昇している。これらの利率3.5％の主要国債（額面100円）は，①歳入補塡公債：償還期限17年3カ月，発行価格98円と，②軍事公債：償還期限11年2カ月，発行価格98円50銭，の2種類が併用され，その平均利回りは3.689％であった[9]。

表6-6　国債現在高の推移

(100万円)

年　　度		1935	1938	1941	1945
総額	(A)	9,854	17,344	40,470	140,809
内国債		8,522	16,065	39,249	139,922
五分利公債		1,868	1,868	1,868	1,822
四分利国庫債券		3,070	3,070	3,070	2,963
三分半利国庫債券	(B)	−	7,097	13,385	52,654
支那事変国庫債券	(B)	−	2,482	16,816	16,816
大東亜戦争国庫債券	(B)			1,570	60,064
外国債		1,331	1,279	1,221	886
B/A（％）		−	55.2	78.5	92.0

　注）内国債は主要国債のみを表示した。
　出所）『国債統計年報』昭和16年度，24年度より作成。

9）『昭和財政史』第6巻（国債），358-359ページ，参照。

第2節　国債消化と貯蓄増強

1）戦時下の貯蓄増強の論理

　日中戦争以降になると日本ではその戦争経済を遂行するために，次の3つの理由から国民貯蓄の増強が強く主張されるようになった。

　第1の理由は，前節でみたような膨大な戦時国債が継続的に発行できるように，その消化資金を確保する必要があったことである。つまり，預金部資金のための郵便貯金や，郵便局売出国債を購入する国民貯蓄だけでなく，民間金融機関が市中で日銀引受国債を購入するための資金源としての預貯金の拡充が不可欠であった。

　第2の理由は，戦時下における軍需生産を中心とした民間企業の生産力拡充資金の確保である。アメリカ，イギリスに比べて基礎的工業生産力・技術力に劣っていた日本では，戦時下にあっても生産力拡充のための企業設備投資や生産資材確保のための産業資金需要が極めて大きかった。そうした産業資金確保のためにも国民貯蓄の増大が求められていた[10]。

　第3の理由は，戦時下の悪性インフレを防ぐためにも，家計所得を消費支出ではなく貯蓄に向かわせる必要があったことである。長期総力戦の戦争経済の下では，軍需生産（財政支出）拡大による国民所得の名目的成長が起きるものの，国民生活向けの消費財生産は抑制・縮小されていた。増大した家計所得が，供給水準の低下した消費財市場に殺到すればインフレは不可避になってしまう。そこで政府は，一方で主要消費財の公定価格制度や配給制度（消費の強制的抑制）を導入しつつ，他方では家計貯蓄の政策的・意図的な増強を図ること

10）第2次世界大戦期の国民総支出の構成比をみると，アメリカ，イギリス，ドイツでは政府支出（軍事支出）のシェアが増加して民間投資のシェアは低下していた。ところが日本では，政府支出，民間投資のシェアはともに伸びており，その分だけ国民消費支出のシェア低下も顕著であった。詳しくは，本書，第3章を参照されたい。

によって，インフレを抑制しようとしたのである。

　なお戦時下の政府による国民貯蓄増強の推進には，すでに第3章でも説明したように，第1段階（1938〜41年度）と第2段階（42〜45年度）がある。第1段階では国民貯蓄奨励運動（後述）の下で国家資金動員計画（39，40年度）と国家資金綜合計画（41年度）が作成され，そこでは単純に公債資金と生産力拡充資金の合計額が国民貯蓄目標額とされていた。一方，第2段階では財政金融基本方策要綱（1941年7月，閣議決定）の下で国家資金綜合計画（42年度）と国家資金動員計画（43〜45年度）が作成されるが，そこでは毎年度の国家資力（および国民所得）の算定に基づき国民所得の配分計画（財政，産業，国民消費）と関連させて，国民貯蓄［＝国民所得－（租税負担＋消費支出）］が公債消化資金と産業資金を賄うようにその目標額を設定するようになっていた（表6-7参照）。

　そこでここでは，戦時下にあって2度も（1937年6月〜38年5月，41年10月〜44年2月）大蔵大臣を務めた前出の賀屋興宣のいくつかの発言からその貯蓄増強の論理を確認しておこう。まず，日中戦争開戦から2カ月経った1937年11月の「銃後の財政と国民の協力」と題した講演では賀屋は次のように述べていた。

表6-7　国家資金動員計画

（億円）

年　　度	1942	1943		1944		1945
		計画	実績	計画	実績	
国家資力総額	615	657	796	834	1,079	1,189
財政資金	250	324	349	412	451	628
（うち国債収入）	(139)	(192)	(206)	(255)	(295)	(459)
産業資金	124	129	195	161	352	254
（うち借入金増加）	(47)	(44)	(90)	(57)	(236)	(149)
（うち社債増加）	(14)	(15)	(18)	(18)	(20)	(21)
国民消費資金	231	197	249	214	244	240
国民貯蓄動員	221	295	327	417	475	700

　注）1945年度は見込。
　出所）統計研究会（1951）『戦時および戦後のわが国資金計画の構造』より作成。

「既に戦費二五億の中，増税に依るもの一億，残額二十四億は之を公債に俟つ
のであります。……中略……大体に於て戦費の支弁は公債に依ると云ふことに
相成るのでありまするが，此公債が日本銀行引受に依って発行せられ，而も是
が何等売れ行かず，詰り不消化の状態に相成りますれば，それは世人の憂慮す
る所謂悪性インフレーションの徴候を現はすものであります。随て此公債の消
化，詰りが民間に売れ行く，或は政府が公募しました場合には民間が其募集に
応ずると云ふことが極めて大切であるのでありまするが，是はどうしても其財
源は国民の貯蓄に俟たなければならぬ。銀行や其他の金融機関が買入れまする
場合に致しましても，それは貯蓄を基礎とするのであります。預金は取も直さ
ず国民の貯蓄でありまするから，結局は国民の貯蓄に俟たなければならぬ。随
て此際所謂貯蓄の奨励，各人は挙って貯蓄に努めると云ふことが必要となって
来るのでありまして，<u>是は貯蓄と云ふことが個人の為に其富を増殖する基礎と
なるのみならず，此際として国家の為に，戦争の為に，戦争に勝つ為に是非必
要になって来るのである。之に依って所謂戦費の公債も消化出来れば，又必要
なる産業資金も出来て来るのであります。</u>而して貯蓄の本は消費の節約であり
ます。……中略……国民の貯蓄が十分に行はれて公債の消化が出来るやうな事
態に相成りますれば，悪性インフレーションの如き心配は毫もないのでありま
す」[11]（下線は引用者）。つまり，ここでは，戦時下の国民貯蓄（消費の抑制）が，
公債消化，産業資金供給，悪性インフレの防止のために不可欠であるだけでな
く，「国家の為」，「戦争の為」，「戦争に勝つ為」に必要になっていることが強
調されている。

　さらに，賀屋はアジア太平洋戦争開戦 1 カ月後の1942年 1 月21日の財政演説
（第79回帝国議会）においては次のように述べていた。「我ガ国ガ大東亜ノ天地
ニ大規模ナル戦争ヲ継続シマスコト茲ニ四年有半，而モ我ガ国防経済力ハ年ト
共ニ著シキ増強ヲ示シテ居リ，加フルニ南方諸地域ノ豊富ナル資源ノ開発利用

11）大毎主催講演会（1937年11月11日）での講演。『昭和財政史』第 6 巻（国債），
　　601-602ページ。

ヲ全ウ致シマスルニ於テハ，我ガ経済界ノ前途ハ真ニ希望ニ溢ルル所ガアルノ
デアリマスガ，併シナガラ此ノ資源ヲ開発致シ，之ヲ基礎トシテ我ガ国防経済
力ノ一層ノ増強ヲ図ル為ニハ今後莫大ナル資材，労力，技術及ビ輸送力ヲ必要
トスルノデアリマス，是等ノ生産力拡充ニ要スル資金ト，一面今後益々激増ス
ル戦費トハ頗ル巨額ニ達スルノデアリマス，而シテ他面莫大ナル戦費ノ散布ニ
依リマスル民間資金ノ横溢ヲ回収シテ，之ヲ国民経済ノ運航ヲ確保シマスコト
ガ，益々緊要ノ度ヲ加ヘテ参ツテ居ルノデアリマス，是ガ資金ノ回収蓄積ニ遺
憾ナカラシムル為ニハ，其ノ大部ヲ国民貯蓄ノ増強ニ俟ツノ外ハナイノデアリ
マス，何卒全国民ハ各々其ノ分ニ応ジタル納税ニ依リ，国家ノ必要トスル戦費
等ノ調達ニ貢献セラレルト共ニ，<u>尚ホ現在ニ幾層倍スル努力ヲ以テ勤労ニ励
ミ，消費生活ヲ切リ下ゲ，其ノ剰余ハ挙ゲテ之ヲ貯蓄ニ振向ケルコトガ絶対ニ
必要デアリマス，此ノ国民貯蓄ニ依ツテコソ戦費ノ調達，生産力拡充，資金ノ
供給ガ初メテ可能トナリマスルノミナラズ，同時ニ国民貯蓄ガ順調ニ増加シツ
ツアル事実ガ，即チ戦時財政経済政策ノ円滑ナル運営ト，其ノ綜合的成果トヲ
反映スル指針ニ外ナラナイト思フノデアリマス</u>」[12]（下線は引用者）。すなわち，
ここでも，「戦費の調達」，「生産力拡充」，「戦費散布による民間資金横溢の回
収」のために，戦時下の国民に対して納税，勤労を求めるだけでなく，「消費
生活の切り下げ」と，それによる余剰の「貯蓄への振向け」がことさらに強調
されていたのである。

　さらに，1942年度以降には国家資力を算定し国家資金動員計画が作成される
ことになるが，それを前提にした1943年度予算案の財政演説（1943年1月，第81
回帝国議会）では，賀屋は戦争経済の下での国家資金の増加と配分方法のあり
方を次のように述べている。「国内ニ於ケル戦時経済政策ノ要点ハ……中略
……資金的ニ之ヲ見マスルナラバ，国家資金ノ増加ヲ図リマスルト共ニ，其ノ
配分ヲ物的戦力ノ増強ノ要請ニ適合セシムルコトデモアリマス，元来国家資金
ハ生産ニ依ツテ発生スルモノデアリマスルガ故ニ，国家資金ノ増加ヲ図リマス

12）大蔵省印刷局（1972）『大蔵大臣財政演説集』，468ページ。

ルコトハ，即チ生産ノ増加ヲ図ルコトデアリマス，而シテ戦争以前ノ経済ニ於
キマシテハ，生産ノ大部分ガ消費物資ヲ対象ト致シテ居リマシタガ故ニ，国家
資金ハ主トシテ国民消費ニ向ケラレマシテモ宜シカツタノデアリマスガ，戦争
経済下ニアリマシテハ，生産ガ戦争物資ノ生産ニ転換致シマスル結果，国家資
金ハ其ノ大部分ヲ戦争物資ノ購買ノ為ニ振向ケルヤウニ致サナケレバ，ソコニ
物資ト資金トノ均衡ヲ失ヒマシテ，是ガ戦時悪性「インフレーション」ノ原因
ト相成ルノデアリマス，資金ノ蓄積及ビ配分ノ計画ハ，此ノ見地ニ依リマシ
テ，資金ヲ戦争遂行ト戦争生産増強ノ為メ，必要ナル使途ニ還元セシムコトヲ
目標トシテ策定セラルベキデアリマシテ，是ガ実現ノ最モ重要ナル方途ハ国民
貯蓄ノ増強ニアルノデアリマス」13)（下線は引用者）。

　つまり，戦争経済の下では，戦争物資生産によって拡大した国家資金は，戦
時インフレを防ぐために再び戦争物資購買に振向ける必要があり，そのために
も国民貯蓄増強が不可欠である，というのである。そして，その国民貯蓄増強
については次のように強調する。「国民貯蓄増強ノ要諦ハ，国民所得ノ増加ト
国民消費ノ節約トデアリマス，国民所得ノ増加ハ，即チ国民勤労ノ強化デアリ
マス，国民消費ノ節約ハ，即チ国民生活ノ徹底セル戦時化ニ依ツテ初メテ之ヲ
ナシ遂ゲ得ルノデアリマス，ソレハ結局従来国民ノ消費生活ニ充テラレマシタ
物資，労力，資金等ヲ能フ限リ戦力増強ノ為ニ転換集中スルコトニ外ナラナイ
ノデアリマス，……中略……私ハ戦時ニ於ケル国民生活ノ本質ハ，国民ガ其ノ
私生活及ビ職域奉公ノ生活ヲ通ジテ，其ノ一切ヲ国家目的ニ合一シ，貢献スル
所ニアルト考フルノデアリマス，即チ此ノ場合国民ノ消費生活ハ必然的ニ緊縮
セラレ，国家目的達成ノ為ニ，一切ノ安逸ト浪費トハ之ヲ棄テ去ラナケレバ
ナリマセヌ，卑近ニ申シマスナラバ，斯クノ如キハ生活ノ切下ゲトデモ申スノ
デアリマセウ，併シナガラ皇国国民精神ノ真髄ニ徹底致シマスルナラバ，乏シ
キニ堪エ，質素簡素ナル生活ニ安住致シマシテ，而モ溌剌タル意気ヲ以テ勇躍
国難ヲ突破シ，国運ノ興隆ニ挺身致シマスルコトコソ，神ナガラ彌栄エ行ク我

13)『大蔵大臣財政演説集』，487-488ページ。

ガ国民生活ノ眞ノ姿デアルト思フノデアリマス」[14]（下線は引用者）。

　すなわち，ここでは，①国民貯蓄増強は国民所得増加（勤労の強化）と国民消費の節約（生活の戦時化）であること，②戦時下の国民生活はその勤労・生活の一切を国家目的に合一すること，③戦時下の消費節約による生活切下げも「皇国国民精神の真髄」に徹底すれば克服できる，など国家主義的・精神主義的な貯蓄増強論になっているのである。

2）貯蓄奨励の実践と成果

　さて，政府・大蔵省はこうした貯蓄増強を実現するために，1938年4月に貯蓄政策の中心機関として国民貯蓄奨励局（大蔵省外局）を設置し，戦時期を通じて国民貯蓄奨励運動を展開する[15]。政府・大蔵省は政府広報，新聞，雑誌等を通じて戦時化の国民貯蓄の必要性を繰り返し訴えていたが[16]，具体的・実践的な貯蓄推進のために以下のような様々な取り組みを行っていた。

　第1に，国民貯蓄の具体的実行方策の中心になったのは，全国における貯蓄組合の設立であった。全国の官公署職域，銀行・会社・工場の事業所，商工業者団体，青年団等の各種団体，市町村の町内会・部落会等の各地域での貯蓄組合設立が奨励された。とくに従業員20人以上の事業所・工場と，官公署（学校を含む）では必ず設置するものとされた。国民はこの貯蓄組合を通じて，半ば強制的な貯蓄・国債購入を求められることになったのである。なお貯蓄組合の規模は，1941年3月現在で全国に53.1万の組合，3631万人の組合員，20億円の貯蓄額になっていた[17]。

14）『大蔵大臣財政演説集』，489ページ。

15）『昭和財政史』第6巻（国債），335ページ，同第11巻（金融・下），174ページ，『大蔵省史』第2巻，211-215ページ，参照。

16）例えば，大蔵省国民貯蓄奨励局「銃後の国民貯蓄」内閣情報局編『週報』第81号，1938年5月4日，「週報」編集部「230億円への貯蓄戦」『週報』第322号，1942年12月9日等を参照せよ。

17）貯蓄組合の制度に関して詳しくは，『昭和財政史』第11巻（金融・下），172-202ページ，参照。

　第2に，政府は大衆の射幸心も利用して富くじ的要素のある少額債券である貯蓄債券（1938年〜）と報国債券（1940年〜）という戦時債券も売り出した。同債券は，日本勧業銀行によって販売され，その販売収入の全額は大蔵省預金部資金に預け入れられて，預金部による国債引受の資金として活用された（後掲，表6-12，参照）。つまり，これらは民間零細資金を吸収してインフレの顕在化を防ぎ，国債消化を促進しようとする少額債券であった[18]。

　第3に，政府は国債の個人消化を促進するために1937年11月より国債（少額国債）の郵便局売出を開始した。額面額は当初は25円券，50円券，100円券，500円券の4種類であったが，1938年以降には1,000円券，10円券も加わった。こうした少額国債の購入は当初は個人の任意性もあったが，1941，42年以降になると大蔵省による国債消化計画の下で，大蔵省→道府県→市町村→官庁会社・隣組への消化割り当てがなされ，国民にとっては事実上の強制購入になっていった[19]。

　第4に，政府は1943年6月に国民貯蓄増強と国債消化資金確保という一石二鳥の方策として，新たに国債貯金制度を導入した。これは国債購入以外に払い出しを認めない貯金制度であり，銀行，市街地信用組合，産業組合，郵便局等の政府指定の金融機関が扱った。貯金額は1口1円以上として大衆への窓口を広くし，7,000円を限度とした。この国債貯金制度が導入された背景には，郵便局売出の少額国債が増加した結果，証券の発行・管理など国債事務負担の膨張が問題になったことがある。1943年度以降になると政府は前述の貯蓄債券・報国債券など戦時債券の発行よりも，この国債貯金制度を優先するようになっ

---

18)　『昭和財政史』第6巻（国債），344-345ページ，『昭和財政史』第12巻（大蔵省預金部・政府出資），377-379ページ，参照。なお，貯蓄債券の額面は15円券と10円券の2種類で，それぞれ10円と7.5円で売り出す割引債券であり，また割増金は売出価格の150〜300倍であった。一方，報国債券は額面10円と5円の2種類であり，その割増金は売出価格の1,000倍程度になり，大衆の射幸心を一層利用するものになっていた（『昭和財政史』第12巻（大蔵省預金部・政府出資），378-379ページ，参照）。

19)　『昭和財政史』第6巻（国債），350-359ページ，『日本銀行百年史』第4巻，244-251ページ，参照。

ていた[20]。

このような政府・大蔵省の上からの国民貯蓄増強の宣伝と，国民の職域・地域に関連した各種組織を利用した貯蓄強制，さらには戦時下の名目 GNP の急上昇（表6-2，参照）もあって，戦時下の日本国内での貯蓄額は急速に増加していった。表6-8は1938〜45年度における国民貯蓄の目標額（国債消化資金＋産業資金）と貯蓄実績額の推移を示している。貯蓄実績額は1938年度の73億円から持続的な増加傾向にあるが，とくに42年度以降になると急速に増加しており44年度には485億円，45年度には674億円に達している。そして各年度とも貯蓄目標額をほぼ達成していることがわかる。

さらに，表6-9は国民貯蓄実績額の内訳を示している。これによれば次のことがわかる。①貯蓄額の中では銀行預貯金のシェアが最大であり，戦時期を通じてほぼ40％前後を占めていた。②預金部資金の主要財源たる郵便貯金のシェ

表6-8　国民貯蓄の目標額と実績

（100万円）

年度	貯蓄目標額				貯蓄実績額
	国債消化資金	産業資金	その他	計	
1938	5,000	3,000	0	8,000	7,333
1939	6,000	4,000	0	10,000	10,202
1940	6,000	4,000	2,000	12,000	12,817
1941	11,000	6,000	0	17,000	16,020
1942	17,000	6,000	0	23,000	23,457
1943	21,000	6,000	0	27,000	30,988
1944	33,500	6,000	1,500	41,000	48,489
1945	47,000	13,000	0	60,000	67,392

出所）『戦時中金融統計要覧』，151-152ページより作成。

20）大蔵省貯蓄奨励局の資料によれば，1943年度の国債貯金目標額の7.7億円に対して，戦時債券消化目標額は5.2億円であった（『昭和財政史』第6巻（国債），464ページ，参照）。

表6-9　国民貯蓄の実績と内訳

(100万円，％)

年度	貯蓄合計 (A)	銀行預貯金 (B)	郵便貯金 (C)	信用組合貯金 (D)	直接証券投資 (E)	B/A	C/A	D/A	E/A
1938	7,333	3,062	815	414	2,151	41.8	11.1	5.6	29.3
1939	10,202	4,908	1,384	963	1,788	48.1	13.6	9.4	17.5
1940	12,817	4,981	1,715	1,259	3,164	38.9	13.4	9.8	24.7
1941	16,020	6,126	2,052	1,507	4,033	38.2	12.8	9.4	25.2
1942	23,457	9,213	3,352	2,306	5,722	39.3	14.3	9.8	24.4
1943	30,988	11,009	5,876	4,452	5,899	35.5	19.0	14.4	19.0
1944	48,489	19,710	11,091	7,979	4,769	40.6	22.9	16.5	9.8
1945	67,392	24,582	12,271	17,423	1,866	36.5	18.2	25.9	2.7
1945*	33,340	17,666	6,678	4,625	4,102	53.0	20.0	13.9	12.3

注）1945年度* は第1，第2四半期のみの数値。貯蓄合計には，簡保積立金，郵便貯金積立金，保険会社準備金，無尽会社資金も含む。
出所）『戦時中金融統計要覧』，151-152ページより作成。

アは戦時期前半（38～42年度）には11～14％であったが，43年度以降には18～23％に上昇している。③市街地信用組合や産業組合（43年8月以降，農業会）などの信用組合貯金のシェアも，戦時期前半の5～9％から戦時期後半は14～26％へと急速に上昇している。④直接証券投資は43年度までは17～29％のシェアがあったが，戦争末期の44年度，45年度には急速に低下して1ケタ台になっている。これらの預貯金額の動向・シェアと戦争経済は密接に関連していることは言うまでもないが，ここではその詳細を検討することはできない[21]。いずれにせよ日本はその戦争経済を遂行する中で，官民の貯蓄奨励運動を展開して，ともかくも国民貯蓄を大幅に増強させたことは確認できよう[22]。

---

21) 例えば，戦争末期における産業組合の資金量増大は，米穀の国家管理に伴って，農家の売上代金の大半が同組合を経由することになったことの影響が大きかった（『日本銀行百年史』第4巻，347ページ，参照）。
22) ただ，この国民貯蓄の評価に関しては，①貯蓄実績額が各金融機関によって過大に計上されている可能性もあること，②戦時インフレの中では貯蓄目標額の達成

　ところで，戦時下の実際の個別世帯での貯蓄行動はどのようなものであった
のであろうか。ここでは日本銀行調査局（1944）「戦時下家計調査ニ於ケル若
干ノ問題ニ付テ」に依拠して，簡単にみておこう[23]。表6-10は当時の国民大衆
からみてほぼ平均的な所得水準（月収100〜140円）の給料生活者世帯と労働者世
帯の1939〜42年度における消費性向，貯蓄率，公租公課負担率を示している。
これによると，①消費性向は80％前後であったこと，②貯蓄率は17〜20％であ
り，労働者世帯の方がやや高いこと，③公租公課負担率は0％台で低かった
が，戦時増税（1940年税制改革）の結果，1％台に上昇したこと，がわかる。ま
た，表6-11は，前表と同程度の所得水準（月収100〜150円）にある官公吏世帯と
労働者（機械器具工業）世帯の1941年10月中における貯蓄平均額とその中身を

表6-10　給料生活者世帯と労働者世帯の家計状況

(%)

年度	給料生活者世帯 （月収100〜140円）			労働者世帯 （月収100〜140円）		
	消費 性向	貯蓄率	公租 公課 負担率	消費 性向	貯蓄率	公租 公課 負担率
1939	82.2	17.6	0.2	79.0	20.8	0.2
1940	82.5	17.2	0.3	82.0	17.7	0.3
1941	81.9	17.5	0.6	81.6	17.9	0.5
1942	84.0	14.9	1.1	79.6	19.3	1.1

　　注）所得額（月収）に対する比率。1942年度は月収120〜140円の世帯。
　　出所）日本銀行調査局（1944）より作成。

　そのものには大きな意義はなくなっていること，という点にも十分留意する必要が
ある（『昭和財政史』第11巻（金融・下），230-231ページ，参照）。
23）日本銀行調査局（1944）は表題が示すように内閣統計局「家計調査報告」の内容
　について論評している。同調査は1931年度〜41年度に毎年度実施されて統計資料と
　して公表されている。1942年度（41年10月〜42年9月）は「戦時下家計調査」とし
　て新形式で実施されたものの未公表である。日本銀行調査局（1944）はこの「戦時
　下家計調査」の原表を利用している。

表6-11　1941年10月中の世帯貯蓄額

(円)

		官公吏世帯	労働者世帯
国債債券	(B)		
勤務先より受入		0	3.00
購入その他		7.50	4.86
規約（半強制）貯金	(B)		
郵便貯金		8.29	8.60
銀行その他		5.34	7.67
任意貯金			
郵便貯金		10.60	13.55
銀行その他		7.00	5.95
養老保険・郵便年金		10.91	6.12
その他の貯蓄		3.48	5.59
合計	(A)	53.12	55.34
B/A		39.8%	43.6%

注）労働者は機械器具工業労働者。世帯所得（月収）
　　は100〜150円。貯蓄額は貯蓄世帯の平均額。
出所）日本銀行調査局（1944）より作成。

示したものである。官公吏世帯で53円，労働者世帯で55円になる。そして貯蓄額に占める国債と規約（半強制）貯金の合計比率はそれぞれ40％，44％に達していた。世帯家計数値が判明しているのは1942年度までである。しかし，国民貯蓄額が急増した1943年度以降には世帯の家計貯蓄率や，貯蓄に占める強制的貯蓄の比率がさらに上昇していくことは十分に想像できよう。

第3節　国債消化の実際

1）預金部資金，郵便局売出による国債消化

前節でみたように，戦時期においては貯蓄増強のスローガンの下で銀行，信用組合，郵便局等を通じた国民の預貯金は急増していった。それではこのような預貯金資金は，どのような形で戦時国債消化に活用されていたのであろう

か。本節ではこの国債消化の実際を，政府機関（預金部資金，郵便局売出）と民間金融機関について順にみていこう。

　まず表6-12は，大蔵省預金部資金（原資）の推移を示している。同表によれば，①預金部資金は1937年度の56億円から40年度115億円（2.0倍），45年度657億円（11.7倍）へと膨張していること，②預金部資金に占める郵便貯金の比重は戦時期を通じて70％前後を占め，預金部資金の大半を担っていたこと，③貯蓄債券，報国債券という戦時債券は42，43年度には資金総額の8～9％を占めるほどであったが，44年度以降には資金額の伸びが止まり，シェアも4～5％に低下していたこと[24]，がわかる。

表6-12　預金部資金の推移

(100万円)

年度	資金総額 (A)	郵便貯金 (B)	貯蓄債券収入金預金	報国債券収入金預金	B/A (%)
1937	5,628	3,803	94	－	67.6
1938	6,550	4,621	173	－	70.5
1939	8,653	6,004	328	－	69.4
1940	11,545	7,726	693	210	66.9
1941	14,267	9,698	1,053	384	68.0
1942	18,125	13,291	1,094	608	73.3
1943	27,941	19,176	1,556	729	68.6
1944	43,708	30,422	1,709	697	69.6
1945	65,758	53,710	1,771	670	81.7

注）資金総額には，その他収入を含む。1937～41年度の貯蓄債券収入金預金には，復興貯蓄債券収入預金も含む。
出所）『昭和財政史』第12巻（預金部資金・政府出資），378，452-453ページより作成。

24）資金源としての戦時債券が1944年度以降に停滞した要因としては，前述のように44年度以降になると政府は，国債貯金制度を優先したこともあるが，戦争末期になってインフレの進行，空襲，疎開等による生活不安の増大によって，国民大衆が債券を購入する余裕がなくなったことが大きい（『昭和財政史』第12巻（預金部資金・政府出資），454-455ページ，参照）。

このように預金部資金は郵便貯金を中心にその資金総額を増加させていったが，資金運用の実態はどのようになっていたのであろうか。表6-13は預金部資金の運用目的別の推移を示している。この表によれば，①運用目的での国債は1937年度の28億円から44年度324億円（11.6倍），45年度455億円（16.3倍）へと急増していること，②運用額での国債シェアも37年度の50％，39, 40年度の60％台から，41年度以降には70％台に上昇していること，③逆に，地方債など地方資金向けのシェアは37年度の37％から45年度には5％前後へと急減していること，がわかる。かくして，預金部資金は戦時下の貯蓄増強運動の下で，郵便貯金や戦時債券の形で掻き集めた大衆零細資金を，ほとんど国債消化に充当していた。その意味では，戦時下の大蔵省預金部は戦時国債の消化機関に転化していたのである。その結果，すでに第1節（表6-3）で確認したように，戦時国債発行総額1282億円のうち，預金部引受がその約30％を占めるほどになったのである。

次に，郵便局売出の国債についてみてみよう。先述のように，政府は国民貯蓄の一手段として，また国債の個人消化促進のために1937年11月より国債（少

表6-13　預金部資金の運用目的別の推移

（100万円）

年度	運用額 （A）	国債証券 （B）	地方資金 （C）	B/A （％）	C/A （％）
1937	5,492	2,796	2,050	50.9	37.3
1938	6,392	3,686	1,990	57.7	31.1
1939	8,487	5,437	2,125	64.1	25.0
1940	11,326	7,412	2,238	65.4	19.8
1941	13,966	9,743	2,397	69.8	17.2
1942	18,125	12,865	2,429	71.0	13.4
1943	27,941	20,266	2,075	72.5	7.4
1944	43,708	32,405	2,393	74.1	5.5
1945	65,758	45,481	3,220	69.2	4.9

注）運用額にはその他の運用目的も含む。
出所）『昭和財政史』第12巻（預金部資金・政府出資），386-387，462-463ページより作成。

額国債）の郵便局売出を開始した。戦時期を通じての国債の郵便局売出総額は56.7億円に達し，それは新規国債発行額の4.4％を占めるものであった（表6-3）。国民の国債購入に関しては，職域・地域（隣組）を通じての消化割り当てなど強制的側面は強かった。しかし，その一方で政府が，戦時下の国民に対して一般的な貯蓄奨励ではなく，国債の直接的購入を訴えるにあたっては，その独自の必要性やメリットを強調していたことも興味深い。例えば，内閣情報局発行の国民向け広報誌『週報』第56号（1937年11月10日）において，大蔵省理財局は「国債の郵便局売出し」という表題で次の3点を訴えていた[25]。

　第1は，「国債でせめて銃後の御奉公」という見出しで次のように言う。「敵陣を壊滅せしむる所の爆弾や砲弾の一つ一つは，国債の一枚々々の結晶であると云っても過言ではあるまい。吾々銃後の国民は，此の戦費の調達に遺憾なからしめ，武器弾薬食糧等を充分に出征将士に供給し，以て銃後の備へを全うしなければならないのである。……中略……今回此の支那事変の国債の一部が郵便局から売出されることになったのであって，之に依り老若男女を問はず，誰でも手軽に此の国債を買ふことが出来るのであるから，戦線に立たない者は，此の国債を買って，せめて銃後の御奉公を致すべきである。銃を持つのも国債を持つのも同じく国の為である。吾吾国民たるものは，分に応じて一枚でも多く国債を買って，御奉公を致さうではないか。」

　第2は，「国債は手軽に局の窓口で」という見出しで，国債の民衆化を図ることと，応分の買入が国民の義務であることを強調する。「国債の郵便局売出しは，此の国債民衆化の一方法として計画されたものであって，今回の支那事変の国債の売出しを手始めに今後時々之を実行する予定である。……中略……之を国民が挙って買入れることは，即ち事変に対する挙国一致の実を挙げる所以であり，銃後の護りを固める所以であるから，此の際としては，此の国債の応分の買入は，国民の責務であるとさへ言ひ得るのではないかと考へられるのである。」

---

25)『週報』第56号，1937年11月10日。

第3は，「国債は買って確実有利な貯蓄」という見出しの下で，貯蓄としての国債購入の有利性も強調している。当時，非課税の郵便貯金，銀行貯蓄預金の利率はそれぞれ2.76％，3.3％であり，課税される銀行定期預金の利率（および課税後利回り）は甲種3.3％（2.90％），乙種3.5％（3.08％）であった。一方，郵便局売出国債は利率3.5％，単純利回り3.68％であり，税引き後の利回りは3.47％であると，前三者に比べての有利性も強調されている。

その上で，「国債は貯蓄だ利殖だ奉公だ」というスローガンを示して，郵便局売出国債の購入を国民に訴えていたのである。

表6-14　郵便局売出国債の売却実績

(100万円)

年度	配付高 (A)	売却高 (B)	B/A (％)
1937	119	119	100.0
1938	479	472	98.5
1939	526	492	93.6
1940	670	587	87.5
1941	786	698	88.8
1942	1,433	1,211	84.5
1943	1,307	1,202	92.0
1944	672	582	86.6
1945	170	58	34.1
計	6,172	5,430	88.0

注）1937年度は11月～3月，45年度は4～12月。原資料の関係で各年度係数の合計と計は一致しない。本表に計上されていない郵便局売出国債もある。

出所）『日本銀行百年史』第4巻，247ページ。

さて，実際の郵便局売出国債の売却実績は表6-14に示すような状況であった。日中戦争当初（1937年度，38年度）の売却率は100％近かったが，その後は90％弱へとやや低下していることがわかる。それでも戦時期全体で郵便局配付高の88％は売却されており，郵便局売出が国債の個人消化を通じて戦時国債消化の重要な一翼を担っていたのはまちがいない。

2）金融機関の国債消化

第1節でみたように，戦時国債発行総額の約7割は日本銀行の直接引受によるものであったが，各年度の日銀引受国債の8～9割は市中金融機関に売却されていた（表6-3，表6-4，参照）。つまり金融機関は継続的に大量の戦時国債を購入していたわけであるが，それは経営上の自由な資金運用というよりも，政府の資金統制計画および国債消化計画に基づいた統制的な資金運用という側面

が強いものであった。これについて簡単に説明しよう。

　第1に，1940年度までつまり日中戦争期における国債消化については，毎年度の政府の資金統制計画および国債消化計画の中で，金融機関の各業態別に国債消化目標額が掲げられていた。ただ，これはあくまで自主的な努力目標であった。表6-15によれば，1940年度の国債消化額55.1億円のうち金融機関は27.4億円（うち銀行22.5億円）を消化目標額とされていた。

　第2に，1941年度以降になると資金統制計画の中で各業態別に国債消化目標額が示されるだけでなく，蓄積資金（資金増加額）の国債投資に向けられるべき比率も各業態別に明示されるようになった。つまり，41年度計画では，国債消化額85.0億円のうち金融機関の消化目標額が48.2億円（うち銀行36.4億円）と

表6-15　1940年度・41年度国債消化計画

(100万円)

	1940年度計画（閣議決定額）	1941年度計画	
		閣議決定額	貯蓄額に対する比率（％）
金融機関	2,744	4,822	45.2
銀行	2,250	3,642	50.0
信託会社	30	58	14.5
無尽会社	4	20	10.0
保険会社	260	600	50.0
産業組合関係	200	500	33.3
その他金融機関	–	2	50.0
官庁	1,936	2,406	
預金部	1,800	2,200	
簡保郵便年金	124	173	
その他官庁	12	33	
国民直接保有	700	972	
会社	100	300	
個人	600	672	
外地・海外	130	300	
計	5,510	8,500	

出所）『日本銀行百年史』第4巻，253ページ。

されただけでなく，貯蓄額に対する国債消化目標率（金融機関45.2％，銀行50.0％，保険会社50.0％，等）まで設定されるようになったのである[26]（表6-15，参照）。

　第 3 に，金融機関に対する金融統制機構も整備されるようになった。1940年7 月に第二次近衛内閣が成立し「新体制」の樹立が言われるようになったことも背景に，同年 9 月に日本銀行と金融業者団体によって全国金融協議会が発足し，国債消化に関する申し合わせ等が決定された。ただこの段階では自治的な金融統制機関であった。ところが同協議会は1942年 5 月には全国金融統制会へと発展的に解消された。全国金融統制会は日本銀行総裁を会長に，普通銀行統制会（三井，三菱など13銀行），地方銀行統制会（159銀行），貯蓄銀行統制会（69銀行），生命保険統制会（26社）など各業種別統制会を構成員とするが，そこでは資金計画の提出や有価証券（国債等）の購入指示など，より統制色の強い全国組織になっていた[27]。

　第 4 に，全国金融統制会の発足を受けて，1942年度以降になると金融機関の資金蓄積目標額と国債消化目標額がリンクしつつ業態別統制会ごとに割り振られるようになった。そして，資金蓄積（預金増加額等）に対する国債消化目標額の比率も，普通銀行（都市銀行）60％（前年度30％），地方銀行60％（同50％），貯蓄銀行75％（同70％），生命保険会社60％（同40％）等，と引き上げられていったのである（表6-16，参照）。

　このように金融機関による国債消化は，戦争後半の1941年以降になるとかなり統制的強制的な側面が強くなっていた。それでは日銀引受国債は金融機関（業態別）に対してどのような規模で売却されていたのであろうか。表6-17によると，日中戦争以降の戦争全期間（1937年 7 月〜45年 8 月）において，日銀はその保有国債536億円を金融機関に純売却しているが，その内訳は銀行438億円（81.6％），保険会社20億円（3.8％），信託会社 5 億円（0.9％），その他金融機関

26）『日本銀行百年史』第 4 巻，252-253ページ，参照。

27）『日本銀行百年史』第 4 巻，322-343ページ，参照。

表6-16 1942年度資金蓄積・国債消化目標額

(100万円)

	資金蓄積 目標額 (A)	国債消化 目標額 (B)	消化率 (%) B/A	41年度 消化率 (%)
普通銀行統制会	5,360	3,220	60.0	30.0
地方銀行統制会	2,640	1,590	60.0	50.0
貯蓄銀行統制会	2,000	1,500	75.0	70.0
信託統制会	700	140	20.0	14.5
生命保険統制会	1,400	840	60.0	40.0
無尽統制会	300	40	13.3	10.0
市街地信用組合統制会	300	180	60.0	－
組合金融統制会	1,900	1,030	54.2	－
計	14,600	8,540	58.5	－
国内民間金融機関・計	15,576	9,301	59.7	－
預金部その他官庁・計	5,299	4,369	82.4	－
直接投資その他	6,450	3,330	51.6	－
全国計	27,325	17,000	62.2	－

出所）『日本銀行百年史』第4巻，338ページより作成。

表6-17 日本銀行保有国債の対金融機関純売却高

(100万円，％)

年	銀行	うち 普通銀行	うち 特殊銀行	うち 貯蓄銀行	信託 会社	保険 会社	その他 金融機関	計
1937	3	△47	11	38	△7	84	21	101
1938	1,777	962	610	204	23	128	60	1,987
1939	1,796	891	556	350	40	38	56	1,930
1940	1,736	997	153	587	45	2	87	1,870
1941	3,220	1,522	1,094	604	26	1	304	3,551
1942	5,492	2,696	1,653	1,143	41	4	591	6,128
1943	6,884	3,511	2,138	1,235	94	609	1,405	8,992
1944	11,146	7,821	2,154	1,171	166	819	2,486	14,617
1945	11,768	9,080	2,356	332	80	335	2,317	14,501
計	43,822	27,433	10,726	5,664	508	2,020	7,327	53,677
構成比	81.6	51.1	20.0	10.6	0.9	3.8	13.7	100.0

注）1937年は7月～12月，1945年は1月～8月の純売却額。
出所）『日本銀行百年史』第4巻，245ページ。

73億円（13.7％）であり，銀行が最大の国債消化機関であった。また銀行の中では，普通銀行（都市銀行，地方銀行）51％，特殊銀行20％，貯蓄銀行10％であり，普通銀行での国債消化がとくに大きかったことがわかる。

3）国債保有の構造

　以上では，預金部資金，郵便局売出，金融機関による国債消化という各年度の国債消化のフローの推移をみてきた。そこで次に，こうした国債購入・消化の結果としての国債保有残高というストックの推移をみてみよう。表6-18は金

表6-18　国債所有者別残高

（100万円）

		1937年12月末	1941年12月末	1944年3月末	1946年3月末
総計	（A）	11,892	37,322	77,554	134,033
特別銀行		1,643	7,732	12,158	5,768
普通銀行	（b）	2,565	8,282	17,641	40,906
貯蓄銀行		1,162	3,378	6,225	6,613
信託会社		285	425	748	1,090
保険会社		391	1,521	3,172	3,995
産組中金・信用組合		86	801	3,731	24,537
金融機関・小計	（B）	6,135	22,141	43,676	82,910
預金部	（c）	2,368	8,440	20,802	43,666
その他特別会計		730	1,536	2,210	1,654
政府関係共済組合		222	232	37	－
地方公共団体		47	85	131	61
政府・小計	（C）	3,369	10,294	23,181	45,382
公衆その他	（D）	2,388	4,885	10,697	5,740
B/A（％）		51.6	59.3	56.3	61.9
b/A（％）		21.6	22.2	22.7	30.5
C/A（％）		28.3	27.6	29.9	33.8
c/A（％）		19.9	22.6	26.8	32.6
D/A（％）		20.1	13.1	13.8	4.3

　注）特別銀行には日本銀行を含む。
　出所）日本銀行『本邦経済統計』昭和26年版，201ページより作成。

融機関，政府，公衆その他，という所有者別の国債残高の推移を示している。
ここからは次のことがわかる。第1に，全体の国債保有残高は1937年12月末の
119億円から44年3月末の775億円（6.5倍），46年3月末の1340億円（11.3倍）へ
と著しく増加している。第2に，国債保有残高に占める金融機関のシェアは37
年12月末の51％から44年3月末の56％，46年3月末の62％へと上昇している。
中でも普通銀行のシェアは37〜44年には22％程度であったが，46年3月末には
30％に上昇している。第3に，政府機関のシェアも37年12月末の28％から，44
年3月末30％，46年3月末34％に上昇している。これはもっぱら大蔵省預金部
のシェアが37年12月末の20％から44年3月末27％，46年3月末33％へと上昇し
たことによる。第4に，公衆その他の国債保有シェアは37年12月末の20％から
41〜44年13％，46年3月末4％へと大きく低下している。この要因としては，
44年度，45年度という巨額の戦時国債が発行された時に，郵便局売出による国
債発行（国債の個人購入）が激減したことが大きい（表6-3，参照）。

第4節　国債消化と産業資金供給

1）民間銀行の資金運用

　戦時期において貯蓄増強運動の下に拡大していった国民の預貯金の多くは，
金融機関や政府機関（大蔵省預金部等）による戦時国債の購入・保有という形で
資金運用されていた。ところで，もともと債券・証券投資中心の資金運用を
行ってきた預金部や生命保険会社，貯蓄銀行，信用組合等においては，戦時国
債購入の比重を高めても大きな問題は起きない。これに対して銀行とくに普通
銀行の場合，従来からその資金運用において民間企業貸出の比重が大きかっ
た。そして，戦時体制に入ると銀行は，その拡大した預貯金をもとに，一方で
軍需生産拡大のために一層の産業資金供給を求められるとともに，他方では戦
時国債消化のために一層の国債購入も求められることになった。つまり，戦時
期の資金動員計画（国債消化と産業資金供給）の実践とその困難は銀行の資金運
用に集約的に現れることになるのである。そこで本節では，日本の戦時資金動

員における国債消化（戦費調達）と産業資金供給（生産力拡充）の矛盾を，銀行の資金運用の実態とそれを補完した日銀貸出に焦点を当てて考えてみよう[28]。

　まず表6-19は，全国銀行の戦時期・各年末における主要勘定（預金，貸出，有価証券，国債，社債）の推移をみたものである。ここからは次のことがわかる。

　第1に，預金額は1937年末の157億円から，44年末の799億円（5.1倍），45年8月末の1119億円（7.1倍）へと増加している。

　第2に，国債保有額は37年末の39億円から，44年末の329億円（8.3倍），45年8月末の412億円（10.4倍）へと一貫して増加している。ただ，預金額に対する国債保有額の比率は37年末の25.5％から上昇してピークの43年末には42.7％になるが，その後は低下して45年8月末には36.8％に落ちている。

表6-19　全国銀行の主要勘定

（100万円，％）

年末	預金 (A)	貸出 (B)	有価証券 (C)	うち国債 (D)	うち社債 (E)	B/A	C/A	D/A	E/A	預貸証率
1937	15,746	11,652	7,134	3,986	1,644	74.0	45.3	25.5	10.4	119.3
1938	19,117	12,706	9,438	5,766	2,007	66.5	49.4	30.2	10.5	115.8
1939	25,091	15,606	12,308	7,573	2,589	62.2	49.1	30.2	10.3	111.3
1940	31,189	19,094	14,948	9,623	3,207	61.2	47.9	30.9	10.3	109.1
1941	37,801	21,650	19,775	12,884	4,540	57.3	52.3	34.1	12.0	109.6
1942	46,569	25,312	26,530	18,184	5,729	54.4	57.0	39.0	12.3	111.3
1943	56,328	32,713	33,415	24,084	6,638	58.1	59.3	42.7	11.8	117.4
1944	79,926	51,777	42,945	32,994	7,418	64.8	53.7	41.3	9.3	118.5
1945	111,943	75,166	51,705	41,273	7,912	67.1	46.2	36.8	7.1	113.3

注）1945年は8月末。預貸証率は（B＋C）/A。
出所）『戦時中金融統計要覧』，33-40ページより作成。

28）戦時期における金融機関の資金運用については，『日本銀行百年史』第4巻，277-280，343-361ページ，参照。また，島（1963）は，この戦時期の金融体系を金融寡頭制の発展という見地から論じている。

　第3に，貸出額は一貫して増加傾向を示しており，37年末の116億円から44年末の517億円（4.4倍），45年末の751億円（6.5倍）になっている。一方，預金額に対する貸出額の比率をみると，日中戦争開戦当初の37年末には74.0％を示していた。しかしその後は保有国債増加の影響を受けて，41〜43年末にかけては50％台に低下していた。そして戦争末期（44年末，45年8月末）になると，その比率は再び上昇して65〜67％になる。

　第4に，産業資金供給の一手段である社債は，37年末の16億円から45年末の79億円へと増加しているが，預金額に対する比率ではほぼ10％前後を占め続けていた。そして，44年以降にはその比率もやや低下させている。なお表6-19では表記してないが，銀行所有有価証券のうち株式は44年末13億円（対預金額比率1.6％）であり，大きくはない[29]。

　第5に，貸出と有価証券の合計額の預金額に対する比率（預貸証率）をみると，39〜42年には110％前後であったが，43，44年末には120％前後へと徐々に悪化し始めている。

　以上のことから，元来は民間貸出を中心にしていた銀行の資金運用も，戦時期を通じて国債消化の額・比率を増加させていたが，戦争末期の43〜45年には民間貸出が急激に増加して，預貸証率が次第に悪化していることが確認できる。つまり，銀行は戦争末期になると，国債消化（戦費調達）に加えて産業資金供給（生産力拡充）での重大な責任を自らの資金力（預金）を超えて負わされることになったのである。

　そこで，ここで戦時期における産業資金の状況について確認しておこう。表6-20は産業資金を外部調達と内部資金に分けてその推移をみたものである。これによれば，産業資金に占める内部資金（減価償却，社内留保）の比率は戦争前の1935年には52％もあったが，37年以降には30％前後に低下している。逆に，外部調達（株式，債券，貸出）の比率は35年の48％から37年以降は70％前後に上昇している。とくに貸出の比率は35年14％，37年31％から43年39％，44年58％

29）日本銀行統計局（1947）『戦時中金融統計要覧』，40ページ。

表6-20　産業資金供給状況（構成比）

(％，100万円)

年	外部調達				内部資金			合計	産業資金総額	うち貸出
	株式	債券	貸出	小計	減価償却	社内留保	小計			
1935	32.3	1.1	14.1	47.5	38.7	13.8	52.5	100.0	2,526	357
1937	35.2	△0.1	31.0	66.1	22.8	11.1	33.9	100.0	5,650	1,754
1938	34.3	5.4	29.3	69.0	22.5	8.5	31.0	100.0	6,688	1,955
1939	24.3	7.8	40.2	72.4	20.9	6.7	27.6	100.0	9,575	3,850
1940	26.6	5.5	37.1	69.2	19.8	11.0	30.8	100.0	11,063	4,104
1941	28.9	10.1	27.0	66.0	19.4	14.6	34.0	100.0	12,186	3,293
1942	25.6	8.9	34.0	68.5	17.3	14.2	31.5	100.0	15,355	5,226
1943	22.5	7.8	39.1	69.4	16.3	14.3	30.6	100.0	17,564	6,860
1944	9.1	8.3	58.3	75.7	12.6	11.8	24.3	100.0	25,408	14,824
1945	−	−	−	−	−	−	−	−	−	46,998

出所)『本邦経済統計』昭和28年版，21-22ページより作成。

へと戦争末期になって顕著に上昇している。また貸出額そのものも43年69億円から44年148億円，45年470億円へと著しく増加している。一方，株式，債券の比率は低下して44年には各々8〜9％になっている。これらのことは先に表6-19でみた，43〜45年における銀行の貸出増加に符合するものである。

　それでは，銀行はどのような産業に資金供給（貸出）をしていたのであろうか。表6-21は，金融機関の事業種類別貸出金残高の推移をみたものである。同表によれば，貸出金に占める工業の比重は1940年6月末の40.8％から42年12月末45.7％，43年12月末47.1％，44年12月末48.0％，45年3月末51.6％へと一貫して上昇している。とくに，兵器・軍需生産に直結する機械器具工業，兵器工業，金属工業の合計貸出額の比重は同時期に18.7％，25.3％，28.3％，32.3％，36.6％へと上昇している。つまり，戦時期とくに戦争末期における金融機関（銀行）による産業資金供給（貸出）とは，その多くが兵器・軍需生産拡大のためであったことがわかる。

表6-21　金融機関の業種別貸出金残高

（上段：100万円，下段：%）

	1940年 6月末	1942年 12月末	1943年 12月末	1944年 12月末	1945年 3月末
鉱業	748	1,346	1,524	1,968	2,256
工業	5,192	9,333	13,042	22,184	26,611
紡績工業	953	1,197	1,728	2,463	2,043
金属工業	822	1,346	1,839	3,332	3,694
機械器具工業	1,522	1,751	2,489	5,295	6,535
兵器工業	－	1,821	3,140	6,322	8,904
化学工業	732	1,587	2,204	3,281	3,395
交通業	947	1,232	1,523	1,961	2,158
商業	2,346	4,370	4,841	9,998	10,443
合計	12,722	20,406	27,706	46,169	51,590
工業	40.8	45.7	47.1	48.0	51.6
金属工業	6.5	6.6	9.0	11.5	7.2
機械器具工業	12.2	8.6	11.3	13.7	12.7
兵器工業	－	8.9	8.0	7.1	17.3
（小計）	18.7	25.3	28.3	32.3	36.6

注）兵器工業は，兵器及兵器部品製造業のこと。1940年の兵器工業は機械器
　　具工業に含まれる。工業にはその他工業を，合計にはその他業種を含む。
出所）『戦時中金融統計要覧』，65-66ページより作成。

2）都市銀行と地方銀行

　ところで戦時期の全国銀行には，特別銀行，普通銀行，貯蓄銀行の3種類が
あった[30]。しかし，戦時期における3種銀行の国債保有額と貸出額の規模を表
6-22でみると，それぞれ普通銀行が圧倒的な比重を占めていることが確認でき
る。そこで以下では，普通銀行の資金運用の動向に注目しよう。ただ同じ普通

30）この3種銀行を資金調達と資金運用の主要方法で区別すると，普通銀行が預金中
　心の資金調達によって貸出，有価証券投資の両方を行うのに対して，特別銀行（日
　本興業銀行，日本勧業銀行など）は債券発行によって調達した資金をもっぱら貸出
　運用し，逆に貯蓄銀行は預金で集めた資金をもっぱら有価証券投資に回す，という
　ちがいがあった。

表6-22　特別銀行，普通銀行，貯蓄銀行の国債保有，貸出の状況

(100万円)

	国債保有額			貸出額		
	特別銀行	普通銀行	貯蓄銀行	特別銀行	普通銀行	貯蓄銀行
1938年12月末	708	3,634	1,424	3,253	7,712	253
1942年12月末	2,143	11,328	4,712	6,798	22,466	400
1945年8月末	3,028	31,669	6,575	18,051	55,939	625

注）特別銀行には日本銀行は含まない。
出所）大蔵省・日本銀行（1948）『財政経済統計年報』昭和23年版より作成。

　銀行の中でも，戦時期の資金運用に関しては都市銀行と地方銀行とでは大きく異なっていたので，両者を区別してみていくことにしたい。なお，ここでの都市銀行とは三井，三菱，第一，安田，住友，三和の6銀行（1943年以降は三井・第一の合併＝帝国銀行により5銀行）であり，地方銀行はそれを除いた普通銀行である[31]。

　まず表6-23は，地方銀行の主要勘定（預金，貸出，有価証券，国債，社債）の推移を示したものである。ここからは次のことがわかる。第1に，地方銀行の国債保有額は1937年末の12億円から，44年末121億円（9.7倍），45年末180億円（14.5倍）へと著しく増加している。預金額に対する国債保有額の比率も日中戦争期の37〜41年には20％台であったが，アジア太平洋戦争期になると30％台に上昇し，44年末には45％，45年末には47％に達している。

　第2に，社債は37年末の6億円から45年末の39億円へと6倍以上に増加して，預金額に対する比率も37年末の10％から41〜43年には15％台に上昇している。そして，預金に対する有価証券の比率は，国債，社債の増加とともに上昇してきた。つまり，38，39年の42％から44年末63％，45年末60％という水準になっている。

31）戦時期における都市銀行と地方銀行の資金運用のちがいについては，『日本銀行百年史』第4巻，343-346ページ，参照。

表6-23　地方銀行の主要勘定

(100万円，％)

年末	預金 (A)	貸出 (B)	有価 証券 (C)	うち 国債 (D)	うち 社債 (E)	B/A	C/A	D/A	E/A	預貸 証率
1937	5,852	3,800	2,837	1,240	587	64.9	48.5	21.2	10.0	113.4
1938	7,068	4,219	2,980	1,637	712	59.7	42.2	23.2	10.0	101.9
1939	9,424	5,286	4,024	2,162	1,018	56.1	42.7	22.9	10.8	98.8
1940	11,777	5,983	5,364	3,002	1,431	50.8	45.5	25.5	12.2	96.3
1941	14,341	6,887	7,343	4,151	2,175	48.0	51.2	28.9	15.2	99.2
1942	17,266	7,342	9,461	5,772	2,624	42.5	54.8	33.4	15.2	97.3
1943	18,431	7,024	11,151	7,193	2,906	38.1	60.5	39.0	15.8	98.6
1944	26,822	9,303	16,900	12,082	3,276	34.7	63.0	45.0	12.2	97.7
1945	38,214	12,182	22,904	17,989	3,930	31.9	59.9	47.1	10.3	91.8

注）預貸証率は（B＋C)/A。

出所）『本邦経済統計』昭和26年版，105-108ページより作成。

第3に，貸出は37年末の38億円から44年末93億円，45年末122億円へと増加しているものの，対預金額の比率は37年末の65％から一貫して低下傾向にあり，44年末には35％，45年末には32％という水準に落ちている。

第4に，上記を総合すると，地方銀行は戦時期において増加する預金を，一方で確かに貸出と社債投資によって産業資金供給に回していたが，資金のより多くの部分を国債消化に向けるようになっていた。つまり，戦時期の地方銀行は，大蔵省預金部や貯蓄銀行と同様に国債消化機関に近いものになっていたのである。

第5に，各年末の預金額に対する貸出と有価証券の合計額の比率（預貸証率）は1939〜44年においては90％台後半にあり，全国銀行の水準ほどには悪化していない。

次に表6-24は，都市銀行の主要勘定（預金，貸出，有価証券，国債，社債）の推移をみたものである。この表からは以下のことがわかる。第1に，都市銀行の場合，地方銀行とは異なり，戦時期の全期間にわたって貸出額が国債保有額の2〜3倍もあり，戦時国債購入によって国債保有額を増加させつつも，民間企

表6-24　都市銀行の主要勘定

(100万円，％)

年末	預金 (A)	貸出 (B)	有価 証券 (C)	うち 国債 (D)	うち 社債 (E)	B/A	C/A	D/A	E/A	預貸 証率
1937	6,581	3,991	2,264	1,257	604	60.6	34.4	19.1	9.2	95.1
1938	8,122	4,626	3,165	1,994	737	57.0	39.0	24.6	9.1	96.0
1939	10,541	6,061	3,784	2,451	840	57.5	35.9	23.2	8.0	93.4
1940	12,893	7,852	4,276	2,949	828	60.9	33.2	22.9	6.4	94.1
1941	15,453	9,137	5,453	3,785	1,108	59.1	35.3	24.5	7.2	94.4
1942	19,038	10,771	7,536	5,551	1,354	56.6	39.6	29.2	7.1	96.2
1943	24,683	15,679	10,147	7,800	1,630	63.5	41.1	31.6	6.6	104.6
1944	34,188	28,222	12,797	10,658	1,488	82.6	37.4	31.2	4.4	120.0
1945	64,134	59,867	19,985	17,162	1,880	93.3	31.1	26.8	2.9	124.4

注）貸出は貸付金と割引手形の合計。預貸証率は（B＋C）/A。
出所）『本邦経済統計』昭和26年版，79-82ページより作成。

業への貸出（産業資金供給）を主要業務としていた。この背景には，戦時経済の下では，一方の都市部では立地する軍需関連産業・大企業の増大する資金需要に応じて都市銀行からの貸出が増加したのに対して，他方での地方経済では中小企業・軽工業，農林水産業が中心であり，地方銀行の貸出需要もそれほど伸びないということがあった。逆に言えば，戦時下の地方銀行はその資金運用手段として有価証券とくに国債および社債に集中せざるをえなかったのである[32]。

　第2に，具体的にみると，貸出額は1937年末の40億円から一貫して増加傾向にあり，44年末には282億円（7.1倍），45年末には599億円（15.0倍）へと増額している。預金額に対する貸出額の比率をみると，37〜43年でも60％前後を占めていたが，44年末には82.6％，45年末には93.3％に達している。

　第3に，都市銀行の国債保有額も増加している。つまり，国債保有額は37年末の13億円から一貫して増加傾向にあり，44年末には107億円（8.5倍），45年末

32)『日本銀行百年史』第4巻，343-345ページ，参照。

には172億円（13.6倍）に達している。また，預金額に対する国債保有額の比率は37年末の19.1％から，41年末24.5％，44年末31.2％へと上昇していたが，45年末には26.8％へとやや低下している。

第4に，都市銀行での社債保有額は地方銀行の半分程度であり，預金額に対する比率も37年末の9％から45年末には3％にまで低下している。つまり都市銀行による産業資金供給はもっぱら貸出によるものであった。

第5に，預金額に対する貸出と有価証券の合計額の比率（預貸証率）をみると，37〜42年には95％前後にあったが，43年末には105％，44年末には120％，45年末には124％へと上昇している。戦争末期には都市銀行は預貸証率をかなり悪化させており，資金不足にも直面していた。

以上のことをまとめると，①戦時期において国債消化（戦費調達）と貸出（産業資金供給）での主要な役割を演じていたのは，全国銀行の中でも普通銀行であったこと，②普通銀行の中でも地方銀行では，その資金運用を貸出よりも有価証券・国債投資を重点にするようになり，預貸証率もそれほど悪くはなかったこと，③これに対して都市銀行は，国債投資も増えているが，それ以上に貸出が増加しており，戦争末期には預貸証率が悪化して資金不足に陥っていたこと，が確認できる。

3）日銀貸出と戦時インフレ

それでは，各都市銀行は具体的にはどのような資金運用を行い，また資金不足に対処していたのであろうか。ここでは戦争末期での三菱銀行と帝国銀行の状況をみてみよう。表6-25は三菱銀行の主要勘定の推移（1944年3月〜45年3月）である。ここからは次のことが指摘できる。①資金運用では3期（44年3月，44年9月，45年3月）とも，貸出が有価証券（国債が8〜9割）を上回り，とくに45年3月には国債の3倍にもなっていること。また，貸出の3〜4割は指定軍需融資であった。②3期とも貸出と有価証券の合計額が預金額を上回る状態にあり，その資金不足を穴埋めするように日銀からの借入金が増加していること。③とくに戦争末期の1年間（44年3月〜45年3月）の変化をみると，預金

表6-25　三菱銀行の主要勘定

(100万円)

	預金 (A)	貸出 (B)	うち 指定 軍需 融資	有価 証券 (C)	うち 国債	A－ (B＋C)	日銀 借入金	預貸証率 (％)
1944年3月末	5,387	3,229	601	2,333	1,860	△175	100	103.2
1944年9月末	6,757	4,584	1,554	2,502	2,084	△329	790	104.9
1945年3月末	8,390	7,255	2,946	2,722	2,418	△1,637	2,151	119.5
44/3→45/3	2,533	4,026	2,345	439	558	－	2,051	－

注）預貸証率は（B＋C）/A。
出所）三菱銀行史編纂委員会（1954）『三菱銀行史』, 355ページより作成。

増加額（25.3億円）以上に, 貸出増加額（40.3億円）が大きく, 結局, 日銀からの借入金増加（20.5億円）によってバランスが保たれていた。

　表6-26は帝国銀行の主要勘定の推移（1943年6月～45年9月）である[33]。帝国銀行についても三菱銀行と同様に次のことが指摘できる。①資金運用については, 貸出は常に有価証券を上回っており, とくに44～45年には2～3倍の規模になっていること。②43年9月期以降は貸出と有価証券の合計額が預金を上回る状態にあり, 資金不足額は戦争末期になるととくに顕著に増加していること。③その資金不足額を穴埋めするように日銀からの借入金も戦争末期になると増加していること。

　このように両銀行は, 戦争末期になると預金額水準を超えて, 一方で国債保有額を増加させつつ, 他方ではそれ以上に民間企業（軍需関連産業）への貸出を著しく増加させていたが, そうした資金運用を可能にしたのは日銀からの借入金の増加であった。そして, 戦争末期になって日銀借入金を増加させたのは

33）三井銀行は1943年3月に第一銀行（預金30.6億円）と合併して帝国銀行を設立した。また, 44年9月の預金増には, 第十五銀行（預金7.4億円）との合併も反映している（三井銀行八十年史編纂委員会（1957）『三井銀行八十年史』, 391-392ページ, 参照）。

表6-26 帝国銀行の主要勘定

(100万円)

	預金 (A)	貸出金 (B)	有価 証券 (C)	A − (B + C)	日銀 借入金	預貸証率 (%)
1943年 6 月末	5,860	3,449	2,220	191	−	96.7
1943年 9 末末	5,877	4,003	2,194	△320	455	105.4
1944年 3 月末	6,160	4,799	2,225	△864	975	114.0
1944年 9 月末	7,779	6,057	2,695	△973	1,130	112.5
1945年 3 月末	9,369	8,671	3,026	△2,328	2,773	124.8
1945年 9 月末	13,319	14,332	3,374	△4,387	5,431	132.9
43/9→45/9	7,442	10,329	1,180	−	4,976	−

注）預貸証率は（B + C)/A。
出所）三井銀行八十年史編纂委員会（1957）『三井銀行八十年史』, 429ページ
より作成。

三菱銀行，帝国銀行だけではなく，都市銀行全体がそうであった。表6-27は都
市銀行5行と日本興業銀行に対する日銀貸出残高の推移（1943年12月末〜45年2
月末）を示したものである。各銀行への日銀貸出残高は戦争末期になるに従い
増加しており，6行合計額は43年12月末の21億円から45年2月末の70億円へと
3.3倍になっている。また日銀貸出総額も同期間に36億円から110億円へと3.0
倍に増加している。

　さて，このような戦争末期における日銀貸出の急増は日銀券（紙幣）の増発
を招き，戦時インフレを激化させることになった[34]。これについて，まず表
6-28で日本銀行の主要勘定をみてみよう。同表によれば，第1に，日銀が保有
する国債其他証券（大半が国債）は1937年末，38年末の10億円台から徐々に増
加して，44年末96億円，45年8月末87億円という規模に達している。日銀引受

34）戦争末期における日銀貸出の増加とインフレについては，『昭和財政史』第6巻
　　（国債），467-469ページ，『日本銀行百年史』第4巻，279-280ページ，原（2011），
　　135-145ページ，参照。

表6-27　6 大銀行に対する日本銀行貸出残高の推移

(100万円)

	1943年12月末	1944年3月20日	1944年9月末	1945年2月末
帝国銀行	775	995	1,130	2,261
三菱銀行	200	200	590	1,500
安田銀行	170	164	388	671
三和銀行	187	185	480	870
住友銀行	308	448	350	973
日本興業銀行	485	532	611	757
計	2,125	2,524	3,549	7,031
日銀貸出総額	3,642	3,833	5,509	11,061

出所）『日本銀行百年史』第 4 巻，265ページより作成。

表6-28　日本銀行の主要勘定

(100万円)

	貸出金	国債其他証券	発行銀行券	GNP(億円)
1937年12月末	627	1,387	2,305　(100)	234　(100)
1938年12月末	508	1,841	2,754　(120)	268　(115)
1939年12月末	1,065	2,419	3,679　(160)	331　(141)
1940年12月末	818	3,949	4,777　(207)	394　(168)
1941年12月末	903	5,340	5,978　(259)	449　(192)
1942年12月末	1,827	5,842	7,148　(310)	544　(232)
1943年12月末	3,642	7,476	10,266　(445)	638　(273)
1944年12月末	8,943	9,595	17,745　(770)	745　(318)
1945年 8 月末	30,451	8,741	42,300　(1845)	－
1945年12月末	37,838	7,156	55,440　(2405)	－

出所）『本邦経済統計』昭和26年版，15-16ページより作成。

発行された戦時国債の大半は市中売却されていたが（表6-4，参照），国債発行額そのものの増大とともに日銀保有国債も増加してきたのである。

　第 2 に，日銀貸出金は戦争末期に急増している。貸出金は37〜41年にはほぼ10億円規模であったが，42年以降増加してとくに戦争末期になると44年末89億

円から，45年8月末304億円へと著しく増加している。

　第3に，日銀券の発行額は戦争末期にとくに急増している。つまり，37年末では23億円の発行額であったが，41年末の60億円（2.6倍），44年末の177億円（7.7倍）を経て45年8月末には423億円（18.3倍）へと激増している。一方，名目GNPの伸びは37年の234億円から44年の745億円へと3.2倍にとどまっており，44年以降の日銀券急増の勢いは実体経済をはるかに上回っていた。これは当然ながら戦時インフレを激化させることになる。

　第4に，戦争末期における日銀券増発の主な原因には，もちろん日銀による戦時国債保有額の増加もあるが，より主要な原因としては日銀貸出金の増加である。これは，日銀の1945年8月末での国債其他証券保有額87億円に対して日銀貸出金残高が304億円で3.5倍の規模もあったことからも明らかであろう。

表6-29　物価指数の推移

（1934〜36年平均＝100）

年	東京卸売物価指数	東京小売物価指数
1934	97.0	97.1
1935	99.4	99.0
1936	103.6	103.9
1937	125.8	113.8
1938	132.7	130.4
1939	146.6	146.0
1940	164.1	169.5
1941	175.8	171.6
1942	191.2	176.6
1943	204.6	187.3
1944	231.9	209.8
1945	350.3	308.4
1946	1,627.1	1,893.2
1947	4,815.2	5,098.9
1948	12,792.6	14,956.0
1949	20,876.4	24,336.1

出所）『本邦経済統計』昭和26年版，255ページより作成。

　そこで最後に，戦時期における物価上昇の動向を確認しておこう。表6-29は東京の卸売物価指数と小売物価指数の推移を示している（1934〜49年）。1934〜36年平均を基準にすると，卸売物価は37年1.26倍，41年1.76倍，44年2.32倍を経て45年には3.50倍に上昇し，小売物価も37年1.14倍，41年1.72倍，44年2.10倍を経て45年3.08倍に上昇している。卸売・小売物価ともに戦争末期の45年にはその上昇がとくに顕著になっている。ここには，先にみたように日銀券発行高が1944年から45年にかけて激増した影響が現れている。政府は統制経済（主要物資の公定価格，配給制度）や貯蓄増強・消費抑制によって戦時下の物価上昇を抑えようとしたが，実際には戦時期を通じて物価は上昇傾向にあり，とくに戦争末期には戦時インフレも顕在化していたのである。

表6-30　食料品・生活物資の公定価格，ヤミ相場の指数

（1937年 6 月 = 1.00）

	公定 小売物価 1945年 9 月	ヤミ相場			
		1943年 10〜12月	1944年 10〜12月	1945年 6 〜 7 月	1945年 9 月
米	1.33	10.5	37.0	98.0	125.0
小麦粉	2.22	5.8	27.0	65.0	97.0
卵	7.91	7.5	38.0	64.0	71.5
砂糖	2.31	30.0	210.0	600.0	840.0
醤油	1.85	6.0	30.0	100.0	120.0
日本酒	4.00	14.0	76.0	98.0	87.0
タバコ	5.30	−	35.0	105.0	140.0
石鹸	1.11	22.0	55.0	110.0	220.0
木炭	4.40	7.4	22.0	−	37.0

出所）森田編（1963）『物価』，103-105ページより作成。

　もっとも 2 〜 3 倍の物価上昇とはあくまで政府公定価格の水準である。実際の戦時下国民の日常生活においては，食料品，衣料品など配給物資が絶対的に不足していたこともあって，いわゆる闇市場の利用が不可欠であった。そして，そこでの闇価格（ヤミ相場）は戦争末期には公定価格の60〜100倍程度にもなっていたのである（表6-30，参照）。つまり，この闇価格も考慮に入れれば，戦争末期には実質的に激しい戦時インフレが発生していたことになる[35]。

お わ り に

　最後に本章の検討から得られた結論を簡単にまとめておこう。第 1 に，日本の戦争財政は戦争期間を通じてその膨大な戦時国債をともかくも発行し，大半を消化することはできた。しかし，それは資金市場による通常の国債消化ではなく，政府主導の国民貯蓄増強政策，金融統制，国債消化計画に基づくもので

35）戦時期のインフレについては，原（2011），遠藤（1958）も参照。

あった。第2に，そこでは国民は，「銃後の御奉公」，「皇国国民精神の真髄」という名の下に半ば強制的な貯蓄増加と消費抑制を強いられていた。第3に，戦時期の国民貯蓄の多くを集めた銀行とくに都市銀行では，戦時国債消化だけでなく戦時生産力拡充のための産業資金供給（貸出）を求められていた。そして都市銀行は，戦争末期にいたるととりわけ貸出需要の急増から資金不足に陥り，日銀からの多額の借入金に依存するようになった。戦争末期におけるこの日銀貸出金の増加は，日銀券（紙幣）の急激な増発を導き，戦時インフレを激しいものにしたのである。

第7章　戦争財政の後始末

──インフレ，財産税，戦時補償債務，国債負担の顚末──

は じ め に

　敗戦後の日本財政には，1408億円の国債残高（1945年度末）と様々な政府補償債務を合計すると約2000億円もの政府債務が残されていた。敗戦後のインフレ，生産崩壊，経済混乱の中で日本財政は戦争財政の後始末としてこの政府債務処理の問題に直面した。大蔵省が当初構想していたのは一回限りの財産税と財産増加税（戦時利得税）による国債償却であった。しかし，1946年度に実現をみた財産税と戦時補償特別税の税収は，国債償却ではなく一般会計歳入補填に利用され，インフレをさらに促進することになってしまった。そして結果的には，戦後の激烈なインフレによって戦時国債負担の問題は事実上解消されてしまったのである。同時に，この過程は国民にとっては，インフレ，食料・生活物資の絶対的不足，戦時中以上の増税負担による著しい生活困難の時代でもあった。本章では，そうした戦争財政の後始末の経緯を，インフレ，財産税，戦時補償債務，国債負担の顚末を中心に解明していこう[1]。

　1）敗戦後の日本財政については，大蔵省財政史室編『昭和財政史　終戦から講和まで』全20巻（1976〜1984）が正史であり基礎資料も豊富である。本章作成ではとくに，第5巻（歳計1），第7巻（租税1），第11巻（政府債務），第12巻（金融1），第17巻（資料1），第19巻（統計）を利用している。また，敗戦後のインフレ，財政金融政策については，日本銀行百年史編纂委員会編（1985）『日本銀行百年史』第5巻，第3章，大蔵省財政史室編（1998）『大蔵省史』第3巻，第7期「占領下の財政金融と大蔵省（昭和20年〜昭和27年）」が参考になる。敗戦後の日本財政の通史としては鈴木（1952）（1956）（1960a）（1960b）が参照されるべきである。さ

第1節　敗戦直後の財政認識とインフレ

1）大蔵省の財政認識

　1945年8月15日，足かけ9年間にわたった日中戦争・アジア太平洋戦争が終結した。日本財政は戦争遂行のために膨大な戦時国債を発行しており，その残高は1944年度末で1076億円（GNP比144%），1945年度末で1408億円に達していた[2]。一方で，敗戦直後の日本経済は戦争・空襲による国土の荒廃，都市の破壊，生産力の崩壊だけでなく，戦時中から進行していたインフレや深刻な食料・物資の不足という問題にも直面していた。そうした中で日本財政は，連合国軍による占領統治の下で経済復興と財政再建に取り組むことになった。それでは，日本財政の責任省である大蔵省は敗戦直後の財政事情について当時どのように認識していたのであろうか。ここでは閣議での大蔵大臣の説明・報告を素材にして検討してみる。

　まず，敗戦直後の1945年8月に行われた「昭和21年度予算編成ニ関スル件大蔵大臣説明要旨」[3]をみてみよう。敗戦決定直後とはいえ，制度上，大蔵省は例年どおり次年度予算編成を進める必要があった。そして閣議において大蔵大臣は昭和21年度予算編成方針の基調としての根本的構想を説明するが，そこでは整理すると次の4つの点が強調されていた。第1に，現下の難局において我国経済財政運営の課題は，社会経済の秩序を維持し，国民生活の安定を図り，国民経済を速やかに再建復興させることである。そのため，当面は食料増産，軍需産業の平和産業への転換，軍の復員・官民工員解雇等に伴う労務の円

　　らに，敗戦直後の日本財政の状況については，日本銀行調査局（1947），武田（1949），林（1958）第1部，経済企画庁戦後経済史編纂室編（1959），加藤（1976），西村編（1994）第1章が，戦後インフレについては，黒田（1993），岡崎・吉川（1993），原（1997）がある。

　2）日本の戦費調達と国債については，本書，第6章，参照。

　3）『昭和財政史　終戦から講和まで』第17巻（資料1），459-461ページ。

滑な配置，戦災復興，戦死者・傷痍軍人・戦災者に対する援護を強化する必要
がある，と。

第2に，上記の戦後処理経費は今後相当増嵩するだけでなく，賠償・駐屯軍
経費の負担等の対外関係に基づく国家負担の増加も必須であることである。

第3に，その一方で，戦災等による国民経済への深刻な打撃があり，国力の
減耗と国民所得の減少によって，政府の財源調達は重大な影響を受けざるをえ
ないことである。

第4に，それ故この際，財政については絶対的に緊縮方針を確立し，財政資
金の放出によりインフレ傾向に拍車をかけることは絶対に避ける必要があるこ
とである。

戦争中の日本財政は膨大な戦費調達のために長期にわたって戦時国債の発行
と増税という無理な財政運営を継続してきた。これに対して敗戦後の日本財政
は，「戦争遂行ヲ前提トシテ居リマシタ既往ノ経緯考方ヲ一切脱却シテ全ク構
想ヲ新ニシテ出直ス必要ガアリマス[4]」，というのである。と同時に，第一次
世界大戦後ドイツのハイパー・インフレを例にだして，敗戦後日本での財政支
出による悪性インフレの危険性について次のように述べていたことも注目され
る。「第一次欧州大戦後ニ於ケル独逸ノ破局的インフレノ原因ノ一ハ放漫ナル
財政支出ニ在ツタコトハ疑ナイ事実デアリマシテ，而モ財政支出ヲ厖大ナラシ
メタ一因子ハ補助費，奨励費等ノ増加ニ在ツタノデアリマス。最近通貨増発ノ
傾向ガ次第ニ醸成セラレ来ツテ居リマシタガ時局急変後ノ趨勢特ニ顕著ナルモ
ノガアリマス。<u>他国ノ例ニ顧ミル迄モナク悪性インフレ危険ハ戦時ヨリモ寧ロ
戦後ニアリマス。現時ノ我国情勢ハ既ニ相当警戒ヲ要スルモノト認メザルヲ得
ナイノデアリマス</u>」[5]（下線は引用者）。

次に，1945年10月16日付の「戦後財政ノ見透ニ付テ」という大蔵大臣の閣議
報告をみてみよう。ここでは1946年度政府一般会計歳出歳入予算額も骨格予算

4）『昭和財政史　終戦から講和まで』第17巻（資料1），460ページ。
5）『昭和財政史　終戦から講和まで』第17巻（資料1），460ページ。

として提示されているが，敗戦から2カ月を経て政府戦争債務概算や財政支出
の必要額について，やや具体的な説明もされている。その大要は以下のとおり
である[6]。①46年度歳出予算額は152億円程度であり，45年度予算（289億円）に
比べて137億円の減少となる。②減少する主な支出は臨時軍事費特別会計繰り
入れなど直接的な戦争経費の減少（111億円）と，戦時産業向けの価格差補給金
の減少（16億円）である。③反対に，利払い費は増加する。戦時国債および政
府戦争債務に伴う政府特殊借入金の総額は2000億円を超え，そのための利払い
費は増加して73億円以上になるという。国債以外の政府戦争債務の内訳見込み
は，戦争保険の関係での損害保険中央会・生命保険中央会への損失補償（310
億円），工場・施設の疎開関係，沈船補償関係，軍需品納入の未払い等への負
担（50億円），等である。④歳出概算見込み額は152億円であるが，国債等の利
払い費が73億円で歳出の半分近くを占めることになる。国債費を除いた一般経
費は79億円である。⑤租税・印紙収入，専売益金等による普通歳入見込み額は
127億円であり，歳出見込み額152億円との差額25億円は赤字国債を発行する必
要がある。

　だがこれはあくまで1945年10月現在判明しうる概算見込みにすぎない。むし
ろ問題なのは，「今直チニ計数的ニハ明ラカニシ得ナイガ国庫ノ負担ニ帰スル
コト明瞭ナル経費ヲ多額ニ予期シ置カネバナラナイノデアル」，と述べている
ことである。具体的に想定されている経費は，①連合軍の駐屯費（直近3カ月
で30億円），②現地（戦地）支出での臨時軍事費の借入金処理の経費（580億円），
③連合国軍への実物賠償（金額未定），④軍需企業に対する各種補償金（推定50
億円），加えて軍需企業の休止廃止に伴う給与・退職金，解散手当金（618億円），
⑤戦時中の政府補償債務（事業債，金融債，興業銀行等の命令融資）の総額（240億
円）の一部政府負担，等である[7]。

　このように今後の国庫負担額は巨額にのぼる。もちろん上記金額は一時に支

6）『昭和財政史　終戦から講和まで』第17巻（資料1），469-471ページ。
7）『昭和財政史　終戦から講和まで』第17巻（資料1），470-471ページ。

払うものではないとしても，その財源を国債・借入金によって調達すれば，「毎年ノ利払額丈デモ百数十億円ニ上ルデアラウシ，<u>我国財政ハ全ク破局的状態ニアルト云ツテモ然ルベキデアル</u>」（下線は引用者），と。そしてその上で次のようにいう。「今後戦災ノ復興，民生ノ安定等ノ趣旨ヲ以テ戦後処理ノ為相当経費ヲ所要スルコトト思ハレルガ右ノ如キ財政状況ニ於テハ漫然赤字公債ノ累積ヲ容認スルコトハ国民経済秩序維持ヲ困難ナラシムルモノト云フベク」，「斯クノ如キ我国財政事情ニ於テハ其ノ根本的整理建直ハ正ニ喫緊ノ要務デアリ之ガ対策ニ付テハ<u>全ク革新的ナ方途ヲ講ズルコトガ必要デアリ</u>[8]」（下線は引用者），と。つまり，敗戦後の破局的状態にある日本財政では，赤字国債への依存は許されず，「全く革新的方途」の検討が必要であることを示唆することになる。そしてこの革新的方途とは具体的に次節でみるように，一回限りの財産税・財産増加税として構想されていたのである。

2）敗戦直後のインフレ

　このように敗戦直後において日本財政は破局的状態にあった。それと同時に見逃せないのは戦時中に進行していたインフレが敗戦後においても継続し，むしろより深刻化していったことである。進行するインフレは戦後の財政運営や財政再建構想にも重大な影響を与えることになった。ここではさしあたり敗戦直後9カ月間（1945年8月～46年4月）でのインフレの進行と背景を概観しておこう[9]。表7-1は卸売物価指数（1934～36年平均＝1）の推移を示している。敗戦後の4カ月（45年8月～11月）で20.7％の上昇（年率換算で60％）であるが，さらに12月の1カ月だけで66.4％という異常な上昇になっている。結局，敗戦の8月から年末までに物価は約2倍に上昇しているのである。と同時に重要なのは，これは主要には政府公定価格を反映した物価水準にすぎないことである。

8）『昭和財政史　終戦から講和まで』第17巻（資料1），471ページ。
9）敗戦直後のインフレ高進の経緯と背景については，『日本銀行百年史』第5巻，14-26ページ，鈴木（1952），117-149ページ，林（1958），36-40ページ，参照。

表7-1 卸売物価指数（1934～36年平均＝1）

年月	卸売物価指数	対前月上昇率（％）
1945年8月	3.360	－
9月	3.678	9.5
10月	3.774	2.6
11月	4.055	7.4
12月	6.748	66.4
1946年1月	7.986	17.6
2月	8.676	9.3
3月	11.95	37.7
4月	15.25	27.6

注）日本銀行調べ。
出所）『昭和財政史　終戦から講和まで』第19巻（統計），42ページより作成。

敗戦後においても，戦時中と同様に，主要な物資・食料は配給制・公定価格で販売されていたが，その配給水準は絶対的に低くかつ不足していた。従って，多くの国民はその生存・生活を維持するためにいわゆる自由市場（闇市場）での購入が不可欠であった。そこで表7-2で東京（消費財）の自由物価（闇物価）指数の推移をみてみよう。45年10月～46年2月においては自由物価の水準が公定価格のほぼ30倍以上になっていたこと，そして自由物価指数（45年9月＝100）も持続的に上昇して，46年2月には2倍になっていたことがわかる。

このように敗戦直後の半年間で急激な物価上昇・インフレが発生した主要な原因は，敗戦後の混乱の中で国内生産力（供給水準）が著しく縮小している下で，市中の日銀券流通量が急速に増加して需要側の名目的購買力が膨張したことにある。まず前者の供給側の状況をみてみよう。国民食糧の基盤たる国内農産物生産指数（1933～35年＝100）は45年59.7に落ち込んでいた[10]。敗戦後は満州，朝鮮，台湾等からの食糧輸入も不可能になっており，国内での食料品の供給水準は著しく縮小していたのである。また46年の鉱工業生産指数（1934～36年平均＝100）の月別推移をみると，46年1月では総合指数（88品目）は25.8，製造業（79品目）はわずか16.9にすぎなかった[11]。

---

10) 1945年の個別の生産指数をみると米65.2，野菜88.5，果実63.1，畜産23.9（卵4.8），等であった。また45年の国内生産高を42年（カッコ内）と比較すると米587万トン（1001万トン），麦229万トン（321万トン）と6割の水準に低下していた（『昭和財政史　終戦から講和まで』第19巻（統計），81-82ページ，参照）。

11) 1946年1月の個別産業の指数は，食料品35.0，紡織5.9，化学14.1，金属7.0，機械

表7-2　自由物価（闇物価）指数（東京・消費財）

年月	自由物価指数 （1945年 9 月 ＝100）	自由物価 ／公定価格 （倍）
1945年10月	92	28.7
11月	112	31.8
12月	128	29.7
1946年 1 月	170	36.1
2 月	200	37.2
3 月	196	21.8
4 月	187	19.4

注）日本銀行調べ。
出所）『昭和財政史　終戦から講和まで』第19巻（統計），
　　　64ページより作成。

　次に，敗戦直後の日銀券増発の経緯をみてみよう。表7-3は日本銀行の主要勘定（1945年 7 月〜46年 4 月）を示している。同表によれば次のことが指摘できる。①日銀券は45年 7 月末の284億円から45年12月末の554億円へと 5 カ月間で約 2 倍に増加している。とくに45年 8 月には 1 カ月で140億円も急増している。②日銀券増発の要因の一つは，政府財政への資金供給の急増である。国債・債券と政府貸上金の合計額は，45年 7 月末の63億円から45年12月末には183億円へと120億円も増加している。③日銀券増発のいま一つの要因は，民間金融機関への貸出金の増加である。貸出金は45年 8 月だけで69億円（234億円→303億円）増加して，その後一旦は縮小するが，45年 9 月末の236億円から45年12月末の378億円へと 3 カ月間で再び142億円も増加している。

　敗戦直後に政府財政への資金供給が急増した主な原因は，敗戦後数カ月に臨時軍事費の支払額が急増したことにある。表7-4は臨時軍事費特別会計の受払

　27.5，鉱業34.7，等であった。なお46年12月の指数は産業総合42.4，製造業30.6へと若干ながら上昇しているが，戦前の 3 〜 4 割の水準にとどまっていた（『昭和財政史　終戦から講和まで』第19巻（統計），90-91ページ，参照）。

表7-3　日本銀行の主要勘定

(100万円)

年月	貸出金	政府貸上金	国債及債券	発行銀行券
1945年 7 月	23,458	−	6,339	28,456
8 月	30,346	−	8,757	42,300
9 月	23,626	−	12,051	41,426
10月	26,196	−	12,393	43,188
11月	29,581	−	16,245	47,748
12月	37,838	11,220	7,156	55,440
1946年 1 月	40,956	11,450	7,423	58,565
2 月	41,544	10,200	7,628	54,342
3 月	28,649	5,300	3,046	23,322
4 月	30,060	5,300	3,370	28,173

出所)『昭和財政史　終戦から講和まで』第19巻（統計），476-477
ページより作成。

表7-4　臨時軍事費の受払額

(100万円)

年月	受	払	受払超過額
1945年 1 月	441	2,163	△1,712
2 月	131	2,446	△2,315
3 月	394	2,725	△2,331
4 月	192	2,910	△2,718
5 月	245	2,001	△1,756
6 月	166	3,077	△2,911
7 月	794	3,511	△2,717
8 月	175	5,001	△4,826
9 月	1,983*	16,556	△14,578
10月	898	4,380	△3,482
11月	986	4,662	△3,676
12月	364*	1,123	△759

注)　*印は戻入も含む。
出所)『日本銀行百年史』第 5 巻，18ページ。

額の推移を示している。臨時軍事費特別会計の支払い超過額は，戦時中の1945年 1 ～ 7 月には毎月20億円程度であったが，敗戦後の 8 月は48億円， 9 月には146億円へと急増している。結局 8 ～11月の 4 カ月で支払い超過額は265億円にも達している。これは，軍隊解散による軍人・兵士への給与・退職金の支払いだけでなく，発注した軍需企業へのいわば契約打切りによる損失補償金等の支払いが相当にあったからである[12]。敗

---

12)　臨時軍事費特別会計の会計年度は1946年 2 月末をもって終結し，その歳入歳出の出納事務は同年 6 月末限りで完結した。敗戦後の臨時軍事費特別会計の終結の経緯

戦直後の臨時軍事費支払いの資金調達について，政府はその大半を日本銀行を通じて行った。表7-5をみてみよう。政府は45年8〜10月の3カ月で長期国債を160億円も発行しているが，そのうち120億円（75％）は日銀引受であった。その結果，先に表7-3でみたように日銀の対政府信用供与（政府貸上金，国債保有）は，45年7月の63億円から45年12月の183億円へと120億円も増加しているのである。日本銀行調査局（1947）によれば，「この臨時軍事費の終戦直後における寛大な支払は戦後インフレーションの進展に対して最初の且決定的な契機をなすものであった。[13]」

　なお，敗戦直後の連合国軍占領経費の日銀立替金も日銀券増発の一因になっていた。連合国軍の占領関連経費（施設建設，労務費等）は，本来は政府一般会

表7-5　長期国債の発行・引受状況

(100万円)

年月	長期国債発行額	日本銀行引受	預金部引受
1945年4月	72	71	−
5月	1,511	1,000	500
6月	1,575	566	1,000
7月	3,511	2,500	1,000
8月	4,075	3,055	1,000
9月	5,010	3,500	1,500
10月	7,030	5,529	1,500
11月	0	−	−
12月	31	31	−
1946年1月	300	−	300
2月	6	6	−
3月	10,379	−	5,059

出所）『日本銀行百年史』第5巻，19ページ。

　については，大蔵省昭和財政史編集室編『昭和財政史』第4巻（臨時軍事費），65-85ページを参照されたい。

13）日本銀行調査局（1947），383ページ。

計の終戦処理費で計上されるものであるが，当座の占領関連経費は日銀立替金で処理されていた。その金額は，1945年11月末で12.5億円であり，立替が終了する46年10月までには122.3億円に達していた。そして，その分だけ同期間に日銀券が増発されていった[14]。

次に，民間金融機関への日銀貸出金の増加の要因を考えてみよう。表7-6は，敗戦直後（1945年8月〜46年3月）の全国銀行の主要勘定を表している。同表によれば，民間企業等への貸出金が45年8月末の746億円から45年12月末の976億円へと4カ月で230億円も増加している。その増加の理由として，一方では確かに戦時中の軍需生産から戦後の民需生産増強への転換資金を供給する必要によるものであったが，他方では思惑的な資材購入資金や軍需会社の退職金支給資金，さらには「赤字補塡」や「居食い資金」等に充てられるものも少なくなかった，という[15]。そして，貸出金が急増したこの時期の銀行預金は逆に停滞

表7-6　全国銀行主要勘定

(100万円)

年月末	有価証券	うち国債	貸出	預金	借入金
1945年8月	51,705	41,273	74,616	111,943	29,413
9月	53,509	43,093	83,052	120,665	24,118
10月	54,743	44,345	85,983	122,247	26,572
11月	55,147	44,766	90,222	122,712	29,822
12月	55,228	44,921	97,621	119,829	37,690
1946年1月	55,269	45,087	103,591	118,514	41,271
2月	55,187	45,198	105,983	122,683	38,570
3月	60,395	50,524	106,088	136,845	29,490

出所）『昭和財政史　終戦から講和まで』第19巻（統計），482-483ページより作成。

---

14) 『日本銀行百年史』第5巻，20-21ページ，参照。この日銀立替金は1946年10月〜47年2月にかけて政府一般会計から返済された。

15) 『日本銀行百年史』第5巻，24ページ，参照。

もしくは減少していた。とくに45年12月には 1 カ月で29億円も減少している。これは同時期のインフレの急進，財産税創設や新円への切り替えに関する新聞報道（11月 9 日）が流れたこともあって，国民の間で預金引き出しや「換物運動」が進行したことが大きい[16]。こうした中で，民間銀行はその資金調達のために日銀借入金への依存を強めることになった。日銀借入金は45年 9 月末の241億円から45年12月末の377億円へと136億円も急増しているのである。これは表7-3でみた同期間の日銀貸出金の増加額142億円にほぼ対応している。

　以上みてきたように敗戦直後数カ月において財政資金（臨時軍事費支払い等）の調達と民間銀行（民間企業）への資金供給を理由に日銀券は急激に増発された。これは結果的に同時期における著しい物価上昇・インフレを引き起こすことになった。そして，この悪性インフレの進行は，政府・大蔵省内部における財産税構想にも影響を与え，新たな金融緊急措置（預金封鎖，新円への切り替え）を導くことになった。

第 2 節　財産税構想の登場

1 ）大蔵省の財政再建構想

　前節でみたように，大蔵省は敗戦直後（1945年 8 ～10月）において46年度一般会計予算編成をにらみつつ，日本財政が破局的状態にあることを宣言していた。そこではとくに，①戦時国債残高および戦時補償債務に伴う利払い負担の大きさ，②占領軍経費，賠償，等の未確定経費の問題，③悪性インフレへの警戒を強調して，財政再建のためには革新的方途が必要なことを示唆していた。これを受けて大蔵省は敗戦後の財政再建構想たる「財政再建計画大綱」（1945年11月 5 日）を作成するが，そこでは一回限りの財産税・財産増加税を財源にして国債を償却し，国債残高を大幅に削減するという革新的で具体的な方策が提示されていた。そこでここでは，同日の閣議に提出された「財政再建計画大

16）『日本銀行百年史』第 5 巻，23ページ，参照。

綱要目案」[17]について大蔵大臣が説明するにあたって利用した「財政再建計画大綱説明要旨」[18]（以下，「説明」）に注目して，その内容を確認したい。

　まず「説明」は次のように述べて当時の国民道義の退廃，悪性インフレの進行という現実を直視する。「満八年ニ亘ル戦争ニ依リ我国経済国力ハ甚大ナル消耗ヲ蒙リ，敗戦ニ依リ領土ハ半減シ，我国財政経済ノ前途ハ暗澹タルモノアリ加之対外関係其ノ他ニ於テハ幾多未定ノ負担要素アル外，国民生活ノ最大要件タル食糧乃至ハ燃料等ノ需給ニ付テモ遺憾乍ラ現状ニ於テハ確タル成算ナク，<u>国民道義ハ頽廃ノ一途ヲ辿リ，既ニシテ「インフレーション」ノ様相ハ漸次悪性ノ度ヲ加ヘヅツアリ</u>」[19]（下線は引用者），と。

　続いて「説明」は，社会経済情勢が「一触即発の危機」に当面していること，社会経済秩序の崩壊防止，悪性インフレ発生防止が最重要であり，そのためにも財政収支の均衡回復等が不可欠であることを，次のように述べて強調する。「<u>経済秩序ノ破綻ト悪性インフレーションノ発生ヲ防止シ，進ンデハ経済活動ヲ促進スルガ為ニハ食糧及燃料ノ確保，失業ノ防止，国民道義ノ恢復，通貨価値ノ安定其ノ他各般ノ民生安定恢復ノ諸方策ト財政収支ノ均衡ノ恢復トヲ併行シ綜合的且強力ニ実施スル外ニ途ナシ</u>」[20]（下線は引用者），と。

　その上で，日本の財政見通しについて次のように断言する。「<u>然ラバ財政ノ現状及見透シ如何ト謂フニ戦時中無理ニ無理ヲ重ネ来リタル結果徹底的ナル構想ノ切替ヲ行ヒ革新的手段ヲ講ズルニ非ザル限リ今日迄ニ累積セル巨額ノ公債ノ処理ハ愚カ今後赤字公債ハ更ニ累増シ赤字公債ノ利子ヲ赤字公債ヲ以テ賄ハザルヲ得ザルベク其ノ状況ハ循環的且破局的ニ累進シ国家財政ヲ破綻セシメ，悪性インフレーションヲ昂進シ久シカラズシテ凡ユル社会経済秩序ヲ崩壊セシムルニ至ル公算極メテ大ナリ</u>」[21]（下線は引用者），と。具体的には，「説明」で

17）『昭和財政史　終戦から講和まで』第17巻（資料1），506-507ページ。

18）『昭和財政史　終戦から講和まで』第17巻（資料1），507-510ページ。

19）『昭和財政史　終戦から講和まで』第17巻（資料1），507ページ。

20）『昭和財政史　終戦から講和まで』第17巻（資料1），507ページ。

21）『昭和財政史　終戦から講和まで』第17巻（資料1），507-508ページ。

の1946年度一般会計予算の見通しは次のようであった。①租税収入等の普通歳入は120億円である。②歳出は，国債費57億円，臨時軍事費借入金利子4.5億円，政府公約の補償金等利払い費16.8億円，等を含めて172億円となる。③差引き52億円の財源不足となる。なお，債務利払い費の原因となる政府債務総額は45年度末で国債1560億円，臨時軍事費借入金150億円，政府補償金等460億円の合計2174億円の見込みである[22]。かくして，先に引用したように，膨大な国債利払い費を更なる赤字国債発行で賄うならば，財政破綻と悪性インフレ高進の末，社会経済秩序を決定的に崩壊させてしまう可能性が大きい。

　ここで「説明」は現状の国債累積の矛盾・無理を以下のように指摘する。「財政ノ概況及見透シ上述ノ如シ，之ヲ国民経済的観点ヨリ見レバ，今日我ガ国民ノ財産総額ハ現在幾何ニ達スルヤ遽ニ推断ヲ下シ得ザルモ，概ネ四，五千億円ト推定セラルル処，其ノ中千五百億円乃至二千億円ハ国債ノ累積等ニ基ク謂ハバ身ノ無キ財産ト考フベキモノナルベシ，右ハ敗戦ノ結果国民経済全体トシテハ非常ニ貧困ヲ極メ居レルニモ拘ラズ，国民各自ノ懐ニハ札ガ溢レ居ルト謂フ矛盾セル現象，即チ物ト金トノ極端ナル不均衡トナリテ現レ，斯ルダブツケル札ハ絶エズ物価面ヲ攪乱シ闇価格ヲ吊上ゲ経済秩序ヲ脅カシテ悪性インフレーション発生ノ兆ヲ露呈シ居ルモノニシテ，之ガ対策トシテハ一面民需生産ヲ活発ナラシメテ物ノ生産ヲ増加セシムルト共ニ謂ハバ身ノ無キ財産トシテ国民ノ懐ニ在ル資金ヲ大規模ニ吸収シ物ト金トノ均衡ヲ回復スルノ要アリト認メラル」[23]（下線は引用者）。これは，次のことを主張している。①国債は政府にとっては債務であるが，国債所有者（金融機関→預金者）たる国民にとっては債権であり，財産である。②敗戦直後の国民財産総額4000〜5000億円のうち2000億円は国債という財産である。③しかし，物（生産）と金（日銀券）が極端に不均衡

22）これ以外にも，連合国軍駐屯経費，賠償より生じる国庫負担，在外円系通貨の整理に関する経費，外地企業に対する補償など未確定の負担を考慮に入れれば政府歳出額はさらに増加する。（『昭和財政史　終戦から講和まで』第17巻（資料1），508ページ。）

23）『昭和財政史　終戦から講和まで』第17巻（資料1），508ページ。

な現状では，国債は実体のない財産にすぎず，むしろ悪性インフレや経済崩壊
の原因である。④そこで，国民所有の資金・資産を大規模に吸収して，物と金
との不均衡を一挙に是正する必要がある，と。

そして，具体的な措置と財政効果は次のようになる。①一回限りの財産税お
よび財産増加税を賦課する。②その税収予定額920億円を国債償却にあて，国
債残高を2170億円から1270億円に削減する。③その結果，毎年の国債費負担は
75億円から44億円に減少する[24]。

920億円という税額は国民財産総額の2～2.5割に相当し，それだけ大規模に
国民から財産を奪うことになる。ある意味では革命的な財産課税である。これ
について「説明」では，次のように述べて戦争財政の異常性を強調して国民の
理解に期待していた。「九百二十億円ノ財産増加税及財産税ハ実ニ我国民ノ財
産総額ノ二割乃至二割五分ニ当ル計算トナルモ，戦時利得者ニ対シ財産増加税
ヲ賦課シテ戦時中ノ財産増加額ヲ徴収スルコトハ蓋シ何人モ異存ナキ所ナルベ
ク又終戦ト共ニ全国民戦死シタルモノト考フレバ，有史以来未曾有ノ敗戦ナル
冷厳ナル事実ニ当面シ過大ナル負担ヲ調整シテ新生ニ乗リ出スベキ我国民トシ
テハ何人ト雖モ今後ノ財政再建ノ為之ノ程度犠牲ヲ負担スルニ異存ノアルベキ
モノトハ信ジラレズ」[25]（下線は引用者）。

なお，日本財政の危機的状態に対して，政府・大蔵省の外部では敗戦直後か
ら国債利払い停止，戦時補償債務の破棄等の主張もなされていた[26]。しかし，
「説明」では以下のように述べてそうした対応を否定していた。「上述ノ財政ノ
現状及見透ナルニ付テハ一部ニハ戦時中発行セラレタル公債ノ利払停止其ノ他
政府ノ公約破棄論ヲ始メ進ンデ戦時中ノ一切ノ債権債務ノ破棄，戦時中ノ預金

---

24) 『昭和財政史　終戦から講和まで』第17巻（資料1），508ページ。「説明」はいう。
　　「先ズ以テ大幅ニ国債ノ消却ヲ行ヒ莫大ナル国庫ノ重荷ヲ整理シ以テ今後ノ財政収
　　支ノ均衡ヲ容易ナラシムルノ基盤ヲ造成スルコト絶対必要ナリ」。

25) 『昭和財政史　終戦から講和まで』第17巻（資料1），509ページ。

26) 当時の債務破棄構想に関連しては，『昭和財政史　終戦から講和まで』第11巻
　　（政府債務），86-90ページ，参照。

ノ払出制限ノ実施等ノ提案ヲ為ス向アリ」，「右ノ所論ハ一応首肯シ得ザルモノ
ナキニ非ザルモ上述セル如ク刻下当面ノ最喫緊事ハ経済秩序ノ破壊ヲ防止シ国
民道義ノ恢復ヲ期スルニ在リ」，「従テ此ノ際トシテハ公債ノ利払停止乃至借換
ヲ行フハ其ノ時期ニ非ザルハ固ヨリ他方仮ニ軍需企業ニ対シ損失ノ補償ヲ為サ
ザルトキハ，軍需企業ノ負債ノ処理ヲ不可能ナラシムルハ勿論，之ガ為金融機
関ノ債権ハ回収困難トナリ，延テハ預金ノ支払ニモ支障ヲ生ゼシメ又政府公約
ノ破棄ハ国民全般ニ亘ル各種債権債務ノ処理ニ波及シ，斯クテ一切ノ経済秩序
ヲ混乱ニ陥ラシムルコトトナル虞存スルヲ以テ，此ノ際政府ノ信義ヲ維持シ経
済秩序ノ破壊ヲ防止シ且経済活動ヲ運行セシムル」[27]。（下線は引用者）つまり，
政府は戦争による政府債務は完全に支払う一方で，大胆な財産税・財産増加税
も行うという立場であった。当時の言葉によれば，「払うものは払う，しかし
取るものは取る」という方針であった。

2）財産税，財産増加税の構想

　それでは，「財政再建計画大綱」では財産税と財産増加税をどのように構想
していたのであろうか。両税の構想は大蔵省と GHQ（連合国軍総司令部）の交
渉の過程で様々に変更されているが，ここでは大蔵省主税局が最初にまとめた
案に注目しておこう。財産税創設案要綱（1945年10月30日付）と財産増加税創設
案要綱（1945年10月31日付）によれば，両税の内容は次のとおりである[28]。
〈財産税〉
　①　趣旨：「戦後財政経済ノ情勢ニ顧ミ国民ノ全財産ニ付一回限ノ課税ヲ行
　　　ヒ以テ財政上ノ収支ノ均衡ヲ図ルト共ニ悪性「インフレーション」ヲ防止
　　　シ経済ノ安定ニ資スル為」
　つまり，財産税は財政収支の均衡と悪性インフレの防止を目的にする。
　②　個人財産税の要領：

27）『昭和財政史　終戦から講和まで』第17巻（資料1），509ページ。
28）『昭和財政史　終戦から講和まで』第7巻（租税1），70-80ページ，参照。

・納税義務者：国内に財産を有する個人

・課税物件：全財産より債務を控除した純財産価格

・基礎控除：戸主5千円，妻5千円，家族1人につき千円

・税率：10％（5万円以下）〜70％（5千万円以上）の超過累進税率

・家族：同居の戸主，家族の財産価額は合算して課税する

・徴収：事情により分納を認める，物納（国債）も考慮する

・歳入見積額：457億円

③　法人財産税の要領：

・納税義務者：国内に本店，主たる事務所を有する法人，国内に資産または営業を有する法人

・課税物件：純資産価額から払込資本金額および当該事業年度分の所得金額を控除した金額

・税率：積立金部分　25％，その他　50％

・徴収：事情により分納を認める，物納（国債）も考慮する

・歳入見積額：199億円

〈財産増加税〉

①　趣旨：「戦時利得者ニ対シ其ノ財産増加額ヲ可及的ニ徴収シ以テ戦後財政ノ確立ヲ図ルト共ニ悪性インフレーションヲ防止シテ経済ノ安定ニ資スル為」

　つまり，財産増加税の目的は，戦時利得者（個人）の財産増加額を吸収して，財政収支の均衡と悪性インフレの防止に役立てるものである。

②　要領

・納税義務者：国内に居住し，国内に財産を保有する個人

・課税物件：戦後の財産価格（1945年10月1日現在）から戦前の財産価格（1941年12月末）を控除した財産増加額

・基礎控除：1万円

・税率：20％（1万円以下）〜100％（100万円超）の超過累進税率

・家族：同居の戸主，家族の財産価額は合算して税率を適用する

・徴収：事情により一部延納を認める，物納（国債等）も考慮する

・歳入見積額：315億円

なお，税額見込額については，個人財産税では次のような計算になっていた[29]。

・個人財産価格額：1499万世帯（1944年人口調査），2985億円

・うち，財産価格 5 千円未満世帯：1246万世帯，498億円

・差引：253万世帯，2487億円

・上記世帯の基礎控除：278億円

・差引の課税世帯と課税価格：240万世帯，2208億円

・税額：457億円

第 3 節　財産税構想の変化と実施

1 ）財産税，戦時補償債務をめぐって

前節でみたように，1945年10月末の時点での大蔵省の方針は，国債償却のために個人・法人対象の財産税と個人対象の財産増加税を一回限り賦課する一方で，政府の戦時補償債務は原則として支払う，というものであった[30]。続く45年11〜12月にかけては大蔵省と GHQ との間で戦時利得の除去と財政再建をめぐって交渉が行われた[31]。その結果，大蔵省方針の大枠は維持されながらも，

29）『昭和財政史　終戦から講和まで』第 7 巻（租税 1 ），76ページ。

30）財産税と戦時補償債務の問題の経緯については，『昭和財政史　終戦から講和まで』第11巻（政府債務）の第 2 章，第 3 章，第 7 巻（租税 1 ）の第 3 章，第 4 章が詳しい。また，『大蔵省史』第 3 巻，17-21ページ，『日本銀行百年史』第 5 巻，30-38，62-64ページも参照。

31）この時の日本側主張は，1945年11月16日付「戦時利得の除去及び国家財政の再建に関する最高司令官宛覚書」に，GHQ 側の回答は1945年11月24日付「戦争利得の除去及び財政の再建に関する司令部覚書」にまとめられている。ただし，日本側の覚書はもともと GHQ の意向を踏まえて作成されていた。全文は『昭和財政史　終

財産増加税に関しては個人だけでなく個人・法人の戦時利得を完全に回収するという，より強い課税方式が選択されることになった。

そして，1945年11月25日付「財政再建に関する覚書に関する大蔵大臣談話」は，GHQとのやりとりを踏まえて，二つの方針を改めて提起している。この「談話」での政府方針の内容とねらいを以下でみていこう。方針の一つは，戦争利得税と財産税という二つの新税を設定することである。そのねらいについては次のように説明する[32]。

「戦争利得税賦課ノ目的ハ要スルニ戦争ニ基ク利得ヲ完全ニ払拭スルコトニ依リ平和的民主ノ勢力ヲ助長スルト共ニ財産税ト相並ンデ財政再建ノ基礎ヲ置キ，インフレ対策ノ根本ヲ確立シテ諸般ノ建設工作ノ出発点タラシメントスルモノニ外ナラヌ。何ヲ戦争ニ基ク利得トイフカハ議論ノ分レル問題デアルガ，<u>要スルニ戦争中戦争トノ関連ニ於テ，又ハ戦争ノ結果トシテ生ジタル凡テノ利得ヲ意味シ，法人個人ヲ通ジ苟モ俗ニ謂フ戦争肥リト云ウモノハ許サヌ考ヘデアル</u>。」

「財産税ハ専ラインフレ防止，財政経済再建ヲ目的トスルモノデ，<u>此ノ国家ノ困難ニ際シ資産ヲ持ツテ居ル人々ニハ夫々分ニ応ジタル寄与ヲシテ貫ヒ度ヒ為ニ広ク一般財産ニ対シ累進税率ニ依ル課税ヲ行ヒ所要ノ収入ヲ得ントスル</u>モノデアル。」（下線は引用者）

つまり，両税は敗戦後の財政再建とインフレ対策が一義的なねらいであるが，同時に「戦争肥り」を許さないという道義的側面や[33]，国家危機に際して資産保有者への「分に応じた寄与」を求めるという応能性も前面に出してい

戦から講和まで』第17巻（資料１），516-519ページ。

32）『昭和財政史　終戦から講和まで』第17巻（資料１），520ページ。

33）戦争利得の完全な回収については，GHQ側の強い意向が反映している。11月24日付「司令部覚書」では，「一部ノ日本人ノ資産ハ不正ニシテ侵略的ナル戦争ヲ利用シ多年ニ亘リ不法ニ増大セリ。政府ハ全日本人ニ対シ戦争ハ経済的ニ見テ利益アルモノニ非ザルコトヲ周知セシムル為」，と述べていた。（『昭和財政史　終戦から講和まで』第17巻（資料１），517-518ページ。

た。なお，大蔵省側は財産税を個人・法人ともに課税する方針であったが，GHQ 側は法人への財産税課税については個人財産税との二重課税問題での疑問を提起していたという[34]。

そして，いま一つの方針は，政府は GHQ 承認の下で戦時補償債務を支払うことである。これについて「談話」は次のように述べている。「所謂政府補償問題ニ付テハ其ノ支払ガ不当ナル結果ヲ生ズルコトナキ様充分ナル措置ヲ講ジタル上之ヲ実行スル意図ナルコトヲ総司令部ニ申入レタ所其ノ措置ニ関シ若干ノ条件ヲ指令シタル上之ヲ承認スルモノナルコトガ明カニサレタ。其ノ条件トハ要スルニ支払金ヲ封鎖シ，其ノ解除ヲ総司令部ノ承認事項トスルコトヲ中核トスルモノデアツテ，ツマリ従来政府ノ取リ来ツタ措置ヲ一層厳格化シタモノニ外ナラヌ。」

それと同時に，戦時補償債務支払いの経済的影響については楽観的に評価して次のように評価していた。「軍需会社関係デ今後政府ガ支払ヲ要スル金額ハ三百二億円ト推算サレル。然ルニ軍需会社ガ金融機関カラ借入レテ居ル金額ハ夫レ以上ニ上リ，又其等ノ金融機関ガ日銀カラ借入レテ居ル金額ハ二百五十億円程度ニ及ンデ居ルカラ大雑把ニ言ツテ政府ガ今後支払フベキ金額ノ八割以上ハ日銀ニ還元スルノデアル。以上ノ如キ関係ニアルガ故ニ，政府ハ補償ノ支払ヲ以テ必ズシモ大ナルインフレ原因トハ考ヘナイ。然ルニ政府ガ若シ補償ヲ支払ハヌトスレバ之ニ関連スル凡百ノ経済関係ノ運行ハ阻止サレ其ノ実害ハ広ク国民経済ニ波及スルハ明デアリ，従ツテ国民全般ノ利益ノ為ニモ之ヲ実行シナケレバナラヌトノ結論ニ到達スルノデアル」[35]（下線は引用者）。

つまり，軍需会社への政府支払い（302億円）の大半は，政府→軍需会社→金融機関→日本銀行へと還流する予定であり，必ずしもインフレ促進になるわけではなく，むしろ国民経済運行にとって望ましいこと，が力説されていたので

---

34) 大蔵省終戦連絡部「財産税及び戦時利得税に関し司令部担当官との会談内容（1946年11月28日～12月8日）」『昭和財政史 終戦から講和まで』第17巻（資料1），567-570ページ。

35)『昭和財政史 終戦から講和まで』第17巻（資料1），520ページ。

ある。なお，1945年11月27日付の大蔵省・商工省調べによる政府戦時補償債務の総額は565億円であった。うち軍需企業向け債務は431億円であるが，その内訳は軍需企業に対する戦争損害保険金（保険会社・損害保険中央会に対する政府補償債務額）195億円，軍需企業が国家総動員法・軍需会社法等に基づく生産命令・諸設備拡充命令等によって生じた損失等105億円，政府契約打切りに伴う損失100億円，工場疎開費用の補償20億円，その他の命令に基づく設備等の買上げや経費補償11億円，であった。そして，企業受領済みの戦争保険金69億円，政府前渡金60億円を差し引いた302億円が，終戦後に政府が軍需企業に支払う金額となっていった[36]。

こうした経緯を経て，政府は1945年12月30日に「財産税法案要綱」，「個人財産増加税法案要綱」，「法人戦時利得税法案要綱」を閣議決定し，12月31日にGHQに提出した。そして，この三法案の内容を遂行するためには，課税財産の捕捉つまり財産調査が不可欠となるが，そのための「臨時財産調査令」も46年2月25日に閣議決定された[37]。また，同時期の46年2月16日には金融緊急措置も実施された。これは第1節でみたような45年9月〜46年1月に急速に進行したインフレに対処するための措置であり，「金融緊急措置令」と「日本銀行券預入令」からなっていた。前者は，国民・事業者・企業が金融機関にもつ預貯金・金銭信託等を封鎖することによって，後者は流通中の日銀券（旧円）を強制的に金融機関に預貯金や金銭信託として預け入れさせることによって，旧円から新円に切替えつつ国民・事業者・企業の購買力を抑制しようとするものであった[38]。また，この金融緊急措置には，個人・法人の預貯金や金融資産を確定し，財産税等の課税対象を確実に捕捉することが期待されていた[39]。

---

36)『昭和財政史　終戦から講和まで』第11巻（政府債務），34-37ページ，参照。

37)『昭和財政史　終戦から講和まで』第7巻（租税1），91-130ページ，参照。

38) 金融緊急措置の実施経緯，内容，効果については，『昭和財政史　終戦から講和まで』第12巻（金融1），「金融政策」第2章，『日本銀行百年史』第5巻，38-45ページを参照。

39)「金融緊急措置は金融機関の預金封鎖と新円への通貨の切替えによって実施され

　さて，政府・大蔵省の方針（個人・法人への財産税，個人財産増加税，法人戦時利得税の賦課，戦時補償債務の支払い）は，1946年 2 月には決定したのであるが，その後46年 4 〜 7 月にかけての GHQ 側との法案内容の具体的応答を経る中で，この方針は大きく変更される。つまり，①戦時補償債務は実質的には支払わない（政府への戦時補償請求権に税率100％で課税する），②法人に対する財産税，戦時利得税は実施しない，③個人に対する財産増加税も実施せず，一回限りの財産税のみを賦課する，ということになった[40]。結果的に，「戦時補償特別措置法案」（戦時補償特別税）を含む補償関係 6 法案は，46年 9 月28日に衆議院本会議に上程され10月18日に成立した。また，「財産税法案」も 9 月30日に衆議院に提案され，11月 2 日に「財産税等収入金特別会計法」とともに成立した[41]。

2 ）財産税と戦時補償特別税の実施

　実際に実施された財産税と戦時補償特別税についてみておこう。財産税の概要は以下のとおりである。①納税義務者は1946年 3 月 3 日時点で国内に居住する個人である。②課税対象となるのは同日時点での財産価格（時価）であり，申告に基づく。③課税価格が10万円以下の場合は課税されない。④税率は25％（価格10万円超）〜90％（価格1500万円超）の超過累進税率である。⑤金銭納付が困難な場合には物納も申請できる。

　財産税法案とともに議会に提出された資料によれば，財産税額見込みは次のとおりである。①国内の個人財産総額は1438万戸の4032億円である。②そのうち財産価格10万円以下に属するのは1383万戸，2681億円であり，10万円超に属

　　たが，これは購買力の抑制というインフレ対策とみることと，預金状況把握による
　　財産税賦課の準備とみることができる。」（『大蔵省史』第 3 巻，14ページ）。
40 ）この変更は基本的には GHQ 側の意向によるものである。1946年 4 〜 7 月にかけ
　　ての財産税等の賦課と戦時補償債務支払いをめぐる GHQ 側と大蔵省の交渉・やり
　　とりの経緯については，『昭和財政史　終戦から講和まで』第 7 巻（租税 1 ），131-
　　150ページ，を参照されたい。
41 ）『昭和財政史　終戦から講和まで』第 7 巻（租税 1 ），151-176ページ，参照。

するのは55万戸，1351億円である。③さらに戦災者等を控除した財産税の課税対象は，51万戸，1281億円であり，税額見込みは435億円であった。④つまり，財産税が課税されるのは国内総世帯の3.5％，その平均負担率は34.0％が想定されていた[42]。

　それでは，実際の財産税はどのように課税されており，また負担構造はどうなっていたのであろうか。表7-7は財産税が課税された財産価額を種類別に示したものである。控除前の財産価格総額1361.4億円の内訳をみると，銀行預金291億円（21.4％），郵便貯金95億円（6.9％）という預貯金が全体の28.3％を占めて最大であり，次いで土地277億円（20.4％），家屋243億円（17.9％）という不動産と，株式・出資163億円（12.0％）が続いている。個人保有の国債は18億円（1.3％）にとどまっていた。次に表7-8は財産税の課税実績（1946，47年度）を財産階級別に示したものである。課税総戸数46.6万戸，課税価格1198億円，財産税額406億円で，平均負担率は33.9％である。また，財産階級別の負担率は，11万円未満層の1.2％から，1500万円超層の88.7％へと強い累進性を示していたことがわかる[43]。さらに表7-9は，納税世帯数，

表7-7 財産税の財産価額（種類別）
（100万円，％）

	価額	構成比
土地	27,773	20.4
（うち宅地）	(13,570)	(10.0)
家屋	24,373	17.9
立竹木	5,716	4.2
国債	1,806	1.3
株式・出資	16,324	12.0
銀行預金	29,159	21.4
郵便貯金	9,541	6.9
年金保険等	3,575	2.6
機械設備等	3,507	2.6
商品・半製品等	3,327	2.4
書画骨董	1,102	0.8
家庭用動産	4,647	3.4
計	136,141	100.0
控除額	14,078	10.3
差引課税財産価額	122,063	89.7

注）計にはその他の財産も含む。1946〜51年度累計額。
出所）『昭和財政史　終戦から講和まで』第19巻（統計），283ページより作成。

42）『昭和財政史　終戦から講和まで』第7巻（租税1），177ページ，参照。
43）なお，財産税の収納額は1946〜51年度累計で412.1億円であるが，そのうち115.3

課税価格（財産価額），財産税額での財産階級別シェアを示したものである。表
7-8，表7-9を総合してみると次のことが指摘できる。①納税世帯数の下位45％
を占める財産15万円未満層の負担率は１〜９％であり，財産税額の３％強を占
めるにすぎない。②納税世帯数の中位54％を占める財産15万円超〜150万円未
満層の負担率は13〜57％であり，財産税額の65％を占めている。③納税世帯数
の上位１％を占める財産150万円超層の負担率は60〜80％台という高さで，財

表7-8　財産階級別にみた財産税額（1946，47年度分）

(100万円)

財産階級 （万円）	件数	課税価格	税額	１件当たり 税額（千円）	負担率 （％）
〜11	55,951	5,884	72	1.3	1.2
11〜12	49,135	5,658	198	4.0	3.5
12〜13	41,366	5,179	302	7.3	7.8
13〜15	63,984	8,956	831	13.0	9.3
15〜17	46,039	7,354	984	21.4	13.4
17〜20	48,572	8,962	1,615	33.3	18.0
20〜30	77,964	18,936	5,035	64.6	26.6
30〜50	49,409	18,755	7,103	143.8	37.9
50〜100	24,796	16,729	8,171	329.5	48.8
100〜150	5,179	6,232	3,539	683.4	56.8
150〜300	3,239	6,473	4,096	1,264.9	63.3
300〜500	722	2,731	1,908	2,643.1	69.9
500〜1500	375	2,834	2,171	5,790.8	76.6
1500〜	47	5,146	4,567	97,172.6	88.7
合計	466,778	119,835	40,598	256.7	33.9

注）財産税額の46〜51年度累計額412.1億円。（加算額，追徴税込みで418.2億円）
出所）『昭和財政史　終戦から講和まで』第19巻（統計），284ページより作成。

億円が物納された。その内訳は預金（旧勘定）43.0億円，株式12.0億円，国債9.2億
円，土地（田）9.1億円，土地（宅地）3.7億円，土地（山林）2.5億円，立木16.4億円，
動産7.5億円，等である（『昭和財政史　終戦から講和まで』第19巻（統計），289ペー
ジ，参照）。

表7-9　財産税の財産階級別シェア（1946，47年度分）

財産階級 （万円）	件数	課税 価格	税額
〜11	11.99	4.91	0.18
11〜12	10.52	4.72	0.49
12〜13	8.86	4.32	0.75
13〜15	13.71	7.47	2.05
（小計）	(45.08)	(21.42)	(3.47)
15〜17	9.86	6.13	2.42
17〜20	10.41	7.48	3.98
20〜30	16.70	15.80	12.40
30〜50	10.58	15.65	17.49
50〜100	5.31	13.96	20.13
100〜150	1.01	5.20	8.72
（小計）	(53.87)	(64.27)	(65.42)
150〜300	0.69	5.40	10.09
300〜500	0.15	2.28	4.70
500〜1500	0.08	2.36	5.35
1500〜	0.01	4.29	11.25
（小計）	(0.93)	(14.33)	(31.39)
合計	100.00	100.00	100.00

注）四捨五入しているので，合計は必ずしも100.00％には
ならない。
出所）表7-8から計算。

産税額の31％を占めている。④最富裕層の1500万円超層は47世帯，納税世帯数の0.01％にすぎないが，その負担率は88％に達し，財産税額の11％を占めている[44]。

　このように財産税は15万円超の財産保有世帯がもっぱらその税額を負担していた。とりわけ上位1％や上位0.01％の富裕層の負担率は高く，この一回限りの財産税によってその財産の大半を政府財政に回収されたかのようにみえる。その意味では財産税が，戦前期日本で大きかった資産格差の是正に一定程度寄

---

44) 財産税の階層別負担については，林（1958），62-65ページも参照。

与したことはまちがいない。ただし，この財産税での「富裕層の負担」や「資産格差是正」を単純に評価することもできない。第1に，この間のインフレによって財産税の実質的負担も軽減されていたからである。財産税の課税構想の検討開始（1945年8〜11月），財産税法案の上程（46年9月），財産税の納税（46年度，47年度）の間には相当なタイムラグがある。この間の急激なインフレ（卸売物価指数上昇率：45年末→46年末3.3倍，45年末→47年末12.4倍，後掲表7-16参照）を考慮に入れれば，46年3月現在の財産価額に基づく財産税額は，実際の納税時にはその負担程度は相当に軽減されていたことも否定できないであろう[45]。

　第2に，財産税は日本の資産家・資本家陣営の整理・再編成を促進したことである。財産税は地主・華族など旧来の伝統的・寄生的な資産家層に打撃を与えたが（「斜陽族」），銀行・産業など現実資本を支配していた資本家にとっては財産税もインフレ下の負担軽減や「換物運動」によって実質的負担を回避しえたのである[46]。

　第3に，財産税による「富の逆再分配」もありえたことである。つまり，少額財産保有者は財産税納税のために財産売却を余儀なくされたが，資産家・高額財産保有者はインフレ下でそれらを買い叩き，財産集中・集積を進めること

45）当時の大蔵省主税局第一国税課長であった前尾繁三郎は，1952年5月20日の講述において次のように発言していた。「司令部との交渉に非常に手間を取り，われわれが考えておった時期とはすっかり狂った時に徴収しなければならないことになってしまいました。従って，とった時分には，ほとんど意味がないようなかっこうになってしまったのです。預貯金の封鎖をやり，一年後に臨時財産調査をやってからでも，その一年間の後にインフレの激化というのは非常な勢いだったのです。財産税自体は実は大きな役目を果たし得ずに終わったので，今もって残念には思っておるのですが」，と（「終戦直後の財産税構想と徴税問題（その1）」10-11ページ，金融財政事情研究会編『戦後財政史口述資料』第3冊　租税，所収）。

46）「財産税の徴収はたしかに富の再分配をもたらしはしたけれども，それによって貧富の差が少しでも均衡化されたと考えるべきではなくて，古き資産家・地主の没落淘汰による資本家陣営の整理，独占金融資本の再編成とその強化という意味における富の再分配に役立ったことを注意しなければならない。」（鈴木，1952，231ページ）。

が可能になったのである[47]。

　次に，戦時補償特別税についてみてみよう。戦時補償特別税とは要するに，政府の戦時補償債務について支払い済み分も含めて，原則としてすべて税率100％で課税して回収しようとするものである。その概要は以下のとおりである。①戦時補償債務としては，軍需会社法，国家総動員法，防空法等の規定による補助金，損失補償金等への請求権（法律・別表1），戦争保険契約による戦争保険金等の請求権（法律・別表2），その他命令に基づく企業整備に関する請求権（法律・別表3）がある。②課税価格は現存の戦時補償請求権の価額であり，支払い済みの場合はその決済金額である。③税率は100％であるが，1件ごとに法人の場合は1万円，個人の場合は5万円が控除される，等の規定もある[48]。

　戦時補償特別税法案とともに提出された資料によると，同税の税収見積額は次のようであった。①課税総件数は137万件，補償請求件総額は809億円（別表1：390億円，別表2：400億円，別表3：19億円）である。②控除額合計は140億円であり，差引課税額は669億円（別表1：385億円，別表2：277億円，別表3：7億円）となる。③さらに，貸付金との相殺額216億円，未払い分の請求件消滅242億円，等を差し引くと実際の税収見込額は164億円となる。④税収見込額（徴収予定額）の内訳は表7-10に示されている[49]。

　それではここで，表7-11によって各年度の財産税と戦時補償特別税の現金負

---

47)「財産税の納付は消費節約によっては不可能なのであって，少額財産保有者にとっては財産の処分ないし物納による以外ない。……中略……インフレ体制下の財産税徴収が少額財産所有者層の財産をかれらからもぎとり，かれらの転落契機をつくりだしてしまう。ところが，この同じインフレ機構がそのもぎりとった財産を捕捉しがたいものに形態を変えて高額財産所有者層のところに集積していくと共に，この層に対する財産税の累進税率を実質的に無意義なものとしてしまうのである。」（林，1958，64-65ページ）。

48) 戦時補償特別税の規定については，『昭和財政史　終戦から講和まで』第7巻（租税1），521-537ページ，参照。

49)『昭和財政史　終戦から講和まで』第7巻（租税1），179-181ページ，参照。

担による税収の推移をみてみよう。
物納分を除いた財産税の税収額は,
1946〜51年度累計で294億円であ
る。現金収入では284億円である
が, そのうち83％は46, 47年度に
納税されていた。財産税の実質負
担がこの間のインフレによって軽
減されていたことはすでに述べた
とおりである。

　戦時補償特別税の物納分を除い
た税収累計額は193億円であるが,
その内訳の大半は政府特殊借入金
100億円, 現金収入73億円である。
ここでの政府特殊借入金とは, 戦
時補償債務支払い分のうち実際は

表7-10　戦時補償特別税の徴収予定額
（1946年10月現在）

（100万円）

区　分	総税額	1946年度収入予定
現金支払いのもの	6,484	1,206
金納	600	540
物納	2,402	666
国債納付	600	540
株式	700	31
地方債・社債	100	5
土地その他	1,002	90
延納	3,482	—
特殊預金等＝金納	525	525
政府特殊借入金	9,404	9,404
合　計	16,413	11,135

出所）『昭和財政史　終戦から講和まで』第7
巻（租税 1）, 181ページより作成。

表7-11　財産税と戦時補償特別税の税収額（物納分を除く）

（100万円）

年度	財産税			戦時補償特別税			
	現金収入	国債収入	計	現金収入	国債収入	政府特殊借入金	計
1946	15,447	71	15,518	706	45	1,844	2,596
1947	8,199	797	8,996	965	622	7,702	9,290
1948	3,458	161	3,620	2,792	911	489	4,194
1949	699	6	705	1,381	382	3	1,764
1950	377	0	377	494	—	—	494
1951	223	0	223	950	—	—	950
累計	28,404	1,037	29,442	7,290	1,962	10,036	19,289

出所）『昭和財政史　終戦から講和まで』第19巻（統計）, 228-229ページより作成。

支払われないで政府借入金として計上処理されていたものであり，この戦時補償特別税によって現金収入にはならないが，その分だけ政府の借入金が減少することになる。他方，現金収入累計73億円のうち56億円（77%）は48〜51年度に納入されている。

　さて，戦時補償特別税の徴収（戦時補償債権の消滅）は，軍需企業を中心とする戦後企業経営にとって重大な影響をもたらすはずである。しかし，戦時補償特別税法成立（1946年10月）からの著しいインフレ（卸売物価指数で46年末→48年末8.3倍，後掲表7-16参照）を考慮すれば，戦時補償特別税の徴収が戦後企業経営に破壊的影響を与えたわけでもない。激しいインフレ下では，企業は銀行借入による納税資金確保も十分に可能であったのである[50]。

　最後に財産税と戦時補償特別税の税収の使われ方をみておこう。両税は財産税等収入金特別会計で管理されていたが，表7-12，表7-13はその歳入と歳出の決算額の推移（1946〜51年度）を表したものである。表7-12によれば，歳入累計額は752億円であるが，ここには現金収入だけでなく将来の税収や物納資産売却に依拠した借入金も含まれている。そして，表7-13によると特別会計歳出累計693億円は一般会計繰入れに421億円，国債整理基金特別会計繰入れに262億円が支出されている。もっともここでの国債整理基金特別会計繰入れは，累積した戦時国債償却に利用されたわけではない。当時（46〜51年度）の国債整理基金特別会計歳出の大半は，短期証券償還，借入金返済，国債利子に充当さ

50）当時の大蔵省主税局の担当者（渡辺喜久造）は，1951年7月30日の講述で次のように発言している。「実質的にいえば，法人の財産は戦補税と在外財産の喪失によって消えてしまったということですね。結局貨幣価値の変動がなかったら，会社は無財産になっていたろう。それで税金を納める代りに金を借りて来て，そして実物資本には変りはないから，借りた金で納めるという形になったわけですね。同時に戦補税にしても財産税にしても，ああいうことをやろうとすればインフレがないことにはできない。それ自体インフレをとめようとしたことが幻想であって，ああいう徹底したことをやるには，反面インフレがなければ完全に経済はとまる」，と。（「戦時補償特別税・財産税について」，30-31ページ，金融財政事情研究会編『戦後財政史口述資料』第3冊，租税，所収）。

表7-12　財産税等収入金特別会計（歳入）

（100万円）

年度	合計	財産税	戦時補償特別税	物納及譲渡財産収入	借入金	前年度剰余金繰入
1946	30,615	15,518	2,596	－	12,500	－
1947	18,783	8,996	9,290	51	－	483
1948	13,218	3,620	4,194	1,406	－	2,889
1949	5,271	705	1,764	1,789	－	688
1950	3,830	377	494	1,650	－	682
1951	3,484	223	950	1,782	－	472
累計	75,203	29,442	19,289	6,681	12,500	5,171

出所）『昭和財政史　終戦から講和まで』第19巻（統計），228-229ページより作成。

れていたのである[51]。結局，財産税と戦時補償特別税の大半は実際には一般会計繰入れ（歳入補填）に活用されたといってよいであろう。とくに敗戦直後の1946年度には285億円もの巨額が一般会計に繰入れられていることは注目される。

そこで1946年度の政府一般会計の状況をみてみよう。表7-14は主要科目別の一般会計歳出を示している。同表によれば，46年5月末に作成された改定予算案では歳出合計550億円で

表7-13　財産税等収入金特別会計（歳出）

（100万円）

年度	合計	一般会計繰入	国債整理基金特別会計繰入
1946	30,176	28,563	1,613
1947	15,828	6,000	9,828
1948	12,529	1,710	10,637
1949	4,589	2,290	1,379
1950	3,358	2,470	723
1951	2,704	414	2,071
累計	69,252	42,148	26,254

注）合計にはその他も含む。
出所）表7-12に同じ。

あったのが，年度末決算では1152億円へと2.1倍に膨張している。それだけ46年度中のインフレが激しかったわけであるが，とくに終戦処理費（連合国軍占

51）『昭和財政史　終戦から講和まで』第19巻（統計），230ページ，参照。

表7-14　1946年度・一般会計歳出（主要科目
　　　　別）

(100万円)

	改定予算案	決算
復員費	4,771	3,695
引揚民対策費	3,051	1,463
民生安定施設費	–	3,734
価格差補助金	4,327	–
食管会計繰入	–	6,479
価格調整補給金	–	3,462
地方分与税	2,559	2,455
国債費	4,923	5,524
経済安定費	5,500	0
終戦処理費	22,082	37,929
地方職員費補助	–	4,114
出資及支出金	–	4,207
日本銀行債務返済費	–	1,200
合計	55,063	115,207

注）改定予算案は，1946年5月末現在。
出所）『昭和財政史　終戦から講和まで』第5巻
　　　（歳計1），143，256-257ページより作成。

領経費），食管会計繰入れ，価格調整補助金，地方職員費補助などが，予算案
に比して著しく増加している。そして，表7-15は46年度の一般会計歳入の予
算・決算を表している。経常部・臨時部を合計した租税収入は予算の127億円
から決算の294億円へと増加し，インフレ下の増税・増収を物語っている。ま
た，予算案になかった公債金収入（赤字国債）が，決算では345億円も計上され
ている。インフレ下の46年度一般会計が極めてきびしい財政運営であったこと
がわかる。そうした中で，特別会計受入収入289億円（うち財産税等収入金特別
会計285億円）は一般会計歳入の24％を占めることになり，敗戦直後のインフレ
下で混乱する46年度一般会計の財政運営を支える役割を果たすことになっ

表7-15　1946年度一般会計歳入

(100万円)

		改定予算案	決算
経常部	租税	12,230	22,310
	還付税収入	228	240
	印紙収入	337	407
	官業及官有財産収入	6,447	8,382
	雑収入	573	1,004
	計（その他とも）	19,817	32,345
臨時部	租税	501	7,153
	特別会計より受入	25,870	28,953
	公債金収入	－	34,500
	借入金	－	10,000
	計（その他とも）	35,245	86,553
合計		55,063	118,899

注）改定予算案は，1946年5月末現在。
出所）『昭和財政史　終戦から講和まで』第5巻（歳計
　　1），143，255ページより作成。

た[52]。

　ただ，このように財産税・戦時補償特別税の税収を一般会計歳入補填に流用

---

[52] 1946年度改定予算案の決定（46年5月31日）に際して，石橋湛山大蔵大臣（吉田内閣）は財産税収入の一般会計繰入れ方針について閣議で次のように説明していた。「今回案に於ては一般会計の歳入の不足は二五八億円の巨額に上り之を如何なる財源に仰ぐかが問題である。前内閣案では歳入不足は二九億五千万程度であり赤字公債の発行に依り之を充当する計画であった。然し未決定であるものの此の外通信事業及帝国鉄道事業其の他に於て相当多数の公債発行を予定せねばならないことをも合わせ考へるとき，現下の金融情勢に於ては斯る巨額の公債の市場消化は到底困難であると思はれる。<u>勢い日銀引受の公債発行を余儀なくせしめられるとすせば其の実質財産税収入を使用したのと何等差異なきこととなる。依って此の点前内閣の方針を改め財産税収入の一部を以て一般会計の歳入赤字を補填することとしたい。</u>」（『昭和財政史　終戦から講和まで』第5巻（歳計1），141ページ，下線は引用者）

したことには重大な問題もあった。その一つは，いうまでもなく戦時国債の償却が全く進まなかったことである。前節までにみたように，当初の大蔵省の構想では，財産税・財産増加税の税収はもっぱら国債償却にあて，国家財政再建に活用するはずであった。結果的に，財産税・戦時補償特別税の税収は激しいインフレと切迫した財政需要という危機的状況の中では，貴重な一時しのぎの収入源として利用されてしまったのである[53]。また，いま一つの問題は，こうした両税の利用の仕方自身がインフレを促進した側面があったことである。つまり，一方では本来なら購買力としては市場に登場しない封鎖預金等も財産税納税によって一般会計支出という形で市場の需要要因となり，また他方では財産税等収入金特別会計の日銀借入金（46年度：125億円）は日銀券増発要因となって，インフレ・物価上昇を促進する一因にもなったのである[54]。

第4節　戦後インフレの高進と国債問題・国民負担

1）戦後インフレの高進

　敗戦直後の政府・大蔵省の方針は，一回限りの財産税・財産増加税の税収を財源に戦時国債の大胆な償却を行い，財政再建の道筋を切り開こうとするものであった。しかし現実には，財産税課税は実施したものの激しいインフレ下の財政危機の中で戦時国債償却は全く進まなかった。それにも増して問題なのは，財産税・戦時補償特別税実施後も長期にわたって激しいインフレが続き，財政運営の危機的状況が継続したことである。当時のインフレの実状と背景を表7-16でみてみよう。卸売物価指数（1934～36年平均＝1）は終戦の1945年8月の3.36から49年12月の218.9へと65倍に達している。この著しい物価上昇の要因の一つは，敗戦後の生産水準の停滞がある。産業活動総合指数（1934～36年

53）財産税の使途をめぐる論争については，『日本銀行百年史』第5巻，33-34ページ，参照。
54）財産税および財産税等収入金特別会計のあり方がインフレを助長していたという点については，鈴木（1952），227-230ページ，林（1958），44-47ページ，参照。

表7-16　卸売物価指数，日銀券，産業活動指数の推移

年　　月	卸売物価指数（1934〜36年平均＝1）	日銀券現在高（億円）	産業活動総合指数（88品目）（1934〜36年平均＝100）
1945年 8 月	3.36	423	－
12月	6.75	554	25.8*
1946年 6 月	16.32	428	41.8
12月	22.49	934	42.4
1947年 6 月	32.87	1,363	50.8
12月	83.87	2,191	51.8
1948年 6 月	93.82	2,306	66.0
12月	187.2	3,553	81.5
1949年 6 月	209.3	3,006	89.9
12月	218.9	3,553	92.0

注）産業活動総合指数の45年12月は46年 1 月の数値を計上している。
出所）『昭和財政史　終戦から講和まで』第19巻（統計），42-43，90-93，407ページより作成。

平均＝100）は，46〜47年段階でも40〜50にすぎないのである。そして，いま一つの要因は日銀券発行高の急速な膨張である。日銀券現在高は45年 8 月の423億円から48年12月の3553億円へと8.4倍にもなっている[55]。

　そして重要なのは，この時期の日銀券膨張については政府財政が主要な原因になっていたことである。表7-17は1946〜48年度における日銀券増加額の要因を対政府，対復金債，対民間に分けて表している。各年度とも日銀券は1000億円前後増加している。その内訳をみると，46年度は対政府43％，対民間54％で

55）この時期のインフレ高進の要因としては，日銀券増発だけでなく，日々の貨幣価値の下落を背景にして人々の換物志向が強くなり，日銀券の流通速度そのものが速くなったこともある。岡崎・吉川（1993），77-78ページ，参照。

表7-17　日銀券発行経路の推移

(億円)

年　　　度	1946	1947	1948
日銀券増加額　　（A）	969	1,030	938
対政府　　　　　（B）	413	729	875
政府貸上金増	69	434	180
国債・短期証券増	431	376	1,165
対復金債　　　（C）	25	399	396
対民間　　　　（D）	530	△98	△333
民間貸出増	233	88	111
国債・短期証券増	189	△114	△729
B/A（%）	43	71	93
C/A（%）	3	39	42
D/A（%）	54	△10	△36

注）対政府，対民間の内訳では，預貯金増減その他の
　　計上は省略している。
出所）経済企画庁戦後経済史編纂室編（1959），89ペー
　　ジより作成。

あったが，47年度は対政府71%，対復金債39%，48年度は対政府93%，対復金
債42%になっている。復金債とは後述のように，政府100%出資の政府機関で
ある復興金融金庫が資金調達のために発行した債券であり，実質的には政府財
政活動の一部である。結局，47〜48年度においてはもっぱら財政要因によって
日銀券が増発されたことになる。つまり，この時期の政府財政は国債，短期証
券，復金債の発行，日銀からの借入金を通じて日銀券増発の原因を作ってきた
のである。そこで，この日銀券増発の原因となった政府財政の事情について，
もう少し詳しくみてみよう。

　まず表7-18は1946〜49年度の政府一般会計歳出決算（目的別構成比）の推移
を示したものである。歳出総額は46年度の1152億円から49年度の6994億円へと
４年間で実に6.1倍に増加しており，インフレの激しさを物語っている。とく
に歳出膨張の原因になったのは，終戦処理費と産業経済費である。終戦処理費
（占領軍関連経費）は敗戦後財政を象徴する経費であるが，46，47年度には歳出

表7-18　一般会計歳出決算（目的別）の推移

(%)

年　度	1946	1947	1948	1949
国家機関費	4.4	8.8	11.3	9.1
地方財政費	5.8	12.2	11.2	10.1
防衛関係費	36.6	32.3	23.7	14.6
終戦処理費	32.9	31.2	23.0	14.2
国土保全及開発費	3.9	5.6	7.9	7.3
産業経済費	16.2	25.5	30.8	45.3
商工鉱業費	4.0	2.4	4.1	10.6
運輸経済費	1.4	8.9	10.0	1.9
物資及価格調整費	8.9	12.9	15.3	29.7
教育文化費	2.0	3.9	5.7	5.4
社会保障関係費	6.9	5.6	5.0	5.0
国債費	4.8	3.6	2.1	1.8
歳出合計	100.0	100.0	100.0	100.0
歳出総額（億円）	1,152	2,058	4,620	6,994

注）歳出合計には，その他も含む。
出所）『昭和財政史　終戦から講和まで』第19巻（統計），168-169
　　ページより作成。

の30％台を占め，48年度でも23％を占めていた[56]。また，産業経済費の歳出シェ
アは46年度16％，47年度25％，48年度30％，49年度45％と顕著に上昇した。こ
の産業経済費とは，経済復興・生産拡充のための企業・生産者への補助金や，
消費者物価の上昇を抑制するための価格差補給金（生産者価格＞消費者価格）で
あり，基本的にはインフレ対応の財政支出といってよい。

　次に表7-19は1945～49年度の一般会計歳入決算額の推移を示している。公債
及び借入金のシェアは46年度には戦時中と同様に37％を占めていたが，47年度
以降には全く計上されていない。これは，前述の45年11～12月でのGHQ・大

56）終戦処理費について詳しくは，『昭和財政史　終戦から講和まで』第5巻（歳計
　　1）「終戦処理費」を参照のこと。

表7-19　一般会計歳入決算額の推移

(100万円)

年度	歳入合計 (A)	租税収入 (B)	公債及び 借入金 (C)	B/A (%)	C/A (%)
1945	23,487	11,556	9,029	49.2	38.4
1946	118,899	37,438	44,500	31.5	37.4
1947	214,467	189,601	−	88.4	−
1948	508,038	447,746	−	88.1	−
1949	758,612	636,406	−	83.9	−

注) 租税収入には, 専売納付金, 印紙収入も含む。
出所)『昭和財政史　終戦から講和まで』第19巻（統計）, 306ページ
より作成。

蔵省間の財政再建に関するやりとりの中で, 政府の公債発行・借入金が原則と
して禁止されたことを反映している[57]。また, 47年4月1日に施行された「財
政法」第4条は公債発行・借入金を原則として禁止し, 同第5条は公債発行の
日本銀行引受も禁止しているが, この第4条, 第5条の規定は48年度以降の会
計年度の予算について適用されたのである[58]。

---

57) 1945年12月24日付「戦争利得の除去及び財政の再建に関する司令部覚書」（『昭和
財政史　終戦から講和まで』第17巻（資料1）, 517-519ページ）, 参照。なお,
1946年度改定予算では公債金収入はゼロであったが, 決算では455億円が計上され
ている。その内訳には, 金融機関の損失補償に充当される補償公債210億円, 復興
金融金庫出資などに充当される復興公債金42億円があり, 一般会計歳入補塡のため
の公債金は193億円である。そしてその全額は終戦処理費の増加計上に見合う財源
であった（『昭和財政史　終戦から講和まで』第5巻（歳計1）, 251-252ページ,
参照）。
58)『昭和財政史　終戦から講和まで』第4巻（財政制度・財政機関）, 173-176,
182-183ページ, 参照。もっとも, 財政法第4条は「国の歳出は, 公債又は借入金
以外の歳入を以て, その財源としなければならない。但し, 公共事業費, 出資金及
び貸付金の財源については, 国会の議決を経た金額の範囲内で, 公債を発行し又は
借入金をなすことができる。」, と規定しており, 公共事業費等の財源については公
債発行・借入金も可能としていた。

　さて，1947年度以降には確かに政府一般会計レベルでは国債発行や日銀借入
は抑制されていたが，見逃せないのはその一方で政府事業・特別会計での国債
発行，日銀借入や，年度内の資金繰り手段である短期証券の発行は，46年度以
降一貫して増加していたことである。表7-20は新規国債の目的別発行額と引受
先の推移（45〜48年度）を示している。46年度は発行総額（交付国債を除く）258
億円のうち，一般会計歳入補塡139億円，政府事業（鉄道，通信）71億円であっ
た。47年度以降は一般会計歳入補塡目的の発行はなくなるが，政府事業のみで
47年度101億円，48年度236億円の発行になっている。また，新規国債の日銀直
接引受額も46年度211億円，47年度21億円になっていた。さらに，表7-21は政
府の日銀からの新規借入金の推移（45〜48年度）を示している。一般会計・特
別会計を合計した借入金額は46年度82億円，47年度379億円，48年度130億円に
のぼっている。とくに47年度以降はもっぱら特別会計による借入金であること
がわかる。国債発行の日銀引受や政府の日銀借入金は，当然ながらその金額分

表7-20　新規国債発行額（目的別）と引受先

（100万円）

年　　　度		1945	1946	1947	1948
発行総額		28,173	27,803	32,521	70,533
交付公債を除いた発行額		28,111	25,843	10,595	26,136
目的別	政府事業	859	7,152	10,120	23,674
	鉄道事業	859	5,237	7,553	14,955
	通信事業	–	1,898	2,567	8,719
	軍事関係	22,415	–	–	–
	歳入補塡	4,700	13,985	–	–
	出資・融資	198	4,705	504	2,460
	交付公債	62	1,960	21,926	44,397
引受先	預金部	11,859	4,665	588	774
	日本銀行	16,252	21,178	2,125	–
	市中金融機関	–	–	7,909	21,102
	その他	–	–	21	4,258

　出所）『昭和財政史　終戦から講和まで』第11巻（政府債務），510-532
　　　ページより作成。

表7-21　政府の日本銀行からの新規借入金

(億円)

年　度	1945	1946	1947	1948
一般会計	–	30	70	–
特別会計	107	52	309	130
通信事業	–	7	43	33
国鉄事業	–	42	117	65
財産税等収入金	–	–	125	–
臨時軍事費	107	–	–	–
薪炭需給調節	–	3	5	–
合計	107	82	379	130

注）特別会計は主な会計のみ計上した。合計には，その他の
特別会計分も含む。
出所）『昭和財政史　終戦から講和まで』第11巻（政府債務），
548-549ページより作成。

だけ日銀券の増発になった。

　次に表7-22は1945～48年度における政府短期証券の発行・償還・現在額と日銀保有額を示したものである。短期証券は特別会計の年度内の資金繰りのために発行される政府証券であり，数カ月ないし年度内に償還される。そのため，日銀券の増発には影響しないように思える。しかし，短期証券の日銀引受はその時点で日銀券増発になること，また発行規模が大きくなるに従い日銀保有額も増加せざるをえなくなっていた。表7-22によれば，短期証券の現在額は46年度309億円から48年度1207億円に増加し，日銀保有額も297億円から805億円に増加しており，それだけ日銀券が市場に多く滞留することになったのである[59]。

　さらに表7-23は復興金融金庫（復金）の主要勘定（1947年3月～50年3月）を

---

59) この時期の短期証券でとくに重要だったのは食糧管理特別会計の発行する食糧証券であった。同特別会計の48年度歳入4625億円の内訳は，食糧売却代3047億円，一般会計繰入れ199億円，食糧証券収入1180億円であった（『昭和財政史　終戦から講和まで』第19巻（統計），220ページ，参照）。つまり，国民への食糧供給（米穀）確保と米価の逆ザヤ（生産者価格＞消費者価格）を，短期証券という財政赤字でファイナンスしていたのであった。

表7-22　短期証券の発行・償還・現在額と日銀保有額

(億円)

年　度	1945	1946	1947	1948
短期証券				
発行額	180	1,253	2,342	5,469
償還額	168	976	2,188	4,725
現在額	32	309	463	1,207
うち大蔵省証券				
発行額	5	725	953	890
償還額	5	480	1,141	947
現在額	－	245	57	－
うち食糧証券				
発行額	170	528	1,374	4,386
償還額	158	495	1,037	3,606
現在額	30	63	400	1,180
日銀保有額	7	297	359	805

注）現在額，日銀保有額は年度末の数値。
出所）『昭和財政史　終戦から講和まで』第11巻（政府債務），
　　　557-559ページより作成。

表7-23　復興金融金庫の主要勘定

(100万円)

年月	貸出額	債券発行高	資本金	うち払込資本金
1947年3月	5,986	3,000	10,000	4,000
9月	28,102	25,900	55,000	4,000
1948年3月	59,463	55,900	70,000	7,100
9月	91,951	69,000	135,000	25,000
1949年3月	131,965	109,100	145,000	25,000
9月	110,062	73,100	145,000	46,888
1950年3月	105,906	－	115,000	112,467

出所）『昭和財政史　終戦から講和まで』第19巻（統計），
　　　565-567ページより作成。

示している。復金は日本経済復興のために産業企業・各種公団に資金融資をするため「復興金融金庫法」（1946年10月8日公布）に基づき設立された政府機関であり，47年1月より業務開始している[60]。復金の貸出額は47年3月の59億円から49年3月には1319億円へと増加している。本来，復金は政府出資の資本金を財源に融資する予定であったが，財政危機のために政府出資は進まず，政府払込資本金は49年3月時点でも250億円にすぎなかった。その結果，復金の資金源はもっぱら復金債（復興金融金庫債券）によって調達されており，復金債発行高は47年3月の30億円から49年3月の1091億円へと増大している[61]。そして，表7-24によればこの復金債は46～48年度累計で1680億円発行されたが，そのうち日銀引受が1261億円，75％に達していた。このような復金債の日銀引受は，この期間の日銀券増発の主要要因になっていたのである[62]。

　以上みてきたように敗戦直後の日本財政は，一方では激烈なインフレによって絶えず財政危機に苦しんでいたが，他方では一般会計だけでなく特別会計・政府事業による国債・短期証券の発行や復金債の発行を日銀引受に依存し，様々な日銀借入金も利用することを通じて，日銀券の増発要因をつくりインフレを加速していたのである。

60）復興金融金庫の設立，活動内容については，『昭和財政史　終戦から講和まで』第12巻（金融1）「政府関係金融」第1章，が詳しい。『日本銀行百年史』第5巻，102-104ページも参照。

61）『昭和財政史　終戦から講和まで』第12巻（金融1），676-677ページ，参照。

62）『日本銀行百年史』は，復金債の日銀引受が当時のインフレ進展の重要要因であったとして次のように総括している。「復興金融債券の本行引受がこの期間におけるインフレーション進展の重要な要因の一つとなったことは否定できない。たしかに「復金融資」は生産の回復，重要産業の再建に寄与したし，また当時の情勢のもとで復興金融債券のすべてを公募で賄うことは困難であったかもしれないが，発行額の大半が本行によって引き受けられるという安易な資金調達体制が持続したことは，同債券の発行条件の引上げによる市中消化への努力や政府払込みの促進努力を弱め，一方で通貨の増発を通じてインフレーションを進展させるとともに，他方融資に際して必要な厳しさを薄れさせる一因にもなったことは否定できないであろう」（『日本銀行百年史』第5巻，103ページ）。

表7-24　復興金融金庫債券の発行額

(億円)

年度	発行額 (A)	発行時消化状況		B/A (%)
		日本銀行 (B)	市中金融 ・その他	
1946	30	27	3	90
1947	559	466	93	83
1948	1,091	768	323	70
総計	1,680	1,261	419	75

出所)『昭和財政史　終戦から講和まで』第19巻（統計），574-575ページより作成。

2）国債負担問題の解消

　ところで，戦後の激しいインフレの進行は，敗戦直後日本政府の最大の財政問題であった戦時国債累積の重圧を事実上解消してしまった。表7-25をみてみよう。国債現在額は1945年度末の1408億円から49年度末には3914億円に増加している[63]。その一方で，名目国民総生産（GNP）はこの間のインフレの結果，44年度の745億円から49年度3兆3752億円へと45倍に膨張している。そのため，GNPに対する国債残高の比率は44年度末の144％から49年度末には11％へと著しく低下しているのである。さらに，インフレの結果として国債残高が大きくても，一般会計での国債費（利払い費＋償還費）の負担も小さくなっていた。先の表7-18によれば，一般会計歳出に占める国債費のシェアは46年度4.8％から49年度1.8％に縮小していることがわかる。

　また，国債（長期債）以外の短期債（短期証券）や借入金も含めた政府債務総額も，インフレ効果を考慮するとその実質的債務は縮小していた。表7-26によ

63）なお1949年度の国債発行額と償還額には次のような背景がある。同年度には五分利半国債625億円を発行して復興金融公庫へ出資のため交付し，これを見返資金特別会計において即日買入れ，さらにそれを国債整理基金特別会計において即日無償で買入消却したが，この金額が同年度中の新規国債発行額と償還額に含まれている（『昭和財政史　終戦から講和まで』第19巻（統計），309ページ，参照）。

表7-25 国民総生産（GNP）と国債額

(億円)

年度	GNP (A)	国債 新規 発行額 (B)	国債 現金 償還額	国債 現在額 (C)	B/A (％)	C/A (％)
1944	745	308	7	1,076	41.3	144.4
1945	－	282	－	1,408	－	－
1946	4,740	278	0	1,731	5.9	36.5
1947	13,087	325	16	2,094	2.5	16.0
1948	26,661	705	36	2,804	2.6	10.5
1949	33,752	770	658	3,914	2.3	11.6

出所）『昭和財政史　終戦から講和まで』第19巻（統計），269，307ペー
ジより作成。

表7-26 政府債務総額と実質債務額

(億円)

年度末	総額	長期債	短期債	借入金	一時 借入金	卸売物価 指数	実質債務額 （35年価格）
1935	105	98	4	2	－	1.00	105
1945	1,994	1,408	31	553	2	11.95	167
1946	2,653	1,731	309	597	15	24.23	109
1947	3,606	2,094	463	912	136	86.68	42
1948	5,244	2,804	1,207	907	325	197.0	27
1949	6,372	3,914	1,190	885	383	227.3	28
1950	5,540	3,414	1,181	870	75	334.7	17

注）卸売物価指数は，日本銀行調べ。東京都，1934～36年平均＝1.00。
出所）『昭和財政史　終戦から講和まで』第19巻（統計），42-43，302ページより作成。

れば，名目の政府債務総額は1935年度105億円から45年度1994億円，49年度
6372億円へと増加している。しかし，卸売物価指数（1934～36年平均＝1.00）は
45年度末11.95，49年度227.3へと上昇しており，1935年価格で評価した実質債
務額は45年度167億円から，49年度末には28億円へと6分の1に縮小している
のである。

　このように戦後インフレの結果として，戦時国債や政府債務の負担そのものは名目的なものとなり，事実上解消されてしまった。しかしながら，その一方で見逃せないのは，戦後インフレ高進の結果，国民の預貯金資産の実質的価値が喪失してしまったことである。第6章でみたように，国民は戦時中には，戦時国債消化と軍需産業融資向けの資金確保のために，国家資金動員計画の下で半ば強制的な貯蓄増強を課せられていた。敗戦時の1945年8月現在では主要金融機関の預金総額は1954億円（うち銀行1119億円，預金部＝郵便貯金430億円）であったが，その国債保有額も894億円（うち銀行413億円，預金部344億円）にのぼっていた[64]。しかし，敗戦後4年間での65倍の物価上昇という事実は，金融機関の保有する国債の資産価値をなくしただけでなく，それ以上に重大なのは国民が戦前から営々として築いてきた預貯金資産の実質的価値を奪ってしまったことである。

　これに関しては，前述の金融緊急措置（1946年2月）によって実施された国民の預貯金封鎖（46年3月〜48年7月）による影響が極めて大きい。預貯金封鎖によって国民は生活必要資金に関わる一定額しか預貯金から引き出せなくなってしまった。表7-27は全国銀行の預金残高（自由預金，封鎖預金）の推移を示している。46年3月時点には銀行預金総額1357億円のうち945億円（69.6%）が封鎖された。その後，引き出し制限の一定の緩和もあったが，47年12月でも642億円（当初預金の47.3%）が封鎖のままであった。この間の卸売物価指数が7.0倍（46年3月：11.95→47年12月：83.37）であったことを考えれば，国民の銀行預金資産は大幅に目減りしてしまったのである。確かにインフレによって，銀行・金融機関の保有する国債資産価値も大幅に目減りしたが，そのツケは最終的には預金資産の目減りとして国民に回されたといってよいであろう[65]。

64）大蔵省・日本銀行編『財政経済統計年報』昭和23年，332-333，336-337ページ，参照。

65）岡崎・吉川（1993），71-72ページも参照。

表7-27　全国銀行の預金残高

（億円）

年月	総額	自由預金	第1封鎖預金	第2封鎖預金	特殊預金	（参考）卸売物価指数
1946年3月	1,357	145	945	–	267	11.95
12月	1,448	397	825	209	16	22.49
1947年6月	1,548	790	588	169	1	32.87
12月	2,343	1,701	497	145	0	83.37
1948年3月	2,571	2,200	317	54	0	86.68

注）卸売物価指数は1934〜36年平均＝1
出所）『昭和財政史　終戦から講和まで』第12巻（金融1），129ページ，同第19巻
（統計），42ページより作成。

3）インフレ下の国民負担

　さて，戦後インフレの高進は，国民の預貯金の資産価値を奪っただけではない。インフレ下においては国民の生活困難が続く中で，租税負担の一層の拡大がもたらされたのである。まず，インフレ・物価上昇の現実を再度確認しておこう。前述のように，卸売物価指数は敗戦後の4年間（45年8月→49年12月）で実に65倍（表7-16）も上昇していた。しかし，第1節でも述べたように，これは基本的には政府公定価格（配給制度）の物価水準である。国民は戦時中から続く配給制度による食料・物資では生活が困難であり，自由市場（闇市場）の利用が不可欠であった。そして，その自由物価（闇物価）の水準は表7-28によれば，①46年，47年でも公定価格の10倍前後に達していたこと，②自由物価それ自体も戦後4年間（45年9月→49年6月）で8倍も上昇していたこと，③自由物価が公定価格とほぼ同水準になるのは50年に入ってからのことであった，ことがわかる。

　そして，敗戦後のインフレと経済危機・財政危機の中で，国民の租税負担率も極めて高くなっていた。表7-29は国民総生産（GNP）に対する租税負担額の比率を示している。ここからは次のことがわかる。①戦時中には戦費調達のために所得課税・消費課税が大増税されており，租税負担率は1937年度の10.3%

表7-28　自由物価（闇物価）指数の推移（東京・消費財）

年月	自由物価指数 （1945年 9 月 ＝100)	自由物価 ／公定価格 （倍)
1945年12月	128	29.7
1946年 6 月	201	14.5
12月	222	7.1
1947年 6 月	419	11.0
12月	558	5.2
1948年 6 月	760	7.3
12月	769	2.9
1949年 6 月	801	2.6
12月	655	1.8
1950年 6 月	480	1.3

注）日本銀行調べ。
出所）『昭和財政史　終戦から講和まで』第19巻（統計），
64-65ページより作成。

表7-29　国民総生産（GNP）に対する租税負担額の比率

(億円)

年度	GNP (A)	租税 (B)	うち 国税 (C)	B/A （％)	C/A （％)
1937	234	24	18	10.3	7.7
1940	394	50	42	12.7	10.7
1944	745	137	129	18.4	17.3
1945	－	125	116	－	－
1946	4,740	412	374	8.7	7.9
1947	13,087	2,098	1,896	16.0	14.5
1948	26,661	5,255	4,477	19.7	16.8
1949	33,752	7,788	6,364	23.1	18.9
1950	39,467	7,591	5,708	19.2	14.5
1955	72,985	13,184	9,369	14.9	10.6

注）国税には専売納付金及び特別会計の諸税を含む。
　　ただし財産税等収入金特別会計の租税は含まない。
出所）『昭和財政史　終戦から講和まで』第19巻（統計），269ペー
ジより作成。

から44年度には18.4%へと上昇している[66]。②戦後の46年度には一般会計の公債・借入金依存度が高かった（37%）こともあって，租税負担率は8.7%（国税7.9%）という水準であった。③しかし，47年度以降になると租税負担率は急上昇しており，49年度には戦時中以上の23.1%（国税18.9%）に達している。④そして，戦後の租税負担率の上昇はもっぱら国税負担率の上昇によってもたらされていた。

このように，国民は敗戦後とくに1947年度以降になって戦時中以上の租税負担とくに国税負担にも苦しむことになった。この背景には，政府は一般会計においては，一方では敗戦後特有の財政需要（終戦処理費＝占領軍経費負担，産業経済費＝生産回復のための補助金と価格差補給金）がインフレ下で膨張したこと（表7-18参照），他方では47年度以降には赤字国債・借入金に依存できない財政運営が不可避となり，もっぱら租税収入（専売納付金を含む）によってその財源を調達しなければならなくなったこと（表7-19参照），がある。そこで次に，敗戦後の租税とくに国税負担の実態についていま少し検討してみよう[67]。

表7-30は政府一般会計の租税・専売納付金収入の推移（1944〜50年度）をみたものである。同表によると次のことが判明する。第1に，一般会計の租税・専売納付金収入額は46年度の374億円から49年度の6364億円へと17倍に増大している。インフレ下において大規模な増税・増収がなされたことがわかる。

第2に，国税の所得課税（個人所得税，法人所得税）のうち，敗戦後には法人所得税のシェアが激減していることである。戦時中の44年度には法人所得税（法人税，臨時利得税）は租税・専売納付金収入の30%を占めていたが，46〜49年度には4〜9%に低下している。これはいうまでもなく，敗戦後の軍需生産の消滅と生産停滞・経済混乱によるものである。

第3に，それとは反対に，所得課税の中でも個人所得税のシェアは戦時中よ

66）戦時期の所得課税，消費課税の増税・負担増大の経緯については，本書，第4章，第5章を参照のこと。

67）敗戦後各年度の増税（税制改正）について詳しくは，『昭和財政史　終戦から講和まで』第7巻（租税1），参照のこと。

表7-30　一般会計の租税・専売納付金収入の推移

（億円）

年　度		1944	1946	1947	1948	1949	1950
租税		117	301	1,475	3,458	5,182	4,564
所得税	（B）	40	122	793	1,908	2,788	2,201
増加所得税	（B）	－	－	59	56	1	－
法人税	（C）	13	13	72	279	612	837
臨時利得税	（C）	26	13	5	2	0	－
酒税	（D）	9	24	275	548	833	1,054
織物消費税		1	12	33	115	134	1
物品税		10	23	84	175	208	165
取引高税		－	－	－	208	337	7
専売納付金	（D）	12	73	421	1,019	1,182	1,144
合計	（A）	129	374	1,896	4,477	6,364	5,708
B/A（%）		31.0	32.6	44.9	43.9	43.8	38.6
C/A（%）		30.2	7.0	4.1	6.3	9.6	14.7
D/A（%）		16.3	25.9	36.7	35.0	31.7	38.5

注）租税にはその他の税と印紙収入を含む。
出所）『昭和財政史　終戦から講和まで』第19巻（統計），165，258-259ページより作成。

りも高くなっている。所得税のシェアは44年度には31％であったが，戦後になると所得税・増加所得税のシェアは46年度32％から47〜49年度には44％前後に上昇している[68]。敗戦後の所得課税はもっぱら個人所得税の増税・増収によって担われていたのである。

　第4に，大衆負担の消費課税の負担も大きくなった。酒税と専売納付金（たばこ事業＝たばこ税）のシェアをみてみよう。両者の合計収入のシェアは44年度には16％であったが，46年度には26％，47〜49年度には32〜37％の水準に上昇している。いうまでもなく酒税と専売納付金（たばこ税）は大衆負担となる代

68）増加所得税とは，申告所得税の課税方式が1947年度から前年度所得額から当年度所得額に変更されるに伴い，課税できなかった46年度分所得に課税した臨時的な所得税である（『昭和財政史　終戦から講和まで』第7巻（租税1），224-236ページ，参照）。

表的な消費課税であった。敗戦後には，一般会計の財源確保のために消費課税の増税・増収を通じて大衆負担の強化がなされたのである。なお，戦時期には導入されなかった一般消費税（売上税）たる取引高税が48，49年度の2年間だけだが課税されていたことも注目される[69]。

　さて，ここで最後に敗戦後の所得税負担について簡単に確認しておこう。所得税では戦時中すでに1940年税制改革を通じて，所得税納税人員の増大，分類所得税と総合所得税の二本立てによる大衆課税と累進的負担による負担拡大がみられていた[70]。敗戦後になると，47年度より分類所得税が廃止され，総合所得税（税率20〜85％）のみの課税方式になるが，所得税負担の拡大傾向は続いた[71]。例えば，所得税の納税人員は40年度535万人，45年度1113万人から，47年度1885万人，49年度1912万人へと増加している。また全体の所得税負担率（所得税額／課税所得金額）も40年度10.7％，45年度16.2％から，敗戦後には46年度17.0％，47年度21.1％，48年度15.6％，49年度22.3％へと上昇していたのである[72]。

　それでは，所得税の負担構造はどうなっていたのであろうか[73]。表7-31，表7-32は申告所得税の負担構造（1947年度，49年度）を示している[74]。この二つの表によれば次のことがわかる。第1に，当時のインフレ進行の激しさである。

69）敗戦後の消費課税の構造と負担問題については，林（1958）第1部第3章，参照。

70）戦時期の所得税の増税と負担実態については，本書，第5章，参照。

71）1947年度の所得税制改正については，『昭和財政史　終戦から講和まで』第7巻（租税1）第5章，第6章を参照。

72）『昭和財政史　終戦から講和まで』第19巻（統計），272ページ，参照。納税人員は45年度までは分類所得税の，47年度以降は源泉所得納税者と申告所得納税者の単純合計。

73）1947〜49年度の所得税の負担構造については，林（1958），85-104ページも参照のこと。

74）所得税には給与所得などの源泉所得税と農家・自営業などの申告所得税があるが，1949年度には申告所得税は所得税納税者数の39.8％，所得税額の76.6％を占めていた（『昭和財政史　終戦から講和まで』第19巻（統計），272-273ページ，より計算）。

表7-31　申告所得税の所得階級別負担構造（1947年度）

所得階級 （万円）	人員 （千人）	所得 （百万円）	税額 （百万円）	負担率 （%）	人員の シェア （%）	所得の シェア （%）	税額の シェア （%）
～ 5	5,776.9	165,536	29,462	17.8	79.23	53.4	32.9
5 ～10	1,113.8	76,536	24,364	31.8	15.28	24.7	27.2
10～15	269.9	30,742	13,134	42.7	3.70	9.9	14.7
15～20	59.6	10,402	5,419	52.1	0.82	3.4	6.1
20～30	44.7	11,186	6,367	56.9	0.61	3.6	7.1
30～50	17.3	6,903	4,475	64.8	0.24	2.2	5.0
50～100	6.7	4,753	3,410	71.7	0.09	1.5	3.8
100～	2.0	3,742	2,881	77.0	0.03	1.2	3.2
合計	7,290.9	309,770	89,512	28.9	100.00	100.0	100.0

出所）『昭和財政史　終戦から講和まで』第19巻（統計），273ページより作成。

表7-32　申告所得税の所得階級別負担構造（1949年度）

所得階級 （万円）	人員 （千人）	所得 （百万円）	税額 （百万円）	負担率 （%）	人員の シェア （%）	所得の シェア （%）	税額の シェア （%）
～ 5	670.4	23,633	741	3.1	8.81	2.4	0.3
5 ～10	3,510.6	272,267	31,258	11.5	46.13	28.1	13.6
10～15	1,654.5	217,019	43,287	19.9	21.87	22.4	18.9
15～20	805.6	143,877	36,239	25.2	10.59	14.9	15.8
20～30	675.7	165,349	50,815	30.7	8.88	17.1	22.2
30～50	207.2	83,185	33,728	40.5	2.72	8.6	14.7
50～100	66.0	44,274	21,772	49.2	0.87	4.6	9.5
100～	9.9	17,929	11,505	64.2	0.13	1.9	5.0
合計	7,609.9	967,533	229,345	23.7	100.00	100.0	100.0

出所）『昭和財政史　終戦から講和まで』第19巻（統計），273ページより作成。

47年度には納税者総数729万人のうち所得階級 5 万円未満層が577万人で全体の79％を占めていたが，49年度には同階級は 8 ％にすぎない。これはこの間のインフレを背景に納税者の名目所得も増加したことを反映している。また，100万円超の最高所得層の人員数も47年度2.0千人から，49年度9.9千人へと 5 倍に

増加している。

第2に，所得税での相当な累進的負担も確認できる。所得階級別の負担率
（税額／所得額）は，47年度では18％（5万円未満層）～77％（100万円超層）であり，
49年度でも11％（5～10万円層）～64％（100万円超層）であった。また両年度とも所得上位層が所得税額の大半を負担していた。47年度では所得5万円超層
（納税者数の上位21％）は所得額の46％を占め，所得税額の67％を担っていた。
49年度でも所得15万円超層（納税者数の上位23％）が所得額の47％を占め，所得
税額の67％を担っていた。

第3に，しかし，低中所得層の所得税負担率が低かったとはいえない。47年度では所得5万円未満層（納税者数の中下位79％）の平均負担率は17.8％であり，
49年度では所得5～10万円層（納税者数の中下位46％）の平均負担率は11.5％，
所得10～15万円層（納税者数の中位22％）の平均負担率は19.9％に達していたのである。戦前直近で第3種所得税の所得階級別負担率が計算できる1939年度の
数値では，納税者数140.3万人の中下位66％を占めた所得階級（年間所得2千円
未満）の平均負担率が1.4～2.0％であったことと比較しても（表5-7，表5-8，参照），47年度，49年度の負担率は相当に高いといってよいであろう。

以上みてきたように，敗戦後数年間において日本国民はインフレと食料・生活物資の不足による生活困難だけではなく，所得税や消費課税を通じた租税負担の重さにも苦しむことになった。確かに当時の所得税には累進的負担の実態もあったが，その一方で低中所得層での所得税負担も相当に重課されていたのである。

おわりに

膨大な戦時国債残高と戦時補償債務という敗戦直後の日本財政の重荷は，激烈なインフレと戦時補償打切りを通じて結局は解消されてしまった。だが，この戦争財政の後始末の過程は，国民にとっては激烈なインフレによる生活困難と所得税・消費課税の負担増加だけでなく，預貯金資産の実質的価値喪失とい

う大きな痛みを伴うものであった。

　日中戦争・アジア太平洋戦争期の戦争財政を通じて，すでに国民は所得税と各種消費課税の重税を課せられただけでなく，国債消化と産業資金確保（軍需生産拡大）のための貯蓄増強を強制されていた。敗戦によって戦争財政は終結し，戦争遂行のための国民負担の必要性はなくなった。しかし，本章で明らかにしたように，敗戦後での戦争財政の後始末の過程において，国民はさらなる経済的負担を強いられることになった。その意味では1945〜49年の敗戦後5年間の日本財政は，日中戦争・アジア太平洋戦争の後始末のための財政であり，戦争財政の一環として総括し，考えるべきなのである。

参　考　文　献

アメリカ合衆国商務省編（1986）『アメリカ歴史統計』全 2 巻，原書房

アメリカ合衆国戦略爆撃調査団（1950）『日本戦争経済の崩壊』

石井寛治・原朗・武田晴人編（2007）『日本経済史　4　戦時・戦後期』東京大学出版会

石田隆造（1975a）「昭和15年の税制改革と法人課税」大阪市立大学『経営研究』第137号

───（1975b）「昭和15年の税制改革と所得税中心税制の確立」『大阪市大論集』第22号

伊藤修（2007）「戦時戦後の財政と金融」石井・原・武田編（2007）所収

岩崎爾郎（1982）『物価の世相100年』読売新聞社

宇佐美誠次郎（1951）「日本戦時財政史の一断章」法政大学『経済志林』第19巻第 1 号

梅村又次・他（1988）『長期経済統計　2　労働力』東洋経済新報社

江島一彦編（2015）『図説　日本の税制』平成27年度版，財経詳報社

遠藤湘吉（1958）「戦時財政とインフレーション」『現代日本資本主義大系Ⅴ　財政』弘文
　　堂

大内兵衛（1946）「帝国主義戦争と戦後の財政問題」（『大内兵衛著作集　第 3 巻』岩波書
　　店，1975年，に収録）

大蔵省編（1946）『臨時軍事費特別会計始末』（臨時軍事費決算参考）

───（1949）『財政金融統計月報』第 2 号（租税統計特集）

───（1951）『財政金融統計月報』第20号（租税負担特集）

大蔵省印刷局（1972）『大蔵大臣財政演説集』

大蔵省財政史室編（1976）『昭和財政史　終戦から講和まで』第12巻（金融 1 ），東洋経済
　　新報社

───（1977a）『昭和財政史　終戦から講和まで』第 4 巻（財政制度・財政機関），東洋
　　経済新報社

───（1977b）『昭和財政史　終戦から講和まで』第 5 巻（歳計 1 ），東洋経済新報社

───（1977c）『昭和財政史　終戦から講和まで』第 7 巻（租税 1 ），東洋経済新報社

───（1978）『昭和財政史　終戦から講和まで』第19巻（統計），東洋経済新報社

───（1981）『昭和財政史　終戦から講和まで』第17巻（資料 1 ），東洋経済新報社

───（1983）『昭和財政史　終戦から講和まで』第11巻（政府債務），東洋経済新報社

───（1998）『大蔵省史』第 2 巻，第 3 巻，大蔵財務協会

大蔵省主税局編『主税局統計年報』各年度版

───（1988）『所得税百年史』

大蔵省昭和財政史編集室編（1954）『昭和財政史』第 6 巻（国債）東洋経済新報社

───（1955a）『昭和財政史』第 3 巻（歳計）東洋経済新報社

——— (1955b)『昭和財政史』第4巻（臨時軍事費）東洋経済新報社

——— (1957a)『昭和財政史』第5巻（租税）東洋経済新報社

——— (1957b)『昭和財政史』第11巻（金融・下）東洋経済新報社

——— (1962)『昭和財政史』第12巻（大蔵省預金部・政府出資）東洋経済新報社

——— (1964)『昭和財政史』第7巻（専売）東洋経済新報社

——— (1965)『昭和財政史』第1巻（総説）東洋経済新報社

大蔵省大臣官房調査企画課 (1978a)『聞書戦時財政金融史』大蔵財務協会

——— (1978b)『戦時税制回顧録』

大蔵省理財局『国債統計年報』各年度版

大蔵省・日本銀行編 (1948)『財政経済統計年報』昭和23年版

岡崎哲二・吉川洋 (1993)「戦後インフレーションとドッジ・ライン」香西泰・寺西重郎編『戦後日本の経済改革』東京大学出版会

加藤三郎 (1976)「戦後財政の出発点」大内力編『現代資本主義と財政・金融1 国家財政』東京大学出版会

賀屋興宣 (1976)『戦前・戦後八十年』経済往来社

河村哲二 (1998)『第二次大戦期アメリカ戦時経済の研究』御茶の水書房

金融財政事情研究会編『戦後財政史口述資料』第3冊，租税

黒田昌裕 (1993)「戦後インフレ期における物価・物資統制」香西泰・寺西重郎編『戦後日本の経済改革』東京大学出版会

経済企画庁編 (1963)『国民所得白書』昭和38年度版

経済企画庁戦後経済史編纂室編 (1959)『戦後経済史 3 財政金融編』(1992年復刻版)

経済審議庁調査部国民所得課 (1954)『日本経済と国民所得』国民所得解説資料第三号

コーヘン，J. B. (1950)『戦時戦後の日本経済 上・下』岩波書店

坂入長太郎 (1988)『昭和前期財政史 日本財政史研究Ⅳ』酒井書店

島恭彦 (1963)「戦争と国家独占資本主義」『岩波講座 日本歴史』第21巻，岩波書店（『島恭彦著作集 第3巻』有斐閣，1982年，に収録）

週刊朝日編 (1988)『値段史年表 明治・大正・昭和』朝日新聞社

神野直彦 (1979)「馬場税制改革案」「同（続）」『証券経済研究』第127号，第128号

——— (1981a)「1940（昭和15）年の税制改革（1）」『証券経済』第135号

——— (1981b)「1940（昭和15）年の税制改革（2）」『証券経済』第136号

——— (1983a)「租税政策と経済統制（1）」大阪市立大学『経済学雑誌』第84巻第1号

——— (1983b)「租税政策と経済統制（2）」大阪市立大学『経済学雑誌』第84巻第2号

鈴木武雄 (1952)『現代日本財政史』第1巻，東京大学出版会

——— (1956)『現代日本財政史』第2巻，東京大学出版会

——— (1960a)『現代日本財政史』第3巻，東京大学出版会

——— (1960b)『現代日本財政史』第4巻，東京大学出版会

高木勝一（2007）『日本所得税発達史』ぎょうせい

武田隆夫（1949）「戦時戦後の財政政策」『戦後日本経済の諸問題』（東京大学経済学部創立三十周年記念論文集　第二部）所収

東京大学社会科学研究所編（1979）『ファシズム期の国家と社会　2　戦時日本経済』東京大学出版会

統計研究会（1951）『戦時および戦後のわが国資金計画の構造』1951年6月

東洋経済新報社編『東洋経済新報』

───（1950）『昭和産業史』第1巻，第2巻，第3巻

───（1980）『昭和国勢総覧』上・下巻

───（1991）『完結　昭和国勢総覧』第3巻

内閣情報局編『週報』

西村吉正編（1994）『復興と成長の財政金融政策』大蔵省印刷局

日本銀行『本邦経済統計』各年版

日本銀行調査局（1943）『戦時金融統制の展開』（『日本金融史資料　昭和編』第27巻，収録）

───（1944）「戦時下家計調査結果ニ於ケル若干ノ問題ニ付テ」（『日本金融史資料　昭和編』第30巻，収録）

───（1947）「昭和二十年八月より昭和二十一年十二月に至る我国経済事情」（『日本金融史資料　昭和続編』第1巻，収録）

───（1948）「我国戦後財政の分析（第一部）」（『日本金融史資料　昭和続編』第12巻，収録）

───（1970）『日本金融史資料　昭和編』第27巻（戦時金融関係資料1）

───（1971a）『日本金融史資料　昭和編』第29巻（戦時金融関係資料3）

───（1971b）『日本金融史資料　昭和編』第30巻（戦時金融関係資料4）

───（1971c）『日本金融史資料　昭和編』第31巻（戦時金融関係資料5）

───（1972）『日本金融史資料　昭和編』第32巻（戦時金融関係資料6）

───（1978）『日本金融史資料　昭和続編』第1巻

───（1982）『日本金融史資料　昭和続編』第12巻

日本銀行調査局特別調査室編（1948）『満州事変以後の財政金融史』

日本銀行統計局（1947）『戦時中金融統計要覧』（『日本金融史資料　昭和編』第30巻，収録）

日本銀行百年史編纂委員会編（1984）『日本銀行百年史』第4巻

───（1985）『日本銀行百年史』第5巻

林健久（1979）「ファシズム財政の原型」東京大学社会科学研究所編（1979），第4章

林栄夫（1958）『戦後日本の租税構造』有斐閣

原朗（2013）『日本戦時経済研究』東京大学出版会

原薫（1997）『戦後インフレーション　昭和20年代の日本経済』八朔社

―――（2011）『戦時インフレーション』桜井書店

平田敬一郎・忠佐市・泉美之松編（1979）『昭和税制の回顧と展望』上巻，大蔵財務協会

藤田正一（1991）「賀屋興宜と戦時財政経済政策」財政学研究会『財政学研究』第16号

―――（2001）「1930年代日本における戦時財政政策の展開」鳥取大学『地域研究』第2
　　　巻第2号

松田芳郎（1996）「第二次世界大戦下の日本の就業構造」一橋大学『経済研究』第47巻第
　　　2号

三井銀行八十年史編纂委員会（1957）『三井銀行八十年史』

三井文庫編（2001）『三井事業史』本篇・第3巻（下）

ミッチェル，B. R. 編（1995）『イギリス歴史統計』原書房

三菱銀行史編纂委員会（1954）『三菱銀行史』

三菱重工業株式会社社史編纂室（1956）『三菱重工業株式会社史』

向山巌（1966）『アメリカ経済の発展構造』未来社

森田優三編（1963）『物価　（日本経済の分析　2）』春秋社

山崎志郎（2011）『戦時経済総動員体制の研究』日本経済評論社

山崎広明（1979）「日本戦争経済の崩壊とその特質」東京大学社会科学研究所編（1979）
　　　第1章

山田朗（1997）『軍備拡張の近代史』吉川弘文館

山村勝郎（1962）「太平洋戦争下の戦時財政」鈴木武雄編『財政史』東洋経済新報社

Boelcke, Willi A. (1977), Kriegsfinanzierung im internationalen Vergleich, in
　　　Forstmeier F./Volkmann H-E hrsg., *Kriegswirtschaft und Rüstung 1939-1945*,
　　　Droste Verlag

―――（1985）, *Die Kosten von Hitlers Krieg*, F. Schöningh

Central Statistical Office (1951), *Statistical Digest of the War*, London

Department of the Treasury, *Annual Report of the Secretary of the Treasury*, 1947

Hancock, W. K. and M. M. Gowing (1949), *British War Economy*, London

Hansel, Paul (1946), Financing World War in the United States of America, *Public
　　　Finance*, Vol. 1

Harrison, Mark ed. (1998), *The Economics of World War II*, Cambridge University
　　　Press

Klein, Burton H. (1959), *Germany's Economic Preparations for War*, Harvard
　　　University Press

Lanter, Max (1959), *Die Finanzierung des Kriegs*, Verlag Eugen Haag Luzern

Maddison, Angus (1991), *Dynamic Forces in Capitalist Development*, Oxford
　　　University Press

Overy, R. J. (1992), *War and Economy in the Third Reich*, Oxford University Press

Schmölders, G. (1956), Die Umsatzsteuer, in Gerloff W. und F. Neumark hrsg.,
Handbuch der Finanzwissenschaft, Zweite Auflage, Zweiter Band, Tübingen

Studenski, Paul and Herman E. Krooss (1963), *Financial History of the United States*,
McGraw-Hill

Terhalle, Fritz (1952), Geschichte der deutchen öffentlichen Finanzwirtschaft vom
Beginn des 19. Jahrhunderts bis zum Schlusse des zweiten Weltkrieges, in
Gerloff, W. und Neumark, Fritz hrsg., *Handbuch der Finanzwissenschaft,
Zweite Auflage, Erster Band*, Tübingen

United States (1955), *Economic Report of the President, Jan. 20, 1955*

Vatter, Harold G. (1985), *The U.S. Economy in World War II*, Columbia University
Press

―――― (1985), *The U.S. Economy in World War II*, Columbia University Press

あ と が き

　本書の各章は下記の私の既発表論文をもとにしている。ただし，本書への編集に際して各論文とも少なからず加筆，修正，削除がほどこされている。

第1章：「第二次世界大戦期の戦争財政」
　　　中央大学『経済学論纂』第59巻第1・2合併号，2018年9月
第2章：「アジア太平洋戦争期日本の戦争財政」
　　　中央大学『経済学論纂』第59巻第5・6合併号，2019年3月
第3章：「戦時期日本の経済成長と資金動員」
　　　篠原正博編『経済成長と財政再建』中央大学出版部，2018年（第1章）
第4章：「日本の戦時財政と消費課税」
　　　中央大学『経済学論纂』第58巻第1号，2018年12月
第5章：「日本の戦時財政と所得課税」
　　　中央大学『経済学論纂』第57巻第3・4合併号，2017年3月
第6章：「日本の戦費調達と国債」
　　　中央大学『経済学論纂』第60巻第2号，2019年10月
第7章：「戦争財政の後始末」
　　　中央大学『経済学論纂』第61巻第1号，2020年6月

　なお，本書は2021年度・中央大学学術図書出版助成制度によって刊行されたものである。この出版助成申請を認めていただいた中央大学経済学部教授会および中央大学に感謝したい。

　2021年5月

　　　　　　　　　　　　　　　　　　　　　関　野　満　夫

著者紹介

関 野 満 夫（せきの・みつお）

1954年　東京都生まれ
1977年　北海道大学農学部卒業
1987年　京都大学大学院経済学研究科博士課程満期退学
1987年　中央大学経済学部助手
1990年　中央大学経済学部助教授
1996年　中央大学経済学部教授（現在に至る）
2009年〜2013年　中央大学経済学部長

専攻　財政学
京都大学博士（経済学）

主な著書
『ドイツ都市経営の財政史』中央大学出版部，1997年
『日本型財政の転換』青木書店，2003年
『現代ドイツ地方税改革論』日本経済評論社，2005年
『地方財政論』青木書店，2006年
『日本農村の財政学』高菅出版，2007年
『現代ドイツ税制改革論』税務経理協会，2014年（第24回租税資料館賞）
『福祉国家の財政と所得再分配』高菅出版，2015年
『財政学』税務経理協会，2016年

日本の戦争財政
日中戦争・アジア太平洋戦争の財政分析

中央大学学術図書（102）

2021 年 7 月 21 日　初版第 1 刷発行

著　者　　関　野　満　夫
発行者　　松　本　雄　一　郎

発行所　中 央 大 学 出 版 部
郵便番号 192-0393
東京都八王子市東中野 742-1

電話 042(674)2351　FAX 042(674)2354
https://www2.chuo-u.ac.jp/up/

©2021 Mitsuo Sekino　　　　　　　　　印刷　電算印刷㈱

ISBN978-4-8057-2187-2

本書の出版は，中央大学学術図書出版助成規程による。